随 机 过 程

王 沁 编著

科 学 出 版 社

北 京

内 容 简 介

本书以随机过程的统计特征和性质为主线，旨在将实际应用和理论推导联系起来，通过概念、定理、例题、详细的习题，尽量体现随机过程的理论基础及应用价值，以保证教材的综合性、整体性和前瞻性，从而使统计类专业和其他工程类专业、管理类专业的学生较为熟练地掌握随机过程的理论和应用. 本书共九章，全书内容包括随机过程的基本概念、随机过程的均方微积分、泊松过程、平稳过程、平稳过程的谱分析、马尔可夫链、马尔可夫链的状态分类和性质、时间序列的 ARMA 模型、ARMA 模型的拟合.

本书以初等概率论及高等数学、线性代数为基础，可作为综合性大学、工科大学和高等师范院校本科生的随机过程教材，也可作为综合性大学非数学类专业的工科研究生的随机过程教材.

图书在版编目（CIP）数据

随机过程/王沁编著. —北京：科学出版社，2021.6

ISBN 978-7-03-068338-0

Ⅰ. ①随… Ⅱ. ①王… Ⅲ. ①随机过程-高等学校-教材 Ⅳ. ①O211.6

中国版本图书馆 CIP 数据核字（2021）第 044776 号

责任编辑：王胡权 李 萍／责任校对：杨聪敏

责任印制：赵 博／封面设计：蓝正设计

科学出版社 出版

北京东黄城根北街 16 号

邮政编码：100717

http://www.sciencep.com

北京天宇星印刷厂印刷

科学出版社发行 各地新华书店经销

*

2021 年 6 月第 一 版 开本：720×1000 1/16

2024 年 9 月第四次印刷 印张：13 3/4

字数：274 000

定价：59.00 元

前　　言

随机过程是对随时间和空间变化的随机现象进行建模和分析的学科, 是研究和处理动态随机数据的基础理论和重要技术手段. 在交通运输、金融学、生物工程、心理学、计算机科学、机械工程、自动控制、经济管理等领域, 随机过程理论对动态随机数据的模型建立、数据预测与控制分析的重要性日益彰显. 因此, 国内高校在本科生和研究生阶段, 针对大面积的工科学生和统计专业的学生都开设了“随机过程”或“随机过程与时间序列分析”等重点课程. 但是由于这两门课程所面对的学生包括理科非数学专业 (主要指物理、化学、生物等专业)、工科专业、统计专业、金融专业等不同专业的对象, 因此需要有一本内容深入浅出、语言准确明了、推理清晰有序、逻辑合理严谨, 且配有不同专业背景的例题和适当习题的教材, 使这些不同类型的学生可以较为轻松地学习和掌握“随机过程”的基本概念、原理、应用. 这就是我们编写本书的初衷.

我们在以往随机过程教材的基础上进行了创新, 使本书的理论深入浅出且具有完备性, 本书不仅例题丰富, 而且有详细的习题. 教师可根据不同的教学对象, 针对不同程度不同层次的教学要求, 选择相关的章节和内容进行教学. 本书可作为综合性大学非数学专业的工科研究生的随机过程教材, 也能满足各种工科专业、金融专业、统计学专业本科阶段对随机过程的要求.

本书力求突出以下六个方面.

(1) 根据学科特点, 注重基本概念、基本理论的背景介绍和直观解释, 使学习更具启发性和主动性;

(2) 从泊松过程的统计特征、泊松过程的叠加和分解、复合泊松过程、泊松过程的扩展这四大板块介绍了泊松过程的内容, 相对大多数教材增加了更新过程的初步知识, 从而强化了泊松过程的实际应用能力;

(3) 从时域和谱域两个角度介绍了平稳过程, 包括平稳过程的统计特征、平稳过程的均方微积分、平稳过程的遍历性、平稳过程的功率谱四个主题内容;

(4) 从马尔可夫链的转移概率矩阵、马尔可夫链的状态分类、马尔可夫链的极限分布和平稳分布四方面较完整地介绍了马尔可夫链的内容, 为进一步的学习和应用打下牢固的基础;

(5) 围绕时间序列的基本模型和统计特征展开, 初步介绍了时间序列模型的建模, 旨在将实际应用与理论推导联系起来;

(6) 每章均配有丰富的例题和习题, 便于读者熟练掌握所学习的内容.

本书的编写与修改得到了广大同仁的鼓励、支持与帮助, 特别是缪柏其教授、李裕奇教授、何平教授等给予了很多的鼓励、关心, 并提出了一些宝贵的建议. 本书的编写和出版, 得到了西南交通大学教务处、西南交通大学研究生院、西南交通大学数学学院统计系的大力支持与帮助, 得到了 2018 年度西南交通大学校级教材立项项目、2018 年度西南交通大学研究生教材建设项目、2020-2021 学年西南交通大学一流本科课程建设项目的支持, 谨在此表示由衷的感谢.

限于作者水平, 本书的疏漏之处在所难免, 恳请同行及读者批评指正.

王 沁

2020 年 11 月 15 日

目　　录

第 1 章　随机过程的基本概念

随机过程产生于 20 世纪三十年代, 其研究对象与概率论一样, 是随机现象. 随机过程研究的是随"时间"变化的"动态"的随机现象. "计算机之父"冯·诺依曼教授把随机过程与概率论的关系比作物理学中动力学与静力学的关系. 近 40 年来, 随着物理学、生物学、自动控制、无线电通信及管理科学等方面的需求与相关问题的解决, 随机过程逐步形成为一门独立的分支学科, 在自然科学、工程技术及社会科学中日益呈现出其应用价值和蓬勃的发展趋势.

1.1　随机过程的定义

1.1.1　随机过程的基本概念

在概率论中, 研究了一维随机变量、二维随机变量、n 维随机向量, 其极限定理中, 涉及了无穷多个随机变量, 但局限于它们是相互独立的情形. 将上述情形加以推广, 即研究一族无穷多个、相互有关的随机变量就是随机过程.

定义 1.1.1　设 E 为随机试验, $S=\{e\}$ 为样本空间, 如果对于每一个参数 $t\in T$, $X(e,t)$ 是建立在样本空间 S 上的一维随机变量, 而且对于每一个样本点 $e\in S$, $X(e,t)$ 是建立在集合 T 上的一个实函数, 那么, **随机变量族** $\{X(e,t),e\in S,t\in T\}$ 为**一维随机过程**, 简称**随机过程**, 简记为 $\{X(t),t\in T\}$ 或 $X(t)$.

例 1.1.1　将一枚硬币接连抛掷 n 次, 并观察正面 H 出现的次数. 表 1.1 是历史上若干科学家试验结果的记录.

表 1.1　试验结果的记录

试验者	抛掷次数 n	正面 H 出现的次数	正面 H 出现的频率
蒲丰	4040	2048	0.5069
德 · 摩根	4092	2048	0.5005
费勒	10000	4979	0.4979
皮尔逊	12000	6019	0.5016
皮尔逊	24000	12012	0.5005
罗曼诺夫斯基	80640	39699	0.4923

假设有一个永不停息的机器, 每时每刻地做抛掷一枚硬币的试验, 当 t 时刻硬币出现正面 H 时, 发出余弦信号 $\cos\pi t$; 当 t 时刻硬币出现反面 T 时, 发出当前

所处的时间 t, 那么, 这样一来得到一族无穷多个的随机变量, 这就是一个随机过程 $X(t)$.

解 根据上述所述, 随机过程 $X(t)$ 的定义为

$$X(e,t)=\begin{cases}\cos \pi t, & e=H,\\ t, & e=T,\end{cases}\quad t\in(-\infty,+\infty). \tag{1.1}$$

其样本空间是一枚硬币被抛掷一次的样本空间 $\Omega=\{$正面 H, 反面 $T\}$ 的笛卡儿乘积, 而且

$$P(X(e,t_0)=\cos \pi t_0)=P(X(e,t_0)=t_0)=\frac{1}{2}.$$

对于固定的某一个参数 $t_0\in(-\infty,+\infty)$, $X(e,t_0)$ 是建立在样本空间 $\Omega=\{$正面 H, 反面 $T\}$ 上的一维离散型随机变量.

假设每时每刻抛掷一枚硬币出现的都是正面, 则 $X(H,t)=\cos \pi t$; 假设抛掷硬币交替出现正面和反面, 则发出的信号在余弦信号 $\cos \pi t$ 和当前所处的时间 t 交替变换. 换句话, 即对于每一个样本点 $e\in S$, $X(e,t)$ 是建立在参数空间 $T=(-\infty,+\infty)$ 上的一个实函数.

所以, $\{X(e,t),e\in S,t\in T\}$ 是一个随机过程. ■

定义 1.1.2 设 $\{X(e,t),e\in S,t\in T\}$ 是一个随机过程. 对于随机过程 $X(t)$ 进行一次试验, 即给定样本点 $e\in S$, 得到一个实函数, 该实函数称为**随机过程的样本函数**, 图像称为**样本曲线**, 相应的 T 称为**参数空间**. 当时刻固定为 t_0, 样本点固定为 e_0 时, 随机过程的取值为某一个实数, 记为 x_0, 称为 $X(t)$ 在 t_0 时刻样本点 e_0 所处状态为 x_0, 所有状态构成的集合称为**状态空间**, 记为 I.

例 1.1.2 设质点 M 在一直线上移动, 每单位时间移动一次, 且只能在整数点上移动, 质点 M 的移动是随机的, 试建立描述这一随机现象的随机过程.

解 设 X_i 为第 i 个单位时间质点 M 移动状态的随机变量, 那么

$$X_i=\begin{cases}1, & \text{质点 } M \text{ 向右移动 1 步},\\ -1, & \text{质点 } M \text{ 向左移动 1 步}.\end{cases}$$

设 Y_n 为质点 M 在 n 个单位时间内移动到达的位置, 那么

$$Y_n=\sum_{i=1}^{n}X_i. \tag{1.2}$$

显然, $P(X_i=1)=P(X_i=-1)=\dfrac{1}{2}$. 对于每一个参数 $n\in\mathbf{N}$, $Y_n=\sum\limits_{i=1}^{n}X_i$ 是建立在样本空间 S 上的一维离散型随机变量.

假设质点 M 每一次都向右移动, 即取定样本 $X_i=1$, 那么

$$Y_n = \sum_{i=1}^{n} X_i = n,$$

这是随机过程 $Y_n = \sum\limits_{i=1}^{n} X_i$ 的一个样本函数.

所以, $Y_n = \sum\limits_{i=1}^{n} X_i$ 是一个随机过程, 该随机过程通常被称为**随机游动**, 其参数空间为 $T = \{1, 2, \cdots\}$, 其状态空间为 $I = \{0, \pm 1, \pm 2, \cdots\}$. ■

例 1.1.3 随机相位余弦波过程, 其定义如下:

$$X(t) = a\cos(\omega t + \theta), \quad t \in (-\infty, +\infty), \tag{1.3}$$

其中 a 是一个常数, ω 是一个常数, θ 是服从均匀分布 $U(0, 2\pi)$ 的随机变量. 那么, $\{X(t), t \in (-\infty, +\infty)\}$ 是一个随机过程.

解 固定 $t_0 \in T$, $X(t_0) = a\cos(\omega t_0 + \theta)$ 是一个连续型随机变量. 在 $(0, 2\pi)$ 内随机取一数 θ, 相应地, 得到一个样本函数, 这一族样本函数的差异在于它们的相位 θ 不同, 故这一随机过程称为**随机相位余弦波过程**, 也称为**随机相位过程**.

随机相位余弦波过程的参数空间为 $T = (-\infty, +\infty)$, 状态空间为 $I = [-a, +a]$. ■

例 1.1.4 设某城市的 120 急救中心电话台迟早会接到用户的呼叫, 以 $X(t)$ 表示时间 $[0, t)$ 内接到的呼叫次数. 那么, $\{X(t), t \geqslant 0\}$ 是一个随机过程.

解 固定 $t_0 \in T = [0, +\infty)$, $X(t_0)$ 是一个离散型随机变量. 假设 120 急救中心电话台接到用户的第 1 个呼叫的时间为 t_1, 第 2 个呼叫的时间为 t_2, 以此类推, 第 n 个呼叫的时间为 t_n, 那么, 显然 $t_1 < t_2 < \cdots < t_n$, 得到随机过程 $X(t)$ 的样本曲线, 其样本曲线的图形如图 1.1 所示.

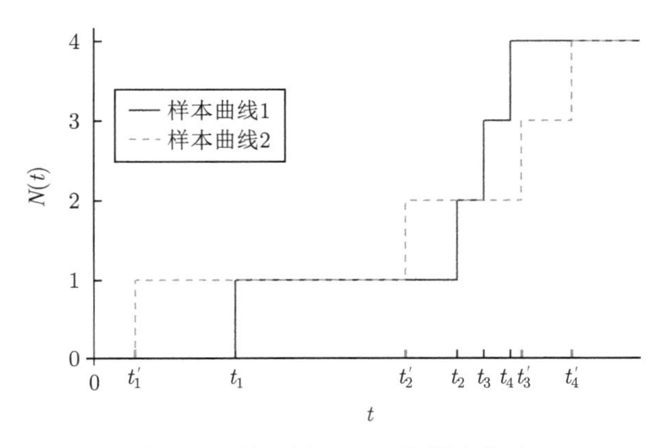

图 1.1 随机过程 $X(t)$ 的样本曲线

显然, $\{X(t), t \geqslant 0\}$ 的参数空间为 $T=[0,+\infty)$, 状态空间为 $I=\{0,1,2,\cdots\}$, 它是一个随机过程, 称为**计数过程**. ■

1.1.2 随机过程的分类

根据随机过程的参数空间和状态空间的类型, 可以将随机过程简单分为四类:

第一类, 参数空间和状态空间都是离散的随机过程.

第二类, 参数空间是离散的、状态空间是连续的随机过程.

第三类, 参数空间是连续的、状态空间是离散的随机过程.

第四类, 参数空间是连续的、状态空间是连续的随机过程.

例 1.1.5 设 X_i 为独立同 0-1 分布的随机变量, 那么, $Y_n=\sum\limits_{i=1}^{n} X_i$ 是参数空间和状态空间都是离散的随机过程.

如果 X_i 为独立同标准正态分布的随机变量, 那么, $Y_n=\sum\limits_{i=1}^{n} X_i$ 是参数空间为离散的、状态空间是连续的随机过程.

以 $N(t)$ 表示时间 $[0,t)$ 内接到的呼叫次数, 以 τ_i 表示第 i 次呼叫到达的时间, 以 $T_i=\tau_i-\tau_{i-1}(i=1,2,\cdots,\tau_0=0)$ 表示第 i 次呼叫与第 $i-1$ 次呼叫到达的时间间隔. 那么, **计数过程** $\{N(t), t \geqslant 0\}$ 是参数空间连续、状态空间离散的随机过程. **随机质点过程** $\{\tau_i, i=0,1,2,\cdots\}$ 是参数空间离散、状态空间连续的随机过程, **时间间隔过程** $\{T_i, i=1,2,\cdots\}$ 也是参数空间离散、状态空间连续的随机过程.

随机相位余弦波过程 $X(t)=a\cos(\omega t+\theta)$, 其中 a 是一个常数, ω 是一个常数, θ 是服从均匀分布 $U(0,2\pi)$ 的随机变量, 显然, 随机相位余弦波过程是参数空间连续、状态空间连续的随机过程. ■

1.2 随机过程的分布

1.2.1 随机过程的一维分布和二维分布

对于随机过程 $X(t)$, 任意取出若干个不同的时刻 $t_1,t_2,\cdots,t_n(\forall i \neq j, t_i \neq t_j)$, 那么, $(X(t_1),X(t_2),\cdots,X(t_n))$ 构成 n 维随机向量, 其统计特征可以利用 n 维分布函数来刻画.

定义 1.2.1 设 $X(t)$ 为随机过程, 对任意固定的时刻 $t \in T$, 以及实数 $x \in \mathbf{R}$, 那么

$$F_1(x,t)=P(X(t) \leqslant x), \quad t \in T \tag{1.4}$$

为随机过程 $\{X(t), e \in S, t \in T\}$ 的**一维分布函数**. 称 $\{F_1(x,t), x \in \mathbf{R}, t \in T\}$ 为此随机过程的**一维分布函数族**.

定义 1.2.2 $X(t)$ 为随机过程, 对任意固定的时刻 $t \in T$, $X(t)$ 为一维离散型随机变量, 那么

$$P_1(x_k, t) = P(X(t) = x_k), \quad t \in T \tag{1.5}$$

为随机过程 $X(t)$ 的**一维分布律**.

定义 1.2.3 设 $X(t)$ 为随机过程, 对任意固定的时刻 $t \in T$, $X(t)$ 为一维连续型随机变量, 那么

$$F_1(x, t) = P(X(t) \leqslant x) = \int_{-\infty}^{x} f(x, t)\mathrm{d}x, \quad t \in T, \tag{1.6}$$

被积函数 $f(x,t)$ 称为随机过程 $X(t)$ 的**一维概率密度**. 显然

$$f(x,t) = \begin{cases} \dfrac{\partial F_1(x,t)}{\partial x}, & F_1(x,t) \text{ 在 } x \text{ 处可导}, \\ 0, & F_1(x,t) \text{ 在 } x \text{ 处不可导}. \end{cases} \tag{1.7}$$

定义 1.2.4 设 $X(t)$ 为随机过程, 对任意固定的时刻 $t_1 \in T, t_2 \in T, t_1 \neq t_2$, 以及实数 $x_1 \in \mathbf{R}$, $x_2 \in \mathbf{R}$, 称

$$F_2(x_1, x_2, t_1, t_2) = P(X(t_1) \leqslant x_1, X(t_2) \leqslant x_2) \tag{1.8}$$

为随机过程 $X(t)$ 的**二维分布函数**. 称 $\{F_2(x_1, x_2, t_1, t_2), t_1, t_2 \in T, x_1, x_2 \in \mathbf{R}, t_1 \neq t_2\}$ 为此随机过程 $X(t)$ 的**二维分布函数族**.

定义 1.2.5 设 $X(t)$ 为随机过程, 对任意固定的时刻 $t \in T$, $X(t)$ 为一维离散型随机变量, 那么

$$P_2(x_i, x_j, t_1, t_2) = P(X(t_1) = x_i, X(t_2) = x_j), \quad t_1, t_2 \in T, \quad x_i, x_j \in \mathbf{R}, \quad t_1 \neq t_2 \tag{1.9}$$

为随机过程 $X(t)$ 的**二维分布律**.

定义 1.2.6 设 $X(t)$ 为随机过程, 对任意固定的时刻 $t \in T$, $X(t)$ 为连续型随机变量, 那么

$$\begin{aligned} & F_2(x_1, x_2, t_1, t_2) \\ = & P(X(t_1) \leqslant x_1, X(t_2) \leqslant x_2) \\ = & \int_{-\infty}^{x_1} \int_{-\infty}^{x_2} f(x, y, t_1, t_2)\mathrm{d}x\mathrm{d}y, \quad t_1, t_2 \in T, \quad x_1, x_2 \in \mathbf{R}, \quad t_1 \neq t_2, \end{aligned} \tag{1.10}$$

被积函数 $f(x_1, x_2, t_1, t_2)$ 称为随机过程 $X(t)$ 的**二维概率密度**.

例 1.2.1 针对例 1.1.1 中抛掷一枚硬币的试验定义的一个随机过程:

$$X(e,t) = \begin{cases} \cos \pi t, & e = H, \\ t, & e = T, \end{cases} \quad t \in (-\infty, +\infty),$$

试求随机过程 $X(t)$ 的一维分布律和二维分布律, 以及一维分布函数 $F_1(x,0)$ 和二维分布函数 $F_2(x_1,x_2,0,1)$.

解　$P(X(t)=\cos\pi t)=P(X(t)=t)=\dfrac{1}{2}$.

当 $t_1\neq t_2$ 时,

$$P(X(t_1)=\cos\pi t_1,X(t_2)=t_2)=\frac{1}{4},\quad P(X(t_1)=t_1,X(t_2)=\cos\pi t_2)=\frac{1}{4},$$

$$P(X(t_1)=t_1,X(t_2)=t_2)=\frac{1}{4},\quad P(X(t_1)=\cos\pi t_1,X(t_2)=\cos\pi t_2)=\frac{1}{4}.$$

因此,

$$F_1(x,0)=\begin{cases}0, & x<0,\\ \dfrac{1}{2}, & 0\leqslant x<1,\\ 1, & x\geqslant 1,\end{cases}$$

$$F_2(x_1,x_2,0,1)=\begin{cases}0, & x_1<0\ \text{或}\ x_2<-1,\\ \dfrac{1}{4}, & 0\leqslant x_1<1,-1\leqslant x_2<1,\\ \dfrac{1}{2}, & 0\leqslant x_1<1,x_2\geqslant 1,\\ & \text{或}\ x_1\geqslant 1,-1\leqslant x_2<1,\\ 1, & x_1\geqslant 1\ \text{且}\ x_2\geqslant 1.\end{cases}$$ ■

例 1.2.2　随机过程 $X(t)$ 定义如下:

$$X(t)=V\cos\omega t,\quad t\in(-\infty,+\infty),$$

其中 ω 是一个常数, $\omega\neq 0$, V 是服从均匀分布 $U(0,1)$ 的随机变量. 试求随机过程 $X(t)$ 在 $t=0,\dfrac{\pi}{4\omega}$ 的一维概率密度.

解　对给定的 t, 若 $\cos\omega t\neq 0$, 记 $a=\cos\omega t$, 则 $X(t)=aV$ 的概率密度为

$$f_X(x,t)=f_V\left(\frac{x}{a}\right)\cdot\frac{1}{|a|}=\begin{cases}\dfrac{1}{|a|}, & 0<\dfrac{x}{a}<1,\\ 0, & \text{其他}.\end{cases}$$

当 $t=0$ 时 $a=\cos\omega 0=1$, 于是 $f_X(x,0)=\begin{cases}1, & 0<x<1,\\ 0, & \text{其他}.\end{cases}$

当 $t=\dfrac{\pi}{4\omega}$ 时 $a=\cos\omega\cdot\dfrac{\pi}{4\omega}=\dfrac{\sqrt{2}}{2}$, 于是

$$f_X\left(x, \frac{\pi}{4\omega}\right) = \begin{cases} \sqrt{2}, & 0 < x < \dfrac{\sqrt{2}}{2}, \\ 0, & \text{其他}. \end{cases}$$ ■

1.2.2 随机过程的有限维分布

定义 1.2.7 设 $X(t)$ 为随机过程, 对任意固定的时刻 $t_i \in T, i = 1, 2, \cdots, n$, $t_i \neq t_j$, 以及实数 $x_i \in \mathbf{R}, i = 1, 2, \cdots, n$, 称

$$F_n(x_1, x_2, \cdots, x_n, t_1, t_2, \cdots, t_n) = P(X(t_1) \leqslant x_1, X(t_2) \leqslant x_2, \cdots, X(t_n) \leqslant x_n) \tag{1.11}$$

为随机过程 $X(t)$ 的 n **维分布函数**, 称 $\{F_n(x_1, x_2, \cdots, x_n, t_1, t_2, \cdots, t_n), t_1, t_2, \cdots, t_n \in T, n \geqslant 1\}$ 为此随机过程 $X(t)$ 的**有限维分布函数族**.

随机过程 $X(t)$ 的 n 维分布函数能够描述随机过程的统计特性, 而且 n 越大, n 维分布函数越趋完善地描述随机过程的统计特性. 所以, 有很多数学家研究了随机过程 $X(t)$ 与其有限维分布函数族的关系, 1931 年, 苏联数学家柯尔莫哥洛夫证明了关于有限维分布函数族的重要性的定理.

定理 1.2.1 (存在定理) $\{F_n(x_1, x_2, \cdots, x_n, t_1, t_2, \cdots, t_n), t_1, t_2, \cdots, t_n \in T, n \geqslant 1\}$ 为随机过程 $X(t)$ 的有限维分布函数族, 那么, 有限维分布函数族满足

(1) 对称性: 对于 $(1, 2, 3, \cdots, n)$ 的任意排列 $(i_1, i_2, i_3, \cdots, i_n)$, 有

$$F_n(x_{i_1}, x_{i_2}, \cdots, x_{i_n}, t_{i_1}, t_{i_2}, \cdots, t_{i_n}) = F(x_1, x_2, \cdots, x_n, t_1, t_2, \cdots, t_n). \tag{1.12}$$

(2) 相容性: 对于任意自然数 $m < n$, 有

$$F_m(x_1, x_2, \cdots, x_m, t_1, t_2, \cdots, t_m) = F_n(x_1, x_2, \cdots, x_m, +\infty, \cdots, +\infty, t_1, t_2, \cdots, t_n). \tag{1.13}$$

随机过程 $X(t)$ 的有限维分布函数族完全描述了随机过程 $X(t)$.

例 1.2.3 设 $X(n)$ 是第 n $(n \geqslant 1)$ 次抛掷骰子的点数, 那么, $\{X(n), n \geqslant 1\}$ 构成一个随机过程, 该随机过程称为**伯努利过程**, 试求伯努利过程的有限维分布函数.

解 随机过程 $\{X(n) \geqslant 1\}$ 的状态空间为 $I = \{1, 2, 3, 4, 5, 6\}$,

$$P(X(n) = i) = \frac{1}{6}, \quad i = 1, 2, 3, 4, 5, 6.$$

$\forall n \neq m$, $X(n)$ 和 $X(m)$ 相互独立, 所以,

$$\begin{aligned} & P_2(i_1, i_2, \cdots, i_k, n_1, n_2, \cdots, n_k) \\ = & P(X(n_1) = i_1, X(n_2) = i_2, \cdots, X(n_k) = i_k) \\ = & \left(\frac{1}{6}\right)^k, \quad n_i \neq n_j, \quad i_m = 1, 2, 3, 4, 5, 6, \quad m = 1, 2, \cdots, k. \end{aligned}$$ ■

定义 1.2.8　设 $\{X(t), t \in T\}$ 为一随机过程. 若对于任意的正整数 n, 任意的 $t_1, t_2, \cdots, t_n \in T$, n 个随机变量 $X(t_1), X(t_2), \cdots, X(t_n)$ 相互独立, 则称 $X(t)$ 为**独立随机过程**.

显然, 伯努利过程是独立随机过程. 例 1.1.1 中抛掷一枚硬币的随机过程也是独立随机过程. 对于独立随机过程, 其 n 维分布函数等于边缘分布函数的连乘.

1.3　随机过程的数字特征

1.3.1　常用的数字特征

对于一个随机过程 $X(t)$, 要研究它的变化规律, 常常需要建立起它的多维分布. 因为随机过程 $X(t)$ 的有限维分布函数族完全描述了随机过程 $X(t)$, 但是要建立随机过程的分布函数一般比较复杂, 使用也不便, 甚至不可能, 怎么办呢?

事实上, 在许多实际应用中, 当随机过程的"函数关系"不好确定时, 我们往往可以退而求其次, 引入随机过程的数字特征. 用这些数字特征, 可以基本上刻画随机过程变化的重要统计规律, 而且这些随机过程的 $X(t)$ 的数字特征又便于运算和实际测量.

定义 1.3.1　如果 $X(t)$ 为随机过程, 对任意固定的时刻 $t \in T$, $EX^2(t) < +\infty$, 那么, 称随机过程 $X(t)$ 为**二阶矩过程**.

定义 1.3.2　如果随机过程 $X(t)$ 是二阶矩过程, 那么, 随机过程 $X(t)$ 的**均值函数** $M_X(t)$、**均方值函数** $\psi_X^2(t)$、**方差函数** $D_X(t)$、**自相关函数** $R_X(t,s)$ 和**自协方差函数** $C_X(t,s)$ 都存在, 相应定义如下:

$$M_X(t) = E(X(t)), \tag{1.14}$$

$$\psi_X^2(t) = E(X^2(t)), \tag{1.15}$$

$$D_X(t) = D(X(t)) = E[X(t) - E(X(t))]^2, \tag{1.16}$$

$$R_X(t,s) = E(X(t)X(s)), \tag{1.17}$$

$$\begin{aligned} C_X(t,s) &= \mathrm{Cov}(X(t), X(s)) \\ &= E[(X(t) - E(X(t)))(X(s) - E(X(s)))]. \end{aligned} \tag{1.18}$$

如果随机过程 $X(t)$ 是二阶矩过程, 而且对于任意固定的时刻 $t \in T$, $X(t)$ 为离散型随机变量, 那么, 随机过程 $X(t)$ 的数字特征, 即均值函数 $M_X(t)$、均方值函数 $\psi_X^2(t)$、方差函数 $D_X(t)$、自相关函数 $R_X(t,s)$ 和自协方差函数 $C_X(t,s)$ 都存在, 由随机过程 $X(t)$ 的有限维分布律完全确定. 均值函数 $M_X(t)$ 和自相关函数 $R_X(t,s)$ 的计算公式如下:

$$M_X(t) = E(X(t)) = \sum_i x_i P(X(t) = x_i), \tag{1.19}$$

$$R_X(t,s)=\sum_{i,j}x_ix_jP(X(t)=x_i,X(s)=x_j). \tag{1.20}$$

如果随机过程 $X(t)$ 是二阶矩过程, 而且对于任意固定的时刻 $t\in T$, $X(t)$ 为连续型随机变量, 那么, 随机过程 $X(t)$ 的数字特征都存在, 由随机过程 $X(t)$ 的有限维概率密度完全确定. 均值函数 $M_X(t)$ 和自相关函数 $R_X(t,s)$ 的计算公式如下：

$$M_X(t)=E(X(t))=\int_{-\infty}^{+\infty}xf(x,t)\mathrm{d}x, \tag{1.21}$$

$$R_X(t,s)=\int_{-\infty}^{+\infty}\int_{-\infty}^{+\infty}xyf(x,y,t,s)\mathrm{d}x\mathrm{d}y. \tag{1.22}$$

如果随机过程 $X(t)$ 是二阶矩过程, 那么

$$D_X(t)=E[X(t)-E(X(t))]^2=E[X^2(t)]-[E(X(t))]^2\geqslant 0, \tag{1.23}$$

$$\begin{aligned}C_X(t,s)&=E[(X(t)-E(X(t)))(X(s)-E(X(s)))]\\&=E[X(t)X(s)]-E(X(t))E(X(s)),\end{aligned} \tag{1.24}$$

$$\psi_X^2(t)=E(X^2(t))=R_X(t,t)=D_X(t)+[E(X(t))]^2. \tag{1.25}$$

例 1.3.1 随机相位余弦波过程 $X(t)=a\cos(\omega t+\theta)$, 其中 a 是一个常数, ω 是一个常数, θ 是服从均匀分布 $U(0,2\pi)$ 的随机变量. 试求随机相位余弦波过程 $X(t)$ 的均值函数、方差函数、自相关函数和协方差函数.

解

$$\begin{aligned}E(X(t))&=E[g(\theta)]=\int_{-\infty}^{+\infty}g(x)f_\theta(x)\mathrm{d}x\\&=\int_0^{2\pi}a\cos(\omega t+\theta)\frac{1}{2\pi}\mathrm{d}\theta=0,\end{aligned}$$

$$\begin{aligned}R_X(t_1,t_2)&=E[X(t_1)\cdot X(t_2)]=E[a\cos(\omega t_1+\theta)a\cos(\omega t_2+\theta)]\\&=a^2E[\cos(\omega t_1+\theta)\cos(\omega t_2+\theta)]\\&=a^2\int_0^{2\pi}\cos(\omega t_1+\theta)\cos(\omega t_2+\theta)\frac{1}{2\pi}\mathrm{d}\theta\\&=\frac{a^2}{2\pi}\int_0^{2\pi}\frac{1}{2}[\cos(\omega t_1+\omega t_2+2\theta)+\cos(\omega(t_2-t_1))]\mathrm{d}\theta\\&=\frac{a^2}{2}\cos\omega(t_2-t_1),\end{aligned}$$

$$C_X(t_1,t_2)=R_X(t_1,t_2)=\frac{a^2}{2}\cos\omega(t_2-t_1),$$

$$D(t)=C_X(t,t)=\frac{a^2}{2}.$$

■

例 1.3.2 随机游动过程 $Y_n=\sum\limits_{i=1}^{n}X_i$, 其中 $P(X_i=1)=p$, $P(X_i=-1)=1-p=q$, $X_i(i=1,2,\cdots,n)$ 相互独立, 试求随机游动过程 Y_n 的均值函数、方差函数、自相关函数和协方差函数.

解

$$\begin{aligned}
&EX_i=(-1)\times q+1\times p=p-q,\\
&EX_i^2=(-1)^2\times q+1^2\times p=p+q=1,\\
&DX_i=EX_i^2-(EX_i)^2=1-(p-q)^2=4p(1-p),\\
&EY_n=\sum_{i=1}^{n}E(X_i)=\sum_{i=1}^{n}(p-q)=n(p-q),
\end{aligned}$$

因为 $X_i,i=1,2,\cdots,n$ 相互独立, 所以,

$$\begin{aligned}
&DY_n=\sum_{i=1}^{n}D(X_i)=4np(1-p),\\
&R_Y(n,m)=E(Y_nY_m)=E\left(\sum_{i=1}^{n}X_i\sum_{i=1}^{m}X_i\right);
\end{aligned}$$

假设 $n>m$, 那么

$$\begin{aligned}
E(Y_nY_m)&=E\left(\sum_{i=1}^{m}X_i\sum_{i=1}^{m}X_i+\sum_{i=m+1}^{n}X_i\sum_{i=1}^{m}X_i\right)\\
&=E\left(\sum_{i=1}^{m}X_i^2\right)+E\left[\sum_{i\neq j}X_iX_j\right]+E\left(\sum_{i=m+1}^{n}X_i\right)E\left(\sum_{i=1}^{m}X_i\right)\\
&=\sum_{i=1}^{m}EX_i^2+\sum_{i\neq j}E(X_i)E(X_j)+(n-m)(p-q)m(p-q)\\
&=m+m(m-1)(p-q)^2+m(n-m)(p-q)^2\\
&=m+m(n-1)(p-q)^2.
\end{aligned}$$

同理, 假设 $m\geqslant n$, 可得

$$\begin{aligned}
&E(Y_nY_m)=n+n(m-1)(p-q)^2,\\
&\mathrm{Cov}(Y_n,Y_m)=n+n(m-1)(p-q)^2-nm(p-q)^2\\
&\qquad\qquad\qquad=n(1-(p-q)^2),
\end{aligned}$$

所以,

$$R_Y(n,m) = E(Y_nY_m) = \min(n,m) + \min(n,m)(\max(n,m)-1)(p-q)^2,$$

$$C_Y(n,m) = \mathrm{Cov}(Y_n, Y_m) = \min(n,m)(1-(p-q)^2).$$ ■

1.3.2 独立增量过程的数字特征

定义 1.3.3 设 $\{X(t), t \in T\}$ 是一个随机过程, 对于任意正整数 $n \geqslant 1$, 任意 $t_i \in T, i = 0,1,2,\cdots,n$ 以及 $t_0 < t_1 < t_2 < \cdots < t_n$, n 个增量 $X(t_1) - X(t_0), X(t_2) - X(t_1), \cdots, X(t_n) - X(t_{n-1})$ 相互独立, 则 $\{X(t), t \in T\}$ 为**独立增量过程**.

定理 1.3.1 设 $X_i, i = 1,2,\cdots,n,\cdots$ 是相互独立的随机变量, 那么, $Y_n = \sum\limits_{i=1}^{n} X_i$ 是独立增量过程.

证明 对于任意正整数 $n \geqslant 1$, 任意 $n_i \in \mathbf{N}, i = 0,1,2,\cdots,n$ 以及 $n_0 < n_1 < n_2 < \cdots < n_n$, 那么

$$Y(n_1) - Y(n_0) = \sum_{i=n_0+1}^{n_1} X_i,$$

$$Y(n_2) - Y(n_1) = \sum_{i=n_1+1}^{n_2} X_i,$$

$$\cdots\cdots$$

$$Y(n_n) - Y(n_{n-1}) = \sum_{i=n_{n-1}+1}^{n_n} X_i,$$

显然, n 个增量 $Y(n_1) - Y(n_0), Y(n_2) - Y(n_1), \cdots, Y(n_n) - Y(n_{n-1})$ 相互独立, 所以, $Y_n = \sum\limits_{i=1}^{n} X_i$ 是独立增量过程. ■

显然, 随机游动过程 $Y_n = \sum\limits_{i=1}^{n} X_i$ 是独立增量过程, 是一类状态空间离散、参数空间离散的独立增量过程.

例 1.3.3 $\{X(t), t \geqslant 0\}$ 是独立增量过程, $P(X(0)=0)=1$, 而且 $E[X^2(t)] < +\infty$, 那么,

$$C_X(t,s) = D_X(\min(t,s)).$$

证明 假设 $0 < s < t$,

$$C_X(t,s) = \mathrm{Cov}(X(t), X(s)) = \mathrm{Cov}(X(t) - X(s) + X(s), X(s))$$

$$
\begin{aligned}
&= \mathrm{Cov}([X(t)-X(s)],[X(s)-X(0)]) + \mathrm{Cov}(X(s),X(s)) \\
&= \mathrm{Cov}([X(t)-X(s)],[X(s)-X(0)]) + D(X(s)),
\end{aligned}
$$

$\{X(t), t \geqslant 0\}$ 是独立增量过程, 所以, $\mathrm{Cov}([X(t)-X(s)],[X(s)-X(0)]) = 0$.

所以, 当 $0 < s < t$ 时, $C_X(t,s) = D(X(s))$.

同理, 当 $s > t > 0$ 时, $C_X(t,s) = D(X(t))$.

所以, $C_X(t,s) = D_X(\min(t,s))$. ■

1.3.3 正态过程的数字特征和有限维分布

定义 1.3.4 $\{X(t), t \in T\}$ 是一个随机过程, 若它的每一个有限维分布都是正态分布, 即对于任意正整数 $n \geqslant 1$ 及任意 $t_1, t_2, \cdots, t_n \in T$, $(X(t_1), X(t_2), \cdots, X(t_n))$ 服从 n 维正态分布, 则 $\{X(t), t \in T\}$ 为**正态随机过程**.

定理 1.3.2 n 维随机变量 $(X_1, X_2, \cdots, X_n)$ 服从 n 维正态分布的充分必要条件是 n 维随机变量 $(X_1, X_2, \cdots, X_n)$ 的任意线性组合均服从一维正态分布, 而且 n 维正态分布由其协方差矩阵 C 和均值向量 μ 唯一确定, 其概率密度为

$$
f_n(x_1, x_2, \cdots, x_n) = \frac{1}{(2\pi)^{\frac{n}{2}}|C|^{\frac{1}{2}}} \exp\left\{-\frac{1}{2}(x-\mu)^{\mathrm{T}} C^{-1}(x-\mu)\right\}, \tag{1.26}
$$

其中 $x = (x_1, x_2, \cdots, x_n)^{\mathrm{T}}$, 均值向量 $\mu = (EX_1, EX_2, \cdots, EX_n)^{\mathrm{T}}$, 协方差矩阵 $C = (\mathrm{Cov}(X_i, X_j))$, 协方差矩阵的行列式不等于零, 即 $|C| \neq 0$. 如果协方差矩阵的行列式等于零, 即 $|C| = 0$, n 维正态分布仍由协方差矩阵 C 和均值向量 μ 唯一确定, 并利用特征函数来刻画其分布 (参见 1.4 节).

例 1.3.4 设 $X(t) = A + Bt, t \in (-\infty, +\infty)$ 为随机过程, 其中 A 和 B 为随机变量 , 相互独立且均服从标准正态分布 $N(0,1)$. 试求随机过程 $X(t)$ 的 n 维概率密度函数.

解 A 和 B 都服从标准正态分布, 且相互独立, 所以它们的线性组合也服从正态分布. 所以 $X(t_1), X(t_2), \cdots, X(t_n)$ 的任意线性组合均服从一维正态分布. 根据定理 1.3.2 知, n 维随机变量 $(X(t_1), X(t_2), \cdots, X(t_n))$ 服从 n 维正态分布. 随机过程 $X(t) = A + Bt$ 是正态随机过程.

对于 n 维正态分布, 只要知道它们的均值向量与协方差矩阵就可完全确定它们的分布, 故此处只需求得 $X(t)$ 的均值函数和协方差函数即可.

$$
\begin{aligned}
&EX(t) = EA + E(Bt) = 0. \\
&C_X(t,s) = R_X(t,s) = EX(t)X(s) = E[(A+Bt)(A+Bs)] \\
&\qquad\qquad = E(A^2 + ABt + ABs + B^2 ts) = 1 + ts. \\
&DX(t) = D(A+Bt) = 1 + t^2.
\end{aligned}
$$

$(X(t_1), X(t_2), \cdots, X(t_n))$ 的概率密度为

$$f_n(x_1, x_2, \cdots, x_n, t_1, t_2, \cdots, t_n) = \frac{1}{(2\pi)^{\frac{n}{2}}|C|^{\frac{1}{2}}} \exp\left(-\frac{1}{2}x^{\mathrm{T}}C^{-1}x\right),$$

其中 $x = (x_1, x_2, \cdots, x_n)^{\mathrm{T}}$, $C = (1 + t_i t_j)_{n\times n}$. ■

1.4 随机过程的特征函数

1.4.1 随机过程的一维特征函数

对于一维随机变量 ξ 而言, 其分布函数完全刻画了随机变量的特征, 并与其特征函数一一对应, 特征函数也完全刻画了随机变量的特征. 因此, 要研究随机过程 $X(t)$ 的变化规律, 也需要建立起它的多维特征函数. 用随机过程 $X(t)$ 的多维特征函数, 不仅可以完全刻画随机过程变化的重要统计规律, 还能得出随机过程的 $X(t)$ 的数字特征.

定义 1.4.1 $\{X(t), t \in T\}$ 是一个实随机过程, $\{Y(t), t \in T\}$ 是一个实随机过程, 令

$$Z(t) = X(t) + \mathrm{i}Y(t), \quad t \in T, \quad \mathrm{i} = \sqrt{-1}, \tag{1.27}$$

那么, $\{Z(t), t \in T\}$ 是一个**复随机过程**, 称 $(X(t), Y(t))$ 的联合分布为复随机过程 $Z(t)$ 的分布函数. 即对于任意 $t_1, t_2, \cdots, t_n \in T$, 任意 $x_1, x_2, \cdots, x_n \in \mathbf{R}$, $y_1, y_2, \cdots, y_n \in \mathbf{R}$,

$$\begin{aligned} &F(x_1, x_2, \cdots, x_n, y_1, y_2, \cdots, y_n, t_1, t_2, \cdots, t_n) \\ =\ &P(X(t_1) \leqslant x_1, X(t_2) \leqslant x_2, \cdots, X(t_n) \leqslant x_n, \\ &Y(t_1) \leqslant y_1, Y(t_2) \leqslant y_2, \cdots, Y(t_n) \leqslant y_n) \end{aligned} \tag{1.28}$$

为**复随机过程 $Z(t)$ 的 $2n$ 维分布函数**.

$Z(t)$ 的有限维分布函数

$$\{F(x_1, x_2, \cdots, x_n, y_1, y_2, \cdots, y_n, t_1, t_2, \cdots, t_n), n \geqslant 1, t_1, t_2, \cdots, t_n \in T\}$$

完全刻画了复随机过程 $Z(t)$.

定义 1.4.2 随机过程 $X(t)$ 的**一维特征函数**为

$$\begin{aligned} \varphi_{X(t)}(v) &= \psi_X(v, t) = E[\mathrm{e}^{\mathrm{i}vX(t)}] \\ &= E[\cos(vX(t)) + \mathrm{i}\sin(vX(t))], \quad v \in \mathbf{R}, \quad t \in T, \quad \mathrm{i} = \sqrt{-1}. \end{aligned} \tag{1.29}$$

如果对于每一个固定的 t, $X(t)$ 为**一维离散型随机变量**, 则随机过程 $X(t)$ 的**一维特征函数**为

$$\varphi_{X(t)}(v)=E[\mathrm{e}^{\mathrm{i}vX(t)}]=\sum_k \mathrm{e}^{\mathrm{i}vx_k}P(X(t)=x_k). \tag{1.30}$$

如果对每一个固定的 t, $X(t)$ 为**一维连续型随机变量**, 则随机过程 $X(t)$ 的**一维特征函数**为

$$\varphi_{X(t)}(v)=E[\mathrm{e}^{\mathrm{i}vX(t)}]=\int_{-\infty}^{+\infty}\mathrm{e}^{\mathrm{i}xv}f(x,t)\mathrm{d}x, \tag{1.31}$$

其中 $Y(t)=\cos(vX(t))+\mathrm{i}\sin(vX(t))=\mathrm{e}^{\mathrm{i}vX(t)}$ 是一个复随机过程.

由于对任意的实数 $v\in(-\infty,+\infty)$, 总有 $|\mathrm{e}^{\mathrm{i}vX(t)}|=1$, 所以, $E[\mathrm{e}^{\mathrm{i}vX(t)}]$ 总是存在的, 即对随机过程 $X(t)$ 而言, 其一维特征函数都存在.

为了计算随机过程 $X(t)$ 的一维特征函数, 下面回顾一下常见分布的特征函数 (表 1.2).

表 1.2　常见分布的特征函数

分布	分布律 (或概率密度)	特征函数
二项分布 $B(n,p)$	$P(X=k)=\mathrm{C}_n^k p^k q^{n-k}$ $k=0,1,2,\cdots,n,0<p<1$	$\varphi_X(v)=(1-p+p\mathrm{e}^{\mathrm{i}v})^n$
泊松分布 $\pi(\lambda)$	$P(X=k)=\dfrac{\lambda^k}{k!}\mathrm{e}^{-\lambda}$, $k=0,1,2,\cdots,\lambda>0$	$\varphi_X(v)=\mathrm{e}^{\lambda(\mathrm{e}^{\mathrm{i}v}-1)}$
指数分布 $Z(\alpha)$	$f(x)=\begin{cases}\alpha\mathrm{e}^{-\alpha x}, & x\geqslant 0,\\ 0, & x<0,\end{cases}\quad \alpha>0$	$\varphi_X(v)=\dfrac{\alpha}{\alpha-\mathrm{i}v}=\dfrac{\alpha^2}{\alpha^2+v^2}+\mathrm{i}\dfrac{\alpha v}{\alpha^2+v^2}$
正态分布 $N(\mu,\sigma^2)$	$f(x)=\dfrac{1}{\sqrt{2\pi}\sigma}\mathrm{e}^{-\frac{(x-\mu)^2}{2\sigma^2}},\mu\in\mathbf{R},\sigma>0$	$\varphi_X(v)=\mathrm{e}^{\mathrm{i}\mu v-\frac{\sigma^2v^2}{2}}$

为了进一步了解随机过程 $X(t)$ 的一维特征函数, 下面回顾随机变量的特征函数的性质.

性质 1.4.1　设 $\varphi_X(v)=E(\mathrm{e}^{\mathrm{i}vX})$ 为随机变量 X 的特征函数, 则它具有以下性质:

(1) $\varphi_X(0)=1$, $|\varphi_X(v)|\leqslant\varphi_X(0)$, $\varphi_X(-v)=\overline{\varphi_X(v)}$;

(2) $\varphi_X(v)$ 是 $v\in(-\infty,+\infty)$ 上的连续函数;

(3) 设 a,b 为常数, 则 $Y=aX+b$ 的特征函数为 $\varphi_Y(v)=\mathrm{e}^{\mathrm{i}bv}\varphi_X(av)$;

(4) 设随机变量 X,Y 相互独立, 则有 $\varphi_{X+Y}(v)=\varphi_X(v)\varphi_Y(v)$;

(5) 若随机变量 X 的 n 阶矩存在, 则它的特征函数可微分 n 次, 且当 $1\leqslant k\leqslant n$ 时, 有

$$\varphi_X^{(k)}(0)=\mathrm{i}^kE(X^k);$$

(6) 随机变量的分布函数与其特征函数一一对应. (唯一性)

例 1.4.1 随机游动过程 $Y_n=\sum\limits_{k=1}^{n}X_k$, 其中 $P(X_k=1)=p$, $P(X_k=-1)=1-p=q$, $X_i,i=1,2,\cdots$ 相互独立, 试求随机游动过程 Y_n 的一维特征函数和一维分布函数.

解

$$\varphi_{X_k}(t)=E(\mathrm{e}^{\mathrm{i}tX_k})=p\mathrm{e}^{\mathrm{i}t}+1-p,\quad k=1,2,\cdots,n,$$

$$\begin{aligned}\varphi_{Y_n}(v)&=E(\mathrm{e}^{\mathrm{i}vY_n})=E\left(\mathrm{e}^{\mathrm{i}v\sum\limits_{k=1}^{n}X_k}\right)=\prod_{k=1}^{n}E(\mathrm{e}^{\mathrm{i}vX_k})\\&=\prod_{k=1}^{n}(p\mathrm{e}^{\mathrm{i}v}+1-p)=\left[(1-p)\mathrm{e}^{-\mathrm{i}v}+p\mathrm{e}^{\mathrm{i}v}\right]^n\\&=\sum_{k=1}^{n}\mathrm{C}_n^k\mathrm{e}^{-\mathrm{i}vk}(1-p)^k\mathrm{e}^{\mathrm{i}v(n-k)}p^{n-k}\\&=\sum_{k=1}^{n}\mathrm{e}^{\mathrm{i}v(n-2k)}\mathrm{C}_n^kp^{n-k}(1-p)^k.\end{aligned}$$

对照得知

$$P(Y=n-2k)=\mathrm{C}_n^k(1-p)^kp^{n-k},\quad k=0,1,2,\cdots,n.$$

令 $w=n-2k$, 于是 $k=\dfrac{n+w}{2}$, 所以

$$P(Y_n=w)=\mathrm{C}_n^mq^mp^{n-m}=\mathrm{C}_n^{\frac{n+w}{2}}q^{\frac{n+w}{2}}p^{\frac{n-w}{2}},$$

其中 $w=-n,-n+2,\cdots,n-2,n$, n 与 w 同为奇数或偶数.

1.4.2 随机过程的 n 维特征函数

定义 1.4.3 $\{X(t),t\in T\}$ 为随机过程, $n\geqslant 1$ 是一正整数, $\forall t_1,t_2,\cdots,t_n\in T$, $\forall v_1,v_2,\cdots,v_n\in\mathbf{R}$, 那么, 随机过程 $X(t)$ 的 n **维特征函数**为

$$\varphi_{X(t)}(t_1,t_2,\cdots,t_n,v_1,v_2,\cdots,v_n)=E\left[\mathrm{e}^{\sum\limits_{k=1}^{n}\mathrm{i}v_kX(t_k)}\right].$$

随机过程 $X(t)$ 的一维, 二维, $\cdots$, n 维特征函数的全体

$$\{\varphi_X(t_1,\cdots,t_n,v_1,\cdots,v_n),t_1,\cdots,t_n\in T,v_1,\cdots,v_n\in\mathbf{R},n\geqslant 1\}$$

称为**随机过程的有限维特征函数族**. 随机过程的特征函数族完全描述随机过程的统计特性, 并具有与随机变量的特征函数相类似的性质, 与随机过程的分布函数族一一对应.

性质 1.4.2 若 $(X_1,X_2,\cdots,X_n)$ 的特征函数为 $\varphi_X(v_1,v_2,\cdots,v_n)$, 则它具有以下性质:

(1) $Y=\sum\limits_{k=1}^{n}a_kX_k+b$ 的特征函数 $\varphi_Y(v)=\mathrm{e}^{\mathrm{i}vb}\varphi(a_1v,a_2v,\cdots,a_nv)$;

(2) k 维随机变量 $Y_k=(X_1,X_2,\cdots,X_k)$ 的特征函数为

$$\varphi_{Y_k}(v_1,v_2,\cdots,v_k)=\varphi(v_1,v_2,\cdots,v_k,0,0,\cdots,0),\quad 1\leqslant k\leqslant n;$$

(3) 设随机变量 X_k 的特征函数为 $\varphi_k(v_k)$, 而且 $X_1,X_2,\cdots,X_n$ 相互独立, 则有

$$\varphi(v_1,v_2,\cdots,v_n)=\prod_{k=1}^{n}\varphi_k(v_k);$$

(4) $(X_1,X_2,\cdots,X_n)$ 是服从 n 维正态分布的随机向量, 均值向量为 $\mu=(EX_1,EX_2,\cdots,EX_n)^{\mathrm{T}}$, 协方差矩阵为 $C=(\mathrm{Cov}(X_i,X_j))$, 那么, 其 n 维特征函数为

$$\varphi(v_1,v_2,\cdots,v_n)=\mathrm{e}^{\mathrm{i}v^{\mathrm{T}}\mu-\frac{1}{2}v^{\mathrm{T}}Cv},$$

其中 $v=(v_1,v_2,\cdots,v_n)^{\mathrm{T}}$;

(5) 随机变量的多维分布函数与其多维特征函数一一对应. (唯一性)

例 1.4.2　设随机过程 $\{X(t),t\in[0,+\infty)\}$ 为二阶矩存在的正态过程, 其均值函数为零, 自相关函数为 $R_X(t_1,t_2)=4\mathrm{e}^{-\frac{|t_1-t_2|}{2}}$, 令 $Y(t)=X(t+1)-X(t)$, 试证明 $\{Y(t),t\in[0,+\infty)\}$ 为正态过程, 并求 $Y(t)$ 的一维特征函数.

解　对正整数 $n\geqslant 1$, $\forall a_1,a_2,\cdots,a_n\in\mathbf{R}$, $\forall t_1,t_2,\cdots,t_n\in T=[0,+\infty)$,

$$\sum_{k=1}^{n}a_kY(t_k)=\sum_{k=1}^{n}a_k(X(t_k+1)-X(t_k)).$$

将 $t_1,\cdots,t_n,t_1+1,\cdots,t_n+1$ 重新排序, 相同的只记一次, 得 $t'_1,t'_2,\cdots,t'_m$ $(n\leqslant m\leqslant 2n)$, 且为 t'_k 的有 m_k 个, 则 $\sum\limits_{k=1}^{m}m_k=2n$, 于是

$$\sum_{k=1}^{n}a_kY(t_k)=\sum_{k=1}^{n}a_k(X(t_k+1)-X(t_k))=\sum_{k=1}^{m}a'_kX(t'_k),$$

其中 a'_k 等于对应于 $X(t'_k)$ 的全部 $X(t_k)$ 的系数 a_k 之和.

由于 $\{X(t),t\in[0,+\infty)\}$ 为正态过程, 知 $\sum\limits_{k=1}^{m}a'_kX(t'_k)$ 服从一维正态分布, 即 $\sum\limits_{k=1}^{n}a_kY(t_k)$ 服从一维正态分布, $(Y(t_1),Y(t_2),\cdots,Y(t_n))$ 服从 n 维正态分布, 再由参数的任意性知 $\{Y(t),t\in[0,+\infty)\}$ 为正态过程, 而且

$$EY(t)=EX(t+1)-EX(t)=0.$$

$$\begin{aligned}R(t_1,t_2) &= EY(t_1)Y(t_2)\\&= EX(t_1+1)X(t_2+1) - EX(t_2+1)X(t_1)\\&\quad - EX(t_1+1)X(t_2) + EX(t_2)X(t_1)\\&= 8\mathrm{e}^{-\frac{|t_1-t_2|}{2}} - 4\mathrm{e}^{-\frac{|t_2+1-t_1|}{2}} - 4\mathrm{e}^{-\frac{|t_1+1-t_2|}{2}},\end{aligned}$$

$$DY(t) = \mathrm{Cov}(t,t) = R(t,t) = 8(1-\mathrm{e}^{-\frac{1}{2}}).$$

所以, $Y(t)$ 为正态过程, 其一维特征函数为

$$\varphi_Y(t,v) = \mathrm{e}^{-4(1-\mathrm{e}^{-\frac{1}{2}})v^2}.$$

显然,

$$\left.\frac{\partial \varphi_Y(t,v)}{\partial v}\right|_{v=0} = \mathrm{e}^{-4\left(1-\mathrm{e}^{-\frac{1}{2}}\right)v^2}\left(-8\left(1-\mathrm{e}^{-\frac{1}{2}}\right)v\right)\Big|_{v=0} = 0.$$

$$\begin{aligned}&\left.\frac{\partial^2 \varphi_Y(t,v)}{\partial^2 v}\right|_{v=0}\\&= \left[\mathrm{e}^{-4\left(1-\mathrm{e}^{-\frac{1}{2}}\right)v^2}\left(-8\left(1-\mathrm{e}^{-\frac{1}{2}}\right)v\right)^2 + \mathrm{e}^{-4\left(1-\mathrm{e}^{-\frac{1}{2}}\right)v^2}\left(-8\left(1-\mathrm{e}^{-\frac{1}{2}}\right)\right)\right]\Bigg|_{v=0}\\&= -8(1-\mathrm{e}^{-\frac{1}{2}}).\end{aligned}$$

又由于 $\varphi_Y^{(k)}(t,0) = \mathrm{i}^k E(Y(t)^k)$, 所以, 可以再次验证,

$$EY(t) = 0, \quad DY(t) = 8\left(1-\mathrm{e}^{-\frac{1}{2}}\right).$$ ■

习 题 1

1. 已知随机过程 $X(t) = U + t, t \in (-\infty, +\infty)$, 其中 U 为随机变量, 服从 $(0,\pi)$ 上的均匀分布. 试求:

(1) 随机过程 $X(t)$ 任意两个样本函数, 并绘出草图;

(2) 随机过程 $X(t)$ 的特征函数;

(3) 随机过程 $X(t)$ 的均值函数、自协方差函数.

2. 随机过程 $X(t)$ 定义如下: $X(t) = V\cos\omega t, t \in (-\infty, +\infty)$, 其中 ω 是常数, $\omega \neq 0$, V 是服从均匀分布 $U(0,1)$ 的随机变量. 试求:

(1) 随机过程 $X(t)$ 在 $t = 0, \dfrac{\pi}{4\omega}$ 的一维概率密度;

(2) 均值函数、自相关函数;

(3) 方差函数.

3. 随机过程 $X(t)=A\sin(\omega t+\theta), t\in(-\infty,+\infty)$, 其中 A 是 $(-1,1)$ 上均匀分布的随机变量, ω,θ 均为常数, 试求：

(1) 随机过程 $X(t)$ 的一维概率密度、一维特征函数和均值函数;

(2) 随机过程 $X(t)$ 的方差函数、自相关函数和协方差函数.

4. 设随机过程 $\{X(t,e), t\in(-\infty,+\infty)\}$ 只有两条样本函数

$$X(t,e_1)=2\cos t,\quad X(t,e_2)=-2\cos t,\quad -\infty<t<+\infty,$$

且 $P(e_1)=0.8$, $P(e_2)=0.2$, 分别求：

(1) 一维分布函数 $F(0,x)$ 和 $F\left(\frac{\pi}{4},x\right)$;

(2) 二维分布函数 $F\left(0,\frac{\pi}{4},x,y\right)$;

(3) 随机过程 $X(t)$ 的均值函数.

5. 袋中放有一个白球、两个红球, 每隔单位时间从袋中任取一球, 取后放回, 对每一个确定的 t 对应随机变量

$$X(t)=\begin{cases}\dfrac{t}{3} & t \text{ 时取得红球},\\ \mathrm{e}^t, & t \text{ 时取得白球},\end{cases}$$

求：(1) 一维分布函数 $F(t,x)$;

(2) 随机过程的均值函数、方差函数、自相关函数和协方差函数.

6. 设随机过程 $\{X(t,e), t\in(-\infty,+\infty)\}$ 共有 3 条样本曲线：

$$X(t,e_1)=1,\quad X(t,e_2)=\sin t,\quad X(t,e_3)=\cos t,$$

且 $P(e_1)=P(e_2)=P(e_3)=\frac{1}{3}$, 试求 $X(t)$ 的均值函数和一维特征函数.

7. 随机过程 $X(t)=tX, t\in(0,+\infty)$, 其中 X 为随机变量, 概率密度为

$$f(x)=\begin{cases}x\mathrm{e}^{-\frac{x^2}{2}}, & x>0,\\ 0, & x\leqslant 0.\end{cases}$$

求：(1) 求随机过程 $X(t)$ 的一维概率密度;

(2) 随机过程 $X(t)$ 的均值函数、方差函数、自相关函数和协方差函数.

8. 设随机过程 $X(t)=t\mathrm{e}^X, t\in(0,+\infty)$, 其中 X 为随机变量, 服从参数为 λ 的指数分布. 求：(1) 随机过程 $X(t)$ 的一维概率密度;

(2) 随机过程 $X(t)$ 的方差函数、自相关函数和协方差函数.

9. 设随机过程 $X(t)=X\cos(\omega_0 t), t\in(-\infty,+\infty)$, 其中 ω_0 为常数, 而 X 为标准正态变量. 试求 $M_X(t),\psi_X^2(t),D_X(t),R_X(t_1,t_2),C_X(t_1,t_2)$ 和一维特征函数.

10. 随机过程 $X(t)=X\sin(\omega t+\theta), t\in(-\infty,+\infty)$, 其中 X 和 θ 为相互独立的随机变量, X 的概率密度为 $f(x)=\begin{cases}\frac{1}{2}, & |x|<1,\\ 0, & \text{其他},\end{cases}$ θ 的分布律为 $P\left(\theta=\frac{1}{2}\right)=P\left(\theta=-\frac{1}{2}\right)=\frac{1}{2}$, 试求随机过程 $X(t)$ 的均值函数、方差函数及协方差函数.

11. 随机过程 $X(t)=A\sin(t+\theta)$, 其中 A 与 θ 是相互独立的随机变量, 而且

$$P(A=1)=P(A=2)=\frac{1}{2},\quad P\left(\theta=\frac{\pi}{4}\right)=P\left(\theta=-\frac{\pi}{4}\right)=\frac{1}{2}.$$

试求随机过程 $X(t)$ 均值函数、方差函数、自相关函数和协方差函数.

12. 已知随机过程 $\{X(t),t\in(-\infty,+\infty)\}$, 对任意实数 x, 定义一新随机过程 $\{Y(t),t\in(-\infty,+\infty)\}$, 其中,

$$Y(t)=\begin{cases}1, & X(t)\leqslant x,\\ 0, & X(t)>x.\end{cases}$$

(1) 试证随机过程 $Y(t)$ 的均值函数 $M_Y(t)$ 与自相关函数 $R_Y(t_1,t_2)$ 分别是 $X(t)$ 的一维分布函数与二维分布函数;

(2) 试求随机过程 $Y(t)$ 的一维特征函数.

13. 设随机过程 $Z(t)=X\cos t+Y\sin t$, 其中 X,Y 独立同分布

$$P(X=1)=\frac{1}{4},\quad P(X=2)=\frac{3}{4}.$$

试求随机过程 $\{Z(t),t\in(-\infty,+\infty)\}$ 的均值函数、方差函数、自相关函数和协方差函数.

14. 设随机过程 $X(t)=U\cos 2t$, 其中 U 为随机变量, 且 $E(U)=5,D(U)=6$, 试求 $M_X(t)$, $\psi_X^2(t)$,$D_X(t)$, $R_X(t_1,t_2)$, $C_X(t_1,t_2)$.

15. 设 $Y(t)=Xt+a$, X 为随机变量, 且 $E(X)=\mu$, $D(X)=\sigma^2$, 试求随机过程 $\{Y(t),t\in(-\infty,+\infty)\}$ 的均值函数与协方差函数.

16. 随机过程 $\{X(t)=A\varphi(t),t\in T\}$, 其中 A 服从正态分布 $N(\mu,\sigma^2)$.

(1) 试证随机过程 $X(t)$ 是正态过程;

(2) 试求一维特征函数、均值函数、方差函数、自相关函数和协方差函数, 以及有限维分布函数.

17. 在汽车始发站有两辆相互竞争的汽车等候着. 从 $t=0$ 开始, 每秒钟都会有一个乘客到达始发站, 他上汽车 A 的概率为 $\frac{1}{2}$, 上汽车 B 的概率为 $\frac{1}{2}$, 各个乘客的决定是相互独立的, 以 Y_n 表示 $t=n$ 时在汽车 A 上的乘客数.

(1) 试求 Y_n 的概率分布;

(2) 汽车 A 只要有 10 个乘客就开走, 试求汽车 A 离开时间的概率分布.

18. 设随机过程 $X(t)=X\cos\omega_0 t$, 其中 ω_0 为常数, 而 X 为随机变量, 概率密度为

$$f(x)=\begin{cases}\dfrac{2}{(2+x)^2}, & x>0,\\ 0, & x\leqslant 0,\end{cases}$$

试求 $M_X(t),\psi_X^2(t),D_X(t),R_X(t_1,t_2),C_X(t_1,t_2)$.

19. 设随机过程 $X(t)=A\cos(\omega t+\varPhi),-\infty<t<+\infty$, 其中 ω 为正常数, A 和 $\varPhi$ 是相互独立的随机变量, 且 A 和 $\varPhi$ 服从区间 $[0,1]$ 上的均匀分布, 求 $X(t)$ 的均值函数与自协方差函数.

20. 设随机过程 $Y(t)=X\cos(\omega t+\theta)$, 其中 ω 为常数, 随机变量 X 服从瑞利分布

$$f_X(x)=\begin{cases}\dfrac{x}{\sigma^2}\mathrm{e}^{-\frac{x^2}{2\sigma^2}}, & x>0,\\ 0, & x\leqslant 0,\end{cases}\quad \sigma>0,$$

$\theta\sim U(0,2\pi)$, 且 X 与 θ 相互独立, 试求随机过程 $Y(t)$ 的均值函数与自协方差函数.

21. 给定一随机过程 $X(t)$, 其相关函数 $R_X(s,t)=\mathrm{e}^{-|s-t|}$, a 为常数, 试确定随机过程 $Y(t)=X(t+a)-X(t)$ 的相关函数 $R_Y(t_1,t_2)$.

22. 设 $Z(t) = X(t) + \mathrm{i}Y(t)$ 是一复随机过程, 如果 $EX(t), EY(t)$ 存在, 则定义其均值函数与协方差函数为

$$EZ(t) = EX(t) + \mathrm{i}EY(t),$$
$$C_Z(s,t) = E[(Z(s) - EZ(s))\overline{(Z(t) - EZ(t))}].$$

若 $E|Z(t)|^2 < +\infty$, 则 $Z(t) = X(t) + \mathrm{i}Y(t)$ 为一复二阶矩过程时, 试证:

(1) 随机过程 $Z(t)$ 的均值函数与协方差函数必定存在;

(2) 其协方差函数 $C_Z(s,t) = \overline{C_Z(t,s)}$, 且有非负定性, 即对于任意正整数 $n, t_1, t_2, \cdots, t_n \in T$ 及任意普通复函数 $\theta(t_j), j = 1, 2, \cdots, n$, 均有

$$\sum_{j=1}^{n}\sum_{k=1}^{n} C_Z(t_j, t_k)\theta(t_j)\overline{\theta(t_k)} \geqslant 0.$$

23. 设正态过程 $X(t)$ 均值函数 $M_X(t) = 0(\forall t \in T)$, 自相关函数 $R_X(t_1,t_2) = R_X(\tau)(\tau = t_2 - t_1)$ 为

(1) $R_X(\tau) = 6\exp\left(-\dfrac{|\tau|}{2}\right)$;　　(2) $R_X(\tau) = \dfrac{6\sin\pi\tau}{\pi\tau}$.

试写出此过程中随机变量 $X(t), X(t+1), X(t+2)$ 和 $X(t+3)$ 的协方差矩阵 C.

24. 设 $\{X(t), t \in (-\infty, +\infty)\}$ 是均值函数为 0、自相关函数

$$R_X(t_1,t_2) = \frac{|t_1| + |t_2| - |t_2 - t_1|}{2}$$

的正态过程, 证明 $Y_1(t) = X(t), t > 0, Y_2(t) = X(-t), t \geqslant 0$ 是相互独立的正态过程.

25. 设 $\{X(t), t \geqslant 0\}$ 为一随机过程, 若满足

(1) $P(X(0) = 0) = 1$;

(2) $\{X(t), t \geqslant 0\}$ 是一齐次独立增量过程;

(3) 对任意的 $0 \leqslant t_1 < t_2$, $X(t_1,t_2) = X(t_2) - X(t_1) \sim N(0, \sigma^2(t_2 - t_1))$, 其中 $\sigma > 0$ 为常数, 则称此随机过程为维纳过程或布朗运动, 当 $\sigma = 1$ 时, 称为标准布朗运动. 试证明布朗运动是正态过程, 并求布朗运动 $\{X(t), t \geqslant 0\}$ 的有限维分布密度函数族, 以及 $M_X(t), \psi_X^2(t), D_X(t), R_X(t_1,t_2), C_X(t_1,t_2)$.

26. $\{B(t), t \geqslant 0\}$ 为布朗运动, $a > 0$ 为常数, 试确定随机过程 $Y(t) = B(t+a) - B(t)$ 的 $M_Y(t), \psi_Y^2(t), D_Y(t), R_Y(t_1,t_2), C_Y(t_1,t_2)$, 以及有限维分布密度函数族.

27. 试证明两个相互独立的独立增量过程的和仍是独立增量过程.

28. 设 $\{X_n, n \geqslant 1\}$ 为随机过程, $X_n, n \geqslant 1$ 为相互独立且同分布的随机变量, 试证明 $\left\{Y_n = \displaystyle\sum_{i=1}^{n} X_i, n = 1, 2, \cdots\right\}$ 是一个独立增量过程.

29. 设 $\{X_n, n \geqslant 1\}$ 为随机过程, $X_n, n \geqslant 1$ 为相互独立且同分布的随机变量, 它们和随机变量 X 有相同的分布: ① X 服从正态分布 $N(0, \sigma^2)$; ② X 服从均值为 λ 的泊松分布; ③ X 服从均值为 $\dfrac{1}{\lambda}$ 的指数分布. 设 $Y_n = X_1 + X_2 + \cdots + X_n$, 对于任意正整数 n, 试求:

(1) $(X_1, X_2, \cdots, X_n)$ 的特征函数;

(2) $Y_1, Y_2, \cdots, Y_n$ 的特征函数;

(3) $Z_k = X_k - X_{k-1}, k = 1, 2, \cdots, n$, 且 $X_0 = 0$ 时, $Z_1, Z_2, \cdots, Z_n$ 的特征函数;

(4) $Y_n = X_1 + X_2 + \cdots + X_n$ 的均值函数、方差函数、自相关函数和协方差函数, 以及有限维分布函数.

第 2 章　随机过程的均方微积分

为了深入地研究随机过程, 有必要将高等数学中的连续、微分和积分等概念进行推广, 建立随机过程的微积分. 本章围绕随机过程的微积分展开.

2.1　随机序列的均方极限

2.1.1　均方极限的定义

定义 2.1.1　设随机序列 $\{X_n, n \geqslant 1\}$ 及随机变量 X 是二阶矩存在的, 即 $E|X_n|^2 < \infty$, $E|X|^2 < \infty$. 若

$$\lim_{n\to\infty} E|X_n - X|^2 = 0, \tag{2.1}$$

则称 $\{X_n\}$ **均方收敛**于 (convergence in the mean square) X, X 称为 $\{X_n\}$ 的**均方极限**, 记为 $\underset{n\to\infty}{\text{l.i.m}}\, X_n = X$ 或 $X_n \xrightarrow{\text{m.s.}} X$.

性质 2.1.1　随机序列的均方极限在概率 1 意义下是唯一的. 即

$$\underset{n\to\infty}{\text{l.i.m}}\, X_n = X;\quad \underset{n\to\infty}{\text{l.i.m}}\, X_n = Y \to P(X=Y)=1. \tag{2.2}$$

证明

$$\begin{aligned} E|X-Y|^2 &= E[(X-X_n)+(X_n-Y)]^2 \\ &= E[(X_n-X)^2]+E[(X_n-Y)^2]+2E[(X-X_n)(X_n-Y)] \\ &\leqslant E[(X_n-X)^2]+E[(X_n-Y)^2] \\ &\quad + 2\sqrt{E[(X_n-X)^2]}\sqrt{E[(X_n-Y)^2]}. \end{aligned}$$

因为 $\lim\limits_{n\to\infty} E|X_n - X|^2 = 0$, $\lim\limits_{n\to\infty} E|X_n - Y|^2 = 0$, 所以, $n\to\infty, E|X-Y|^2 \to 0$, 故 $P(X=Y)=1$. ■

性质 2.1.2　设 $\{X_n\}$, $\{Y_n\}$ 都是二阶矩存在的随机序列, U 是二阶矩存在的随机变量, $\{c_n\}$ 是常数序列, a, b, c 为常数, 而且 $\underset{n\to\infty}{\text{l.i.m}}\, X_n = X$, $\underset{n\to\infty}{\text{l.i.m}}\, Y_n = Y$, $\lim\limits_{n\to\infty} c_n = c$, 则有

(1) $\underset{n\to\infty}{\text{l.i.m}}\, c_n = \lim\limits_{n\to\infty} c_n = c$, $\underset{n\to\infty}{\text{l.i.m}}\, U = U$, $\underset{n\to\infty}{\text{l.i.m}}(c_n U) = cU$;　　(2.3)

(2) $\underset{n\to\infty}{\text{l.i.m}}(aX_n + bY_n) = aX + bY$;　　(2.4)

(3) $\lim\limits_{m,n\to\infty} E(X_m Y_n) = E(XY) = E\left(\underset{n\to\infty}{\text{l.i.m}}\, X_m \cdot \underset{n\to\infty}{\text{l.i.m}}\, Y_n\right)$;　　(2.5)

(4) $\lim\limits_{n\to\infty} EX_n = EX = E\left(\underset{n\to\infty}{\text{l.i.m}}\, X_n\right)$; (2.6)

(5) $\lim\limits_{n\to\infty} DX_n = DX = D\left(\underset{n\to\infty}{\text{l.i.m}}\, X_n\right)$. (2.7)

证明 仅证明第 4 条性质和第 5 条性质.

$$|E(X_n) - E(X)| = |E(X_n - X)| \leqslant \sqrt{E[(X_n - X)^2]}.$$

因为 $\lim\limits_{n\to\infty} E|X_n - X|^2 = 0$, 所以,

$$\forall \varepsilon > 0, \exists N > 0, \text{当 } n > N \text{ 时}, \ E|X_n - X|^2 < \varepsilon,$$

所以, $\lim\limits_{n\to\infty} EX_n = EX = E\left(\underset{n\to\infty}{\text{l.i.m}}\, X_n\right)$.

$$\begin{aligned}\lim_{n\to\infty} DX_n &= \lim_{n\to\infty} E(X_n X_n) - \lim_{n\to\infty} E(X_n)E(X_n)\\ &= E\left(\underset{n\to\infty}{\text{l.i.m}}\, X_n \cdot \underset{n\to\infty}{\text{l.i.m}}\, X_n\right) - E\left(\underset{n\to\infty}{\text{l.i.m}}\, X_n\right) E\left(\underset{n\to\infty}{\text{l.i.m}}\, X_n\right)\\ &= E(X^2) - E(X)E(X) = DX.\end{aligned}$$

■

定理 2.1.1 (均方收敛柯西准则) 二阶矩存在的随机序列 $\{X_n\}$ 均方收敛于二阶矩存在的随机变量 X 的充要条件为 $\lim\limits_{m,n\to\infty} E|X_m - X_n|^2 = 0$.

定理 2.1.2 (均方收敛简约准则) 二阶矩存在的随机序列 $\{X_n\}$ 均方收敛于二阶矩存在的随机变量 X 的充要条件为 $\lim\limits_{n,m\to\infty} R_X(n,m) = \lim\limits_{n,m\to\infty} E[X_n X_m] = c < \infty$.

2.1.2 随机序列几种极限的关系

定义 2.1.2 设随机序列 $\{X_n, n \geqslant 1\}$ 及随机变量 X 是二阶矩存在的, 即 $E|X_n|^2 < \infty$, $E|X|^2 < \infty$. 若

$$\lim_{n\to\infty} P(|X_n - X| > \varepsilon) = 0, \tag{2.8}$$

则称 $\{X_n\}$ **依概率收敛**于 (convergence in probability) X, 记为 $X_n \xrightarrow{\text{P}} X$.

定义 2.1.3 设随机变量序列 $\{X_n, n \geqslant 1\}$ 及随机变量 X 是二阶矩存在的, 即 $E|X_n|^2 < \infty$, $E|X|^2 < \infty$. 若

$$\lim_{n\to\infty} P(X_n \leqslant x) = P(X \leqslant x) = F_X(x), \tag{2.9}$$

称 $\{X_n\}$ **依分布收敛**于 (convergence in distribution) X, 记为 $X_n \xrightarrow{\text{D}} X$.

性质 2.1.3 若 $X_n \xrightarrow{\text{m.s.}} X$, 则 $X_n \xrightarrow{\text{P}} X$, 同时 $X_n \xrightarrow{\text{D}} X$.

证明 由切比雪夫不等式知

$$\forall \varepsilon > 0, \quad P(|X_n - X| > \varepsilon) \leqslant \frac{E[|X_n - X|^2]}{\varepsilon^2},$$

当 $\lim\limits_{n\to\infty} E\left|X_n - X\right|^2 = 0$, 则有

$$\lim_{n\to\infty} P(|X_n - X| > \varepsilon) = 0,$$

所以, 若 $X_n \xrightarrow{\text{m.s.}} X$, 则 $X_n \xrightarrow{\text{P}} X$.

X_n 的特征函数为 $\varphi_{X_n}(v) = E(\mathrm{e}^{\mathrm{i}vX_n})$, 那么

$$\lim_{n\to\infty} E(\mathrm{e}^{\mathrm{i}vX_n}) = E\left[\exp\left(\mathrm{i}v \operatorname*{l.i.m}_{n\to\infty} X_n\right)\right] = E(\mathrm{e}^{\mathrm{i}vX}) = \varphi_X(v).$$

随机变量一维分布函数与其一维特征函数一一对应, 所以, $X_n \xrightarrow{\text{D}} X$. ■

由上述性质可以看出, 均方收敛一定依概率收敛, 一定依分布收敛. 均方收敛的基本运算关系、性质和判别准则, 与普通极限有类似的运算关系、性质和判别准则.

2.2 随机过程的均方连续和均方可导

2.2.1 随机过程均方连续的定义

定义 2.2.1 随机过程 $\{X(t), t \in T\}$ 及随机变量 X 是二阶矩存在的, 即 $E\left|X(t)\right|^2 < \infty$, $E\left|X\right|^2 < \infty$. 若对于 $t_0 \in T$, $\forall \varepsilon > 0, \exists \delta > 0$, 当 $0 < |t - t_0| < \delta$ 时,

$$E\left|X(t) - X\right|^2 < \varepsilon, \tag{2.10}$$

则称 $X(t)$ 在 t_0 处均方收敛于 X, X 称为 $X(t)$ 在 t_0 的**均方极限**, 记为

$$\operatorname*{l.i.m}_{t\to t_0} X(t) = X.$$

定义 2.2.2 随机过程 $\{X(t), t \in T\}$ 是二阶矩存在的, 即 $E\left|X(t)\right|^2 < \infty$, 若对 $t_0 \in T$,

$$\lim_{\Delta t\to 0} E\left|X(t_0 + \Delta t) - X(t_0)\right|^2 = 0, \tag{2.11}$$

即 $\operatorname*{l.i.m}\limits_{\Delta t\to 0} X(t_0 + \Delta t) = X(t_0)$, 则称 $X(t)$ 在 t_0 处均方连续; 若对于每一个 $t \in T$, $X(t)$ 在 t 处均方连续, 则称 $X(t)$ 在 T 上**均方连续**.

定理 2.2.1 (均方连续准则) 随机过程 $\{X(t) : t \in T\}$ 在 t_0 处均方连续的充要条件为 $X(t)$ 的自相关函数 $R_X(s,t)$ 在 (t_0, t_0) 连续.

证明 必要性. 设 $X(t)$ 的自相关函数 $R_X(s,t)$ 在 (t_0, t_0) 连续, 则

$$\lim_{\Delta t\to 0} E\left|X(t_0 + \Delta t) - X(t_0)\right|^2$$

$$
\begin{aligned}
&= \lim_{\Delta t\to 0} E(X^2(t_0+\Delta t)) - 2E(X(t_0+\Delta t)X(t_0)) + E(X^2(t_0)) \\
&= \lim_{\Delta t\to 0} R_X(t_0+\Delta t, t_0+\Delta t) - 2R_X(t_0+\Delta t, t_0) + R_X(t_0,t_0) = 0.
\end{aligned}
$$

充分性. 设 $X(t)$ 在 $t_0\in T$ 处均方连续, 则

$$
\begin{aligned}
&|R_X(t_0+h,t_0+k) - R_X(t_0,t_0)| \\
=& |R_X(t_0+h,t_0+k) - R_X(t_0,t_0+k) + R_X(t_0,t_0+k) - R_X(t_0,t_0)| \\
=& |E[(X(t_0+h)-X(t_0))X(t_0+k)] + E[(X(t_0+k)-X(t_0))X(t_0)]| \\
\leqslant& \{E|X(t_0+h)-X(t_0)|^2 E|X(t_0+k)|^2\}^{\frac{1}{2}} \\
&+ \{E|X(t_0+k)-X(t_0)|^2 E|X(t_0)|^2\}^{\frac{1}{2}},
\end{aligned}
$$

对于 $t_0\in T$, $\forall\varepsilon>0$, $\exists\delta>0$, 当 $0<|t-t_0|<\delta$ 时, $E\,|X(t)-X|^2<\varepsilon$, 所以,

$$
\lim_{h,k\to\infty} R_X(t_0+h,t_0+k) = R_X(t_0,t_0). \qquad \blacksquare
$$

推论 2.2.1 随机过程 $\{X(t),t\in T\}$ 在 t_0 处均方连续的充要条件为 $X(t)$ 的自协方差函数 $C_X(s,t)$ 在 (t_0,t_0) 连续.

推论 2.2.2 随机过程 $\{X(t),t\in T\}$ 的自相关函数 $R_X(s,t)$ 对任意的 $t\in T$, 在 (t,t) 处连续, 则 $R_X(s,t)$ 在 $T\times T$ 上连续.

推论 2.2.3 随机过程 $\{X(t),t\in T\}$ 在 t_0 均方连续, 则 $E\,|X(t)|$ 在 t_0 连续.

例 2.2.1 设 $\{B(t),t\geqslant 0\}$ 为一随机过程, 若满足

(1) $P(B(0)=0)=1$;

(2) $\{B(t),t\geqslant 0\}$ 是独立增量过程;

(3) 对任意的 $0\leqslant t_1<t_2$, $B(t_1,t_2)=B(t_2)-B(t_1)\sim N(0,\sigma^2(t_2-t_1))$, 其中 $\sigma>0$ 为常数, 则称此随机过程为**维纳过程**或**布朗运动**, 当 $\sigma=1$ 时, 称为标准布朗运动. 试证明布朗运动是均方连续的.

证明 $\forall s>t$,

$$
\begin{aligned}
R(s,t) = E(B_sB_t) &= E[(B_s-B_t)B_t + B_tB_t] \\
&= E[(B_s-B_t)]E(B_t) + E(B_tB_t) = \sigma^2 t.
\end{aligned}
$$

所以, 布朗运动的自相关函数

$$
R(s,t) = E(B_sB_t) = \sigma^2\min(s,t)
$$

在 (t_0,t_0) 连续, 所以, 布朗运动是均方连续的. $\blacksquare$

2.2.2 随机过程均方导数的定义

定义 2.2.3 设 $\{X(t), t \in T\}$ 为二阶矩过程, 若存在一个随机变量 Y, $EY^2 < +\infty$, 满足

$$\lim_{h\to 0} E\left|\frac{X(t_0+h)-X(t_0)}{h} - Y\right|^2 = 0, \tag{2.12}$$

则称 $X(t)$ 在 t_0 处**均方可导**, 随机变量 Y 为 $X(t)$ 在 t_0 的一阶均方导数. 若对 $\forall t \in T$, $X(t)$ 在 t 处都均方可导, 称 $X(t)$ 在 T 上均方可导或**均方可微**, 此时记为

$$X'(t) = \frac{\mathrm{d}X(t)}{\mathrm{d}t}, \tag{2.13}$$

则 $\{X'(t), t \in T\}$ 是一个随机过程, 称为 $X(t)$ 的**一阶导过程**, $X'(t_0)$ 或 $\left.\dfrac{\mathrm{d}X(t)}{\mathrm{d}t}\right|_{t=t_0}$ 是随机过程 $X(t)$ 在 t_0 处的一阶均方导数. 类似地, 若一阶导过程 $\{X'(t), t \in T\}$ 在 $\forall t \in T$ 处也均方可导, 此时记为

$$X''(t) = \frac{\mathrm{d}^2X(t)}{\mathrm{d}t^2}, \tag{2.14}$$

则 $\{X''(t), t\in T\}$ 是一个随机过程, 称为 $X(t)$ 的**二阶导过程**, $X''(t_0)$ 或 $\left.\dfrac{\mathrm{d}^2X(t)}{\mathrm{d}t^2}\right|_{t=t_0}$ 是随机过程 $X(t)$ 在 t_0 处的二阶均方导数. 类似可定义 $X(t)$ 的 n 阶均方导过程和均方导数.

定义 2.2.4 设函数 $f(x,y)$ 在 (x_0,y_0) 的某一邻域内有定义, 若极限

$$\lim_{\substack{x\to x_0\\ y\to y_0}} \frac{f(x,y)-f(x_0,y)-f(x,y_0)+f(x_0,y_0)}{(x-x_0)(y-y_0)} \tag{2.15}$$

存在, 则称 $f(x,y)$ 在 (x_0,y_0) 处**广义二阶可导**或**可微**, 极限值称为 $f(x,y)$ 在 (x_0,y_0) 处的**广义二阶导数**.

定理 2.2.2 $X(t)$ 在 t 处均方可导的充要条件是自相关函数 $R_X(s,t)$ 在 (t,t) 广义二阶可导.

证明 由定理 2.1.2 可知 $\dfrac{X(t_0+h)-X(t_0)}{h}$ 均分收敛的充要条件为

$$\lim_{h,h'\to\infty} E\left[\frac{X(t_0+h)-X(t_0)}{h}\frac{X(t_0+h')-X(t_0)}{h'}\right] = c < \infty,$$

即 $\displaystyle\lim_{h,h'\to 0}\frac{R_X(t_0+h,t_0+h')-R_X(t_0+h,t_0)-R_X(t_0,t_0+h)+R_X(t_0,t_0)}{hh'}$ 存在. 也就是自相关函数 $R_X(s,t)$ 在 (t,t) 广义二阶可导. ■

推论 2.2.4　$X(t)$ 在 t 处均方可导的充要条件是自协方差函数 $C_X(s,t)$ 在 (t,t) 广义二阶可导.

定理 2.2.3　$f(s,t)$ 在 (s,t) 处广义二阶可导的充要条件是 $f(s,t)$ 关于 s 和 t 的一阶偏导数存在, 二阶混合偏导数存在且连续. 此时广义二阶导数就等于二阶混合偏导数.

例 2.2.2　设 $\{B(t),t\geqslant 0\}$ 为布朗运动. 试证明布朗运动均分不可微.

证明　$$\frac{1}{hk}[R(s+h,t+k)-R(s+h,t)-R(s,t+k)+R(s,t)]$$
$$=\frac{\sigma^2}{hk}[\min(s+h,t+k)-\min(s+h,t)-\min(s,t+k)+\min(s,t)].$$
令 $s=t,0<h\leqslant k$, 上式 $=\dfrac{1}{hk}(t+h-t-t+t)=\dfrac{1}{k}$.

显然, $\lim\limits_{k\to 0^+}\dfrac{1}{k}=+\infty$.

所以, 布朗运动均分不可微. ■

性质 2.2.1　设随机过程 $\{X(t)\}$, $\{Y(t)\}$ 在 $t\in T$ 均方可导, 则有

(1) 若 $X(t)$ 在 t 处均方可导, 则 $X(t)$ 在 t 处均方连续.

(2) 若 $X(t)$, $Y(t)$ 在 $t\in T$ 均方可导, 则对任意 $a,b\in\mathbf{R}$,
$$(aX(t)+bY(t))'=aX'(t)+bY'(t). \tag{2.16}$$

(3) 若 $X(t)$ 在 t 处均方可导, $f(t)$ 是一普通可导函数, 则 $f(t)X(t)$ 亦在 t 处均方可导, 且有
$$\frac{\mathrm{d}}{\mathrm{d}t}[f(t)X(t)]=\frac{\mathrm{d}f(t)}{\mathrm{d}t}X(t)+f(t)\frac{\mathrm{d}X(t)}{\mathrm{d}t}. \tag{2.17}$$

(4) 若 C 为常数或随机变量, 则 C 的均方导数为 0; 若 $X(t)$ 在 t 处均方可导, 则
$$[X(t)+C]'=X'(t). \tag{2.18}$$

性质 2.2.2　若自相关函数 $R_X(s,t)$ 在 $\{(t,t),t\in T\}$ 上每一点广义二阶可微, 则 $\dfrac{\mathrm{d}M_X(t)}{\mathrm{d}t}$, $\dfrac{\partial R_X(t_1,t_2)}{\partial t_1}$, $\dfrac{\partial R_X(t_1,t_2)}{\partial t_2}$ 和 $\dfrac{\partial^2 R_X(t_1,t_2)}{\partial t_1\partial t_2}$ 在 $T\times T$ 存在, 而且

(1) $M_{X'}(t)=EX'(t)=\dfrac{\mathrm{d}}{\mathrm{d}t}EX(t)=M_X'(t).$ (2.19)

一般地, 若 $X(t)$ 在 t 处 n 阶均方可导, 则有
$$M_{X^{(n)}}(t)=E\left[\frac{\mathrm{d}^n X(t)}{\mathrm{d}t^n}\right]=\frac{\mathrm{d}^n}{\mathrm{d}t^n}E[X(t)]=M_X^{(n)}(t). \tag{2.20}$$

即求均方导数与求期望运算可交换次序.

(2)
$$E\left[X'(s)X(t)\right]=\frac{\partial}{\partial s}R_X(s,t). \tag{2.21}$$

$$E\left[X(s)X'(t)\right]=\frac{\partial}{\partial t}R_X(s,t). \tag{2.22}$$

(3)
$$\begin{aligned}R_{X'}(s,t)&=E\left[X'(s)X'(t)\right]=\frac{\partial^2 R_X(s,t)}{\partial s\partial t}\\&=\frac{\partial^2 R_X(t,s)}{\partial t\partial s}=R_{X'}(t,s).\end{aligned} \tag{2.23}$$

例 2.2.3 随机相位余弦波过程 $X(t)=a\cos(\omega t+\theta)$, 其中 a 是一个常数, ω 是一个常数, $t\in T=(-\infty,+\infty)$, θ 是服从均匀分布 $U(0,2\pi)$ 的随机变量. 试证明随机相位余弦波过程在 $t\in T$ 上均分可微, 并求一阶导过程, 计算其一阶导过程的自相关函数.

解 $R_X(t_1,t_2)=E[X(t_1)\cdot X(t_2)]=\dfrac{a^2}{2}\cos\omega(t_2-t_1)$.

自相关函数 $R_X(t_1,t_2)$ 在 $\{(t,t),t\in T\}$ 上每一点广义二阶可微, 所以, 随机相位余弦波过程在 $t\in T$ 上都均分可微. 利用高等数学求导的知识可知

$$\frac{\mathrm{d}X(t)}{\mathrm{d}t}=-a\omega\sin(\omega t+\theta).$$

下面利用均方收敛性来证明 $X(t)=a\cos(\omega t+\theta)$ 的一阶导过程为 $X'(t)=-a\omega\sin(\omega t+\theta)$.

$$\begin{aligned}&\lim_{h\to 0}E\left|\frac{a\cos(\omega t+\omega h+\theta)-a\cos(\omega t+\theta)}{h}+a\omega\sin(\omega t+\theta)\right|^2\\
&=\lim_{h\to 0}E\left|(a\omega)\left[\frac{-\sin\left(\dfrac{\omega t+\omega h+2\theta}{2}\right)\sin\left(\dfrac{\omega h}{2}\right)}{\dfrac{\omega h}{2}}+\sin(\omega t+\theta)\right]\right|^2\\
&=a^2\omega^2\lim_{h\to 0}E\left|\sin\left(\frac{\omega t+\omega h+2\theta}{2}\right)\left(1-\frac{\sin\left(\dfrac{\omega h}{2}\right)}{\dfrac{\omega h}{2}}\right)\right.\\
&\qquad\left.-\sin\left(\frac{\omega t+\omega h+2\theta}{2}\right)+\sin(\omega t+\theta)\right|^2\\
&\leqslant a^2\omega^2\lim_{h\to 0}\left|1-\frac{\sin\left(\dfrac{\omega h}{2}\right)}{\dfrac{\omega h}{2}}\right|^2 E\left|\sin(\omega t+\theta)\right|^2.\end{aligned}$$

因为 $\lim\limits_{h\to 0}\dfrac{\sin\left(\dfrac{\omega h}{2}\right)}{\dfrac{\omega h}{2}}=1$, 所以, 上式 $=0$, 所以 $X(t)=a\cos(\omega t+\theta)$ 的一阶导过程为

$$X'(t)=-a\omega\sin(\omega t+\theta);$$

其一阶导过程的自相关函数为

$$R_{X'}(s,t)=E\left[X'(s)X'(t)\right]=\frac{\partial^2 R_X(s,t)}{\partial s\partial t}=\frac{(a\omega)^2}{2}\cos\omega(s-t).$$ ■

从例 2.2.3 的求解过程可以看出, 如果随机过程 $\{X(t),t\in T\}$ 在参数集 T 上是 n 阶均方可导的, 那么, 其 n 阶导过程可以按照高等数学的求导公式求出.

例 2.2.4 随机过程 $X(t)$ 的均值函数为 $M_X(t)=3\sin t$, 自相关函数为 $R_X(t,s)=9\mathrm{e}^{-0.5(s-t)^2}$, 试求 $Y(t)=\dfrac{\mathrm{d}X(t)}{\mathrm{d}t}$ 的均值函数和方差函数.

解
$$M_Y(t)=M_X'(t)=(3\sin t)'=3\cos t.$$

$$\begin{aligned}R_Y(t,s)&=\frac{\partial^2 R_X(t,s)}{\partial t\partial s}=\frac{\partial^2}{\partial t\partial s}[9\mathrm{e}^{-0.5(s-t)^2}]\\&=\frac{\partial^2}{\partial t}[9\times(-0.5)\times 2(s-t)\times\mathrm{e}^{-0.5(s-t)^2}]\\&=-9\mathrm{e}^{-0.5(s-t)^2}(s-t)^2+9\mathrm{e}^{-0.5(s-t)^2}\\&=9\mathrm{e}^{-0.5(s-t)^2}[1-(s-t)^2],\end{aligned}$$

$$D_Y(t)=R_Y(t,t)-[M_Y(t)]^2=9\sin^2 t.$$ ■

2.3 随机过程的均方积分

2.3.1 随机过程的均方积分的概念与性质

定义 2.3.1 设有随机过程 $\{X(t),t\in T=[a,b]\}$, $f(t),t\in T$ 为任意实变量函数.

(1) 分割. $T=[a,b]$ 为 $a=t_0<t_1<\cdots<t_n=b$, $\Delta_n=\max(t_k-t_{k-1})=\max\Delta t_k$.

(2) 求和. $Y_n=\sum\limits_{k=1}^{n}f(\xi_k)X(\xi_k)(t_k-t_{k-1})=\sum\limits_{k=1}^{n}f(\xi_k)X(\xi_k)\Delta t_k$, 其中 $\xi_k\in(t_{k-1},t_k]$.

(3) 若 $\Delta_n \to 0$, $Y_n \xrightarrow{\text{m.s.}} Y$, 且 Y 不依赖分割及 ξ_k 的取法. 称 $f(t)X(t)$ 在 $[a,b]$ 上**黎曼均方可积**, 极限 Y 为 $f(t)X(t)$ 在 $T=[a,b]$ 上的均方积分，记为

$$Y=\int_a^b f(t)X(t)\mathrm{d}t=\underset{\Delta_n\to 0}{\text{l.i.m}}\sum_{k=1}^{n} f(\xi_k)X(\xi_k)\Delta t_k. \tag{2.24}$$

定理 2.3.1 (均方可积准则) 设有随机过程 $\{X(t),t\in T=[a,b]\}$, $f(t),t\in T$ 为任意实变量函数, 则 $f(t)X(t)$ 在 $[a,b]$ 上黎曼均方可积的充分必要条件为

$$\int_a^b\int_a^b f(s)f(t)R_X(s,t)\mathrm{d}s\mathrm{d}t \tag{2.25}$$

存在.

性质 2.3.1 如果 $X(t)$ 在 $T=[a,b]$ 均方连续, 则 $X(t)$ 在 $T=[a,b]$ 上均方可积.

性质 2.3.2 如果 $\{X(t),t\in T\}$ 和 $\{Y(t),t\in T\}$ 是两个二阶矩存在的随机过程, 若它们在 $[a,b]\subset T$ 上均方可积, A,B 为常数或随机变量, 则有

(1) $\displaystyle\int_a^b [AX(t)+BY(t)]\mathrm{d}t=A\int_a^b X(t)\mathrm{d}t+B\int_a^b Y(t)\mathrm{d}t.$ (2.26)

(2) $\displaystyle\int_a^b X(t)\mathrm{d}t=\int_a^c X(t)\mathrm{d}t+\int_c^b X(t)\mathrm{d}t, a\leqslant c\leqslant b.$ (2.27)

(3) 如果 $\{X(t),t\in T\}$ 在 $[a,b]\subset T$, $[c,d]\subset T$ 上均方可积, 则

$$E\left(\int_a^b X(t)f(t)\mathrm{d}t\right)=\int_a^b M_X(t)f(t)\mathrm{d}t, \tag{2.28}$$

$$E\left(\int_a^b X(t)\mathrm{d}t\int_c^d X(s)\mathrm{d}s\right)=\int_a^b\int_c^d R(t,s)\mathrm{d}t\mathrm{d}s, \tag{2.29}$$

$$E\left|\int_a^b X(t)\mathrm{d}t\right|^2=\int_a^b\int_a^b R(t,s)\mathrm{d}t\mathrm{d}s. \tag{2.30}$$

(4) 如果 $X(t)$ 在 $T=[a,b]$ 上均方连续, 那么,

$$E\left|\int_a^b X(t)\mathrm{d}t\right|^2\leqslant M\left(b-a\right)^2, \tag{2.31}$$

其中 $M=\max\limits_{a\leqslant x\leqslant b} E\left|X_t\right|^2$.

(5) 若 $Y_1 = \int_a^b f(t)X(t)\mathrm{d}t$, $Y_2 = \int_a^b f(t)X(t)\mathrm{d}t$, 那么,

$$P(Y_1 = Y_2) = 1. \tag{2.32}$$

(6) 如果 $X(t)$ 在 $T = [a, b]$ 上均方连续, 那么, 随机过程

$$Y(t) = \int_a^t X(t)\mathrm{d}t, \quad a \leqslant t \leqslant b \tag{2.33}$$

称为积分过程, 在 $[a, b]$ 上均方连续、均方可微, 而且 $Y'(t) = X(t)$,

$$EY(t) = \int_a^t EX(t)\mathrm{d}t, \quad E[Y(t)Y(s)] = \int_a^s \int_a^t EX(u)X(v)\mathrm{d}u\mathrm{d}v. \tag{2.34}$$

(7) 如果 $X(t)$ 在 $T = [a, b]$ 上均方可导, 那么, 随机过程

$$\int_a^b X'(t)\mathrm{d}t = X(t)|_a^b = X(b) - X(a). \tag{2.35}$$

此式相当于黎曼微积分中熟知的牛顿–莱布尼茨公式.

2.3.2 典型例子

例 2.3.1 设随机信号 $X(t) = A\mathrm{e}^{-3t}\cos 2t$, 其中 $E(A) = 5$, $D(A) = 1$, 求积分过程 $Y(t) = \int_0^t X(s)\mathrm{d}s$ 的均值、自相关函数、协方差函数和方差函数.

解
$$\begin{aligned} EY(t) &= E\left[\int_0^t X(s)\mathrm{d}s\right] = \int_0^t E[X(s)]\mathrm{d}s = \int_0^t E(A\mathrm{e}^{-3s}\cos 2s)\mathrm{d}s \\ &= 5\int_0^t \mathrm{e}^{-3s}\cos 2s\mathrm{d}s = \frac{5}{13}(\mathrm{e}^{-3t}(2\sin 2t - 3\cos 2t) + 3), \end{aligned}$$

$$\begin{aligned} R_Y(t_1, t_2) &= E\left[\int_0^{t_1} X(u)\mathrm{d}u \cdot \int_0^{t_2} X(v)\mathrm{d}v\right] = \int_0^{t_1}\int_0^{t_2} E[X(u)X(v)]\mathrm{d}u\mathrm{d}v \\ &= \int_0^{t_1}\int_0^{t_2} E[A^2\mathrm{e}^{-3u}\cos(2u)\mathrm{e}^{-3v}\cos(2v)]\mathrm{d}u\mathrm{d}v \\ &= 26\int_0^{t_1} \mathrm{e}^{-3u}\cos 2u\mathrm{d}u \int_0^{t_2} \mathrm{e}^{-3v}\cos 2v\mathrm{d}v \\ &= \frac{26}{169}[\mathrm{e}^{-3t_1}(2\sin 2t_1 - 3\cos 2t_1) + 3][\mathrm{e}^{-3t_2}(2\sin 2t_2 - 3\cos 2t_2) + 3], \\ C_Y(t_1, t_2) &= R_Y(t_1, t_2) - EY(t_1)EY(t_2) \\ &= \frac{1}{169}[\mathrm{e}^{-3t_1}(2\sin 2t_1 - 3\cos 2t_1) + 3][\mathrm{e}^{-3t_2}(2\sin 2t_2 - 3\cos 2t_2) + 3]. \end{aligned}$$

■

例 2.3.2 随机过程 $\{X(t), t\in T=(-\infty,+\infty)\}$ 是二阶矩过程, 在 $[0,t)$ 上均方连续, 其自相关函数为 $R_X(t,s)=\mathrm{e}^{-2|t-s|}$, $Y(t)=\int_0^t X(s)\mathrm{d}s$, 求随机过程 $\{Y(t), t\geqslant 0\}$ 的自相关函数.

解

$$\begin{aligned}R_Y(t_1,t_2)&=E\left[\int_0^{t_1}X(u)\mathrm{d}u\cdot\int_0^{t_2}X(v)\mathrm{d}v\right]\\&=\int_0^{t_1}\int_0^{t_2}E[X(u)X(v)]\mathrm{d}u\mathrm{d}v\\&=\int_0^{t_1}\int_0^{t_2}\mathrm{e}^{-2|u-v|}\mathrm{d}u\mathrm{d}v.\end{aligned}$$

当 $t_2\geqslant t_1$ 时,

$$E[Y(t_1)Y(t_2)]=\int_0^{t_1}\mathrm{d}u\int_0^{u}\mathrm{e}^{-2(u-v)}\mathrm{d}v+\int_0^{t_1}\mathrm{d}u\int_u^{t_2}\mathrm{e}^{-2(v-u)}\mathrm{d}v,$$

又

$$\int_0^{t_1}\mathrm{d}u\int_0^{u}\mathrm{e}^{2v-2u}\mathrm{d}v=\frac{1}{2}t_1+\frac{\mathrm{e}^{-2t_1}}{4}-\frac{1}{4},$$

$$\int_0^{t_1}\mathrm{d}u\int_u^{t_2}\mathrm{e}^{2u-2v}\mathrm{d}v=\frac{1}{2}t_1+\frac{\mathrm{e}^{-2t_2}}{4}-\frac{1}{4}\mathrm{e}^{2t_1-2t_2},$$

所以

$$E[Y(t_1)Y(t_2)]=t_1+\frac{1}{4}\mathrm{e}^{-2t_1}+\frac{1}{4}\mathrm{e}^{-2t_2}-\frac{1}{4}\mathrm{e}^{-2(t_2-t_1)}-\frac{1}{4}.$$

当 $t_2<t_1$ 时,

$$\begin{aligned}E[Y(t_1)Y(t_2)]&=\int_0^{t_2}\mathrm{d}v\int_0^{v}\mathrm{e}^{-2(v-u)}\mathrm{d}u+\int_0^{t_2}\mathrm{d}v\int_v^{t_1}\mathrm{e}^{-2(u-v)}\mathrm{d}u\\&=t_2+\frac{1}{4}\mathrm{e}^{-2t_1}+\frac{1}{4}\mathrm{e}^{-2t_2}-\frac{1}{4}\mathrm{e}^{-2(t_1-t_2)}-\frac{1}{4},\end{aligned}$$

所以, $E[Y(t_1)Y(t_2)]=\min(t_1,t_2)+\frac{1}{4}\mathrm{e}^{-2t_1}+\frac{1}{4}\mathrm{e}^{-2t_2}-\frac{1}{4}\mathrm{e}^{-2|t_1-t_2|}-\frac{1}{4}$. ■

2.4 正态过程的均方微积分

正态过程是实际问题中常见的随机过程, 其均方极限过程、均方导数和均方积分过程具有非常好的性质, 下面一一介绍.

2.4.1 正态过程均方微积分性质

定理 2.4.1 正态随机变量序列的均方极限仍为正态随机变量. 即若 $X_n, n=1,2,\cdots$ 为正态随机变量序列, 而且 $\underset{n\to\infty}{\mathrm{l.i.m}}\,X_n=X$, 则 X 为正态随机变量.

证明 记 $\mu_n = E(X_n), \mu = E(X), \sigma_n^2 = D(X_n), \sigma^2 = D(X)$. 由于

$$\underset{n\to\infty}{\text{l.i.m}}\, X_n = X,$$

所以,

$$\lim_{n\to\infty} \mu_n = \mu, \quad \lim_{n\to\infty} \sigma_n^2 = \sigma^2.$$

$X_n, n = 1, 2, \cdots$ 的特征函数为

$$\varphi_n(v) = E(\mathrm{e}^{\mathrm{i}vX_n}) = \mathrm{e}^{\mathrm{i}vX_n} = \mathrm{e}^{\mathrm{i}u_n v - \frac{\sigma_n^2 v^2}{2}},$$

X 的特征函数为

$$\varphi_X(v) = E(\mathrm{e}^{\mathrm{i}vX}),$$

由于 $\underset{n\to\infty}{\text{l.i.m}}\, X_n = X$, 所以

$$\varphi_X(v) = \lim_{n\to\infty} \varphi_n(v) = \lim_{n\to\infty} \mathrm{e}^{\mathrm{i}v\mu_n - \frac{1}{2}\sigma_n^2 v^2} = \mathrm{e}^{\mathrm{i}v\mu - \frac{1}{2}\sigma^2 v^2}.$$

由特征函数的唯一性知, 随机变量 X 为正态随机变量. ■

定理 2.4.2 k 维正态随机向量序列的均方极限仍为 k 维正态随机向量. 即 $X^{(n)} = (X_1^{(n)}, X_2^{(n)}, \cdots, X_k^{(n)})$ 为 k 维正态随机向量序列, 而且 $X^{(n)}$ 均方收敛于 $X = (X_1, X_2, \cdots, X_k)$, 即对每个 i 有 $\underset{n\to\infty}{\text{l.i.m}}\, X_i^{(n)} = X_i, i = 1, 2, \cdots, k$, 则 $X = (X_1, X_2, \cdots, X_k)$ 为 k 维正态随机向量.

证明 记

$$\begin{aligned}
&\mu^{(n)} = E(X^{(n)}) = (\mu_1^{(n)}, \mu_2^{(n)}, \cdots, \mu_k^{(n)}),\\
&\mu = E(X) = (\mu_1, \mu_2, \cdots, \mu_k),\\
&C^{(n)} = (\mathrm{Cov}(X_i^{(n)}, X_j^{(n)}))_{n\times n} = (C_{ij}^{(n)})_{n\times n},\\
&C = (\mathrm{Cov}(X_i, X_j))_{n\times n} = (C_{ij})_{n\times n},\\
&\underset{n\to\infty}{\text{l.i.m}}\, X_i^{(n)} = X_i, \quad i = 1, 2, \cdots, k,
\end{aligned}$$

所以, $\lim \mu_i^{(n)} = \mu_i, \lim C_{ij}^{(n)} = C_{ij}$.

由于 $X^{(n)} = (X_1^{(n)}, X_2^{(n)}, \cdots, X_k^{(n)})$ 为 k 维正态随机向量序列, 所以, 其特征函数为

$$\varphi_{X^{(n)}}(v) = \exp\left[\mathrm{i}v(\mu^{(n)})^{\mathrm{T}} - \frac{1}{2}vC^{(n)}v^{\mathrm{T}}\right], \quad 其中\ v = (v_1, v_2, \cdots, v_k).$$

再由特征函数的收敛性, 即知

$$\varphi_X(v) = \lim \varphi_{X^{(n)}}(v) = \exp\left(\mathrm{i}v\mu^{\mathrm{T}} - \frac{1}{2}vCv^{\mathrm{T}}\right),$$

即 $X=(X_1,X_2,\cdots,X_k)$ 是 k 维正态随机向量. ■

定理 2.4.3 若 $\{X(t),t\geqslant 0\}$ 为正态过程, 且 $\underset{t\to t_0}{\text{l.i.m}}\,X(t)=X$, 则 X 为正态变量.

定理 2.4.4 可导的正态随机过程的均方导过程亦为正态随机过程.

证明 由于多维正态随机变量经过线性变换后, 仍为正态随机变量, 所以, $\forall t_1,t_2,\cdots,t_n\in T$,

$$\left(\frac{X(t_1+h)-X(t_1)}{h},\frac{X(t_2+h)-X(t_2)}{h},\cdots,\frac{X(t_k+h)-X(t_k)}{h}\right)$$

是 k 维正态随机变量.

当 $h\to 0$ 时, k 维正态随机变量的极限为 k 维正态随机向量, 即 $(X'(t_1),X'(t_2),\cdots,X'(t_k))$ 为 k 维正态随机变量, 所以, 正态随机过程的均方导过程为正态随机过程. ■

定理 2.4.5 均方可积的正态随机过程的均方积分过程为正态随机过程.

例 2.4.1 设 $\{X(t),t\in T\}$ 为正态过程, 且均值函数 $M_X(t)=1$, 自相关函数为

$$R_X(t_1,t_2)=R_X(t_2-t_1)=R_X(\tau)=3\mathrm{e}^{-0.5(t_2-t_1)^2},\quad \forall t_1,t_2\in T,$$

则其导过程 $Y(t)=X'(t)$ 也是一正态过程, 试求 $P(0\leqslant Y(t)\leqslant 2\sqrt{3})$.

证明 $\dfrac{\partial}{\partial t_2}\left(\dfrac{\partial}{\partial t_1}R_X(t_1,t_2)\right)=3\mathrm{e}^{-0.5(t_1-t_2)^2}[1-(t_1-t_2)^2]$ 为连续函数. 故 $R_X(t_1,t_2)$ 广义二阶可微, 从而 $X(t)$ 均方可导.

由定理 2.4.4 和性质 2.2.2 知, $Y(t)=X'(t)$ 是正态过程.

$$\begin{aligned}
&M_Y(t)=(M_X(t))'=0,\\
&R_Y(t_1,t_2)=E[X'(t_1)X'(t_2)]=\frac{\partial^2}{\partial t_1\partial t_2}R_X(t_1,t_2)\\
&\qquad\qquad\ =3\mathrm{e}^{-0.5(t_1-t_2)^2}[1-(t_1-t_2)^2],\\
&D_Y(t)=R_Y(t,t)=3,
\end{aligned}$$

即 $Y(t)\sim N(0,3)$.

$$P(0\leqslant Y(t)\leqslant 2\sqrt{3})=\varPhi\left(\frac{2\sqrt{3}}{\sqrt{3}}\right)-\varPhi\left(\frac{0}{\sqrt{3}}\right)=\varPhi(2)-\varPhi(0).$$ ■

2.4.2 随机微分方程

定义 2.4.1 设 $\{X(t),t\in T\}$ 与 $\{Y(t),t\in T\}$ 为随机过程, $Y(t)$ 的 n 阶导数 $Y^{(n)}(t)$ 存在, $a_k(0\leqslant k\leqslant n)$ 为常数, 则称

$$a_nY^{(n)}(t)+a_{n-1}Y^{(n-1)}(t)+\cdots+a_1Y'(t)+a_0Y(t)=X(t)\tag{2.36}$$

为 n 阶线性随机微分方程. 当 $n=1$ 时, 称为**一阶线性随机微分方程**.

含初始条件的一阶线性随机微分方程表达如下:

$$\begin{cases} Y'(t)=a(t)Y(t)+X(t), & t\in T, \\ Y(t_0)=Y_0, \end{cases}$$

其解为 $Y(t)=Y_0\exp\left\{\int_{t_0}^{t}a(u)\mathrm{d}u\right\}+\int_{t_0}^{t}X(s)\exp\left\{\int_{s}^{t}a(u)\mathrm{d}u\right\}\mathrm{d}s.$ (2.37)

例 2.4.2 设 $\{X(t),t\geqslant 0\}$ 为可微的随机过程, $\{B(t),t\geqslant 0\}$ 为标准布朗运动, 且满足随机微分方程

$$\begin{cases} 3X'(t)+2X(t)=B(t), \\ X(0)=x_0\ (\text{一个常数}), \end{cases}$$

试求随机过程 $\{X(t),t\geqslant 0\}$ 的一维概率密度.

解

$$\begin{aligned} X(t)&=x_0\exp\left\{\int_0^t\left(-\frac{2}{3}\right)\mathrm{d}u\right\}+\int_0^t\frac{1}{3}B(s)\exp\left\{\int_s^t\left(-\frac{2}{3}\right)\mathrm{d}u\right\}\mathrm{d}s \\ &=x_0\mathrm{e}^{-\frac{2}{3}t}+\frac{1}{3}\mathrm{e}^{-\frac{2}{3}t}\int_0^t B(s)\mathrm{e}^{\frac{2s}{3}}\mathrm{d}s. \end{aligned}$$

由于布朗运动 $\{B(t),t\geqslant 0\}$ 是正态过程, 因此, $\{X(t),t\geqslant 0\}$ 的一维分布是正态分布.

$$M_X(t)=x_0\mathrm{e}^{-\frac{2}{3}t}+\frac{1}{3}\mathrm{e}^{-\frac{2}{3}t}\int_0^t E\left(B(s)\mathrm{e}^{\frac{2s}{3}}\right)\mathrm{d}s=x_0\mathrm{e}^{-\frac{2}{3}t}.$$

所以,

$$\begin{aligned} C_X(t,s)&=\frac{1}{9}\mathrm{e}^{-\frac{2}{3}(t+s)}\int_0^t\int_0^s E(B(u)B(v))\mathrm{e}^{\frac{2}{3}(u+v)}\mathrm{d}u\mathrm{d}v \\ &=\frac{1}{9}\mathrm{e}^{-\frac{2}{3}(t+s)}\int_0^t\int_0^s\min(u,v)\mathrm{e}^{\frac{2}{3}(u+v)}\mathrm{d}u\mathrm{d}v. \end{aligned}$$

当 $0\leqslant s\leqslant t$ 时,

$$\begin{aligned} C_X(t,s)&=\frac{1}{9}\mathrm{e}^{-\frac{2}{3}(s+t)}\left[\int_0^s\mathrm{d}v\int_0^v u\mathrm{e}^{\frac{2}{3}(u+v)}\mathrm{d}u+\int_0^s\mathrm{d}v\int_v^t v\mathrm{e}^{\frac{2}{3}(u+v)}\mathrm{d}u\right] \\ &=\frac{9}{16}\left[6\mathrm{e}^{-\frac{2}{3}s}+6\mathrm{e}^{-\frac{2}{3}t}-3\mathrm{e}^{-\frac{2}{3}(t+s)}-3\mathrm{e}^{-\frac{2}{3}(t-s)}+4s-6\right]. \end{aligned}$$

所以,

$$C_X(t,s)=\frac{9}{16}\left[6\mathrm{e}^{-\frac{2}{3}s}+6\mathrm{e}^{-\frac{2}{3}t}-3\mathrm{e}^{-\frac{2}{3}(t+s)}-3\mathrm{e}^{-\frac{2}{3}|s-t|}+4\min(t,s)-6\right],$$

$$D_X(t) = C_X(t,t) = \frac{9}{16}\left(12\mathrm{e}^{-\frac{2}{3}t} - 3\mathrm{e}^{-\frac{4}{3}t} + 4t - 9\right).$$

所以, 随机过程 $\{X(t), t \geqslant 0\}$ 的一维概率密度为

$$f(t,x) = \frac{1}{\sqrt{2\pi D_X(t)}}\exp\left(-\frac{(x - M_X(t))^2}{2D_X(t)}\right), \quad t \geqslant 0, \quad -\infty < x < +\infty. \quad ■$$

例 2.4.3 设 $\{Y(t), t \geqslant 0\}$ 为可微的随机过程, $\{X(t), t \geqslant 0\}$ 为二阶矩过程, 且满足微分方程

$$\begin{cases} Y'(t) + 2Y(t) = X(t), \\ Y(0) = 1, \end{cases} \quad t \geqslant 0,$$

而且 $EX(t) = 2$, $R_X(t_1, t_2) = 4 + 2\mathrm{e}^{-|t_1 - t_2|}$, 试求随机过程 $\{Y(t), t \geqslant 0\}$ 的均值函数 $EY(t)$、自相关函数 $E(Y(t_1)Y(t_2))$, 以及互相关函数 $E(X(t_1)Y(t_2))$.

解

$$\begin{aligned} Y(t) &= \exp\left\{\int_0^t (-2)\mathrm{d}u\right\} + \int_0^t X(s)\exp\left\{\int_s^t (-2)\mathrm{d}u\right\}\mathrm{d}s \\ &= \mathrm{e}^{-2t}\left[1 + \int_0^t X(s)\mathrm{e}^{2s}\mathrm{d}s\right], \quad t \geqslant 0. \end{aligned}$$

$$EY(t) = \mathrm{e}^{-2t}\left[1 + \int_0^t E(X(s))\mathrm{e}^{2s}\mathrm{d}s\right] = \mathrm{e}^{-2t}\left(1 + \int_0^t 2\mathrm{e}^{2s}\mathrm{d}s\right) = 1.$$

$$\begin{aligned} &E[Y(t)Y(s)] \\ &= E\left\{\mathrm{e}^{-2t_1}\left[1 + \int_0^{t_1}\mathrm{e}^{2u}X(u)\mathrm{d}u\right]\mathrm{e}^{-2t_2}\left[1 + \int_0^{t_2}\mathrm{e}^{2v}X(v)\mathrm{d}v\right]\right\} \\ &= \mathrm{e}^{-2(t_1+t_2)}\left\{1 + \int_0^{t_1}\mathrm{e}^{2u}E[X(u)]\mathrm{d}u + \int_0^{t_2}\mathrm{e}^{2v}E[X(v)]\mathrm{d}v\right. \\ &\quad \left. + \int_0^{t_1}\int_0^{t_2}\mathrm{e}^{2(u+v)}E[X(u)X(v)]\mathrm{d}u\mathrm{d}v\right\} \\ &= \mathrm{e}^{-2(t_1+t_2)}\left(1 + \int_0^{t_1}2\mathrm{e}^{2u}\mathrm{d}u + \int_0^{t_2}2\mathrm{e}^{2v}\mathrm{d}v + \int_0^{t_1}\int_0^{t_2}\mathrm{e}^{2(u+v)}\mathrm{e}^{-2|u-v|}\mathrm{d}u\mathrm{d}v\right) \\ &= 1 - \frac{1}{4}(1 + 2(t_1 + t_2))\mathrm{e}^{-2(t_2+t_1)} + \frac{1}{4}(1 + |t_1 - t_2|\mathrm{e}^{-2|t_1-t_2|}). \end{aligned}$$

$$\begin{aligned} &EX(t_1)Y(t_2) \\ &= E[(Y'(t_1) + 2Y(t_1))Y(t_2)] = E[Y'(t_1)Y(t_2) + 2Y(t_1)Y(t_2)] \\ &= \frac{\partial}{\partial t_1}R_Y(t_1, t_2) + 2R_Y(t_1, t_2) \end{aligned}$$

$$=\begin{cases}\dfrac{1}{4}\mathrm{e}^{-2(t_2+t_1)}[-2+8\mathrm{e}^{2(t_1+t_2)}+4t_1(3+4(t_2-t_1))], & t_1\leqslant t_2,\\ \dfrac{1}{4}\mathrm{e}^{-2(t_1+t_2)}[-2+8\mathrm{e}^{2(t_1+t_2)}+\mathrm{e}^{4t_2}], & t_1>t_2.\end{cases}$$ ■

习　题　2

1. 试讨论下列随机过程的均方连续性、均方可微性与均方可积性：

(1) $X(t)=At+B$ (A,B 为随机变量)；

(2) $X(t)=At^2+Bt+C$ (A,B,C 为随机变量)；

(3) $X(t)$ 的均值函数为 0, 自协方差函数 $C_X(s,t)=\mathrm{e}^{-\alpha|t-s|}$, 其中 α 为正的常数；

(4) $X(t)$ 的均值函数为 0, 自协方差函数 $C_X(s,t)$ 为

$$C_X(s,t)=\frac{1}{\alpha^2+(s-t)^2}.$$

2. 设随机过程 $X(t)=X\cos\omega_0 t$, 其中 ω_0 为常数, 而 X 为标准正态变量. 求：

(1) $X(t)$ 的均方导数 $X'(t)$ 的自相关函数；

(2) $X(t)$ 的均方积分 $Y(t)=\int_0^t X(s)\mathrm{d}s$ 的自相关函数和一维概率密度.

3. 随机过程 $\{X(t)=X\sin 4t+Y\cos 4t, t\in T\}$, 其中随机变量 X 与 Y 满足 $E(X)=E(Y)=\mu$, $D(X)=D(Y)=\sigma^2$, 且二者相互独立. 试求：

(1) $X(t)$ 的均值函数；

(2) $X(t)$ 的自相关函数；

(3) $X(t)$ 的均方导过程 $X'(t)$；

(4) $X(t)$ 的均方积分过程 $Y(t)=\int_0^t X(s)\mathrm{d}s$.

4. 设二阶矩的随机过程 $\{X(t), t\in[a,b]\}$ 的自相关函数 $R_X(s,t)$ 在 $[a,b]\times[a,b]$ 上连续, 若 $f(t)$ 是 $[a,b]$ 上的连续函数, 试证

$$EX(s)\overline{\int_a^b f(t)X(t)\mathrm{d}t}=\int_a^b R_X(s,t)\overline{f(t)}\mathrm{d}t.$$

5. 设随机过程 $X(t)=\mathrm{e}^{-Xt}(t>0)$, 其中 X 是具有概率密度 $f(x)$ 的随机变量, 试求：

(1) $X(t)$ 的一维概率密度；

(2) $X(t)$ 的均方导数 $X'(t)$；

(3) $X(t)$ 的均方积分 $Y(t)=\int_0^t X(s)\mathrm{d}s$.

6. 随机过程 $\{X(t), -\infty<t<+\infty\}$ 的均值函数为 $M_X(t)=1$, 自相关函数为 $R_X(t,s)=2\mathrm{e}^{-(s-t)^2}$, 求 $Y(t)=\dfrac{\mathrm{d}}{\mathrm{d}t}X(t)$ 的均值函数和方差函数.

7. 随机过程 $\{X(t), -\infty<t<+\infty\}$ 为二阶矩过程, 而且自相关函数为 $R_X(s,t)=\dfrac{1}{\alpha^2+(s-t)^2}$, 若 $Y(t)=X(t)+\dfrac{\mathrm{d}}{\mathrm{d}t}X(t)$, 求 $Y(t)$ 的自相关函数.

8. 设 $\{X(t), t \in T\}$ 为二阶矩过程, 且均值函数 $M_X(t)$ 为常数, 自相关函数满足条件

$$\forall t_1, t_2 \in T, \quad R_X(t_1, t_2) = R_X(\tau) = 2\mathrm{e}^{-0.5\tau^2}, \quad \tau = t_1 - t_2.$$

(1) 试求 $Y(t) = X'(t)$ 的自相关函数与方差函数;

(2) 试求 $X(t)$ 的方差函数与 $Y(t)$ 的方差的比值.

9. 二阶矩过程 $\{X(t), 0 \leqslant t < 1\}$ 的自相关函数为

$$R_X(t_1, t_2) = \frac{\sigma^2}{1 - t_1 t_2}, \quad 0 \leqslant t_1,\ t_2 < 1.$$

此过程是否均方连续、均方可微? 若可微, 则求 $R'_X(t_1, t_2)$ 和 $R_{XX'}(t_1, t_2)$.

10. 设 X, Y 是相互独立且服从相同正态分布 $N(0, \sigma^2)$ 的随机变量, 随机过程 $X(t) = Xt + Y$, $Z = \int_0^1 X^2(t)\mathrm{d}t$, 试求:

(1) $X(t)$ 的方差函数;

(2) 随机变量 Z 的数学期望和方差.

11. 随机相位信号 $X(t) = A\cos(\omega_0 t + \phi)$, 其中 A 和 ω_0 均为常量, ϕ 为服从 $[0, 2\pi]$ 上均匀分布的随机变量. 信号的积分过程 $Y(t) = \int_0^t X(t)\mathrm{d}t$, 试求 $Y(t)$ 的均值函数与方差函数.

12. 随机相位信号 $X(t) = U\cos 3t$, 其中 U 为随机变量, $E(U) = 1$, $D(U) = 1$, 试求随机过程 $Y(t) = \dfrac{1}{t}\int_0^t X(s)\mathrm{d}s$ 的均值函数、自相关函数与方差函数.

13. 设 $\{X(t), t \in T\}$ 为二阶矩过程, 且均值函数 $M_X(t)$ 为常数, 自相关函数为 $R_X(s, t) = \mathrm{e}^{-\alpha|t-s|}$, 试求 $Y(t) = \dfrac{1}{t}\int_0^t X(s)\mathrm{d}s$ 和 $Z(t) = \dfrac{1}{b}\int_t^{t+b} X(s)\mathrm{d}s$ 的均值函数和协方差函数, 其中 b 是一个正的常数.

14. 二阶矩过程 $\{X(t), t \in T\}$ 的相关函数为

$$R_X(t_1, t_2) = \frac{1}{\alpha^2 + (t_1 - t_2)^2}.$$

此过程是否均方连续、均方可微? 若可微, 则求 $R'_X(t_1, t_2)$ 和 $R_{XX'}(t_1, t_2)$.

15. 二阶矩过程 $\{X(t), t \in T\}$ 的协方差函数为

$$C_X(t_1, t_2) = (1 + t_1 t_2)\sigma^2.$$

试求 $Y(s) = \int_0^s X(t)\mathrm{d}t$ 的协方差函数和方差函数.

16. 二阶矩过程 $\{X(t), t \in T\}$, $M_X(t) = 1$, 其自相关函数为

$$R_X(t_1, t_2) = 1 + \mathrm{e}^{-2|t_1 - t_2|}.$$

试求 $Y = \int_0^1 X(t)\mathrm{d}t$ 的均值和方差.

17. 设 $\{X(t), t \in T\}$ 为正态过程, 而且 $M_X(t) = 2$, 自相关函数为

$$R_X(s, t) = 5\mathrm{e}^{-(s-t)^2}\cos(s - t),$$

则其导过程 $Y(t)=\dfrac{\mathrm{d}X(t)}{\mathrm{d}t}$ 也是正态过程, 试求 $\{Y(t),t\in T\}$ 的均值函数和方差函数, 并利用标准正态分布函数来计算 $P(0\leqslant Y(t)\leqslant 10)$.

18. 随机过程 $\{B(t),t\geqslant 0\}$ 为标准布朗运动, 令

$$Y(t)=\int_0^t sB(s)\mathrm{d}s,\quad t\geqslant 0,\quad Z(t)=\int_t^{t+1}[B(t)-B(s)]\mathrm{d}s,\quad t\geqslant 0.$$

试求随机过程 $\{Y(t),t\geqslant 0\}$ 和 $\{Z(t),t\geqslant 0\}$ 的均值函数与协方差函数.

19. 设散粒噪声过程的过渡历程用下列微分方程描述

$$\begin{cases} Y'(t)+aY(t)=X(t),\\ Y(0)=0, \end{cases}$$

其中 a 是一个正的常数, 二阶矩过程 $X(t)$ 的均值函数与自相关函数为

$$EX(t)=\frac{\lambda}{2},\quad R_X(t_1,t_2)=\lambda^2+\lambda\delta(t_1-t_2),$$

试求 $Y(t)$ 的均值函数与自相关函数及 $X(t)$ 与 $Y(t)$ 的互相关函数.

第 3 章　泊 松 过 程

泊松过程是累计随机事件发生次数的计数过程, 例如, 随着时间增长累计某电话交换台收到的呼唤次数, 就构成一个泊松过程. 泊松过程是一类特殊的独立增量过程, 具有许多统计特性, 本章围绕泊松过程展开.

3.1　泊松过程的定义

3.1.1　计数过程

定义 3.1.1　设 $N(t)$ 为 $[0,t)$ 时段某一随机事件发生的次数 (或表述为某质点出现的次数, 或表述为某质点到达的个数), 则称 $\{N(t),t\geqslant 0\}$ 为一个**计数过程**.

性质 3.1.1　计数过程 $\{N(t),t\geqslant 0\}$ 具有以下性质:

(1) $\forall t\geqslant 0$, $N(t)$ 是取值为非负整数值的一维离散型随机变量, 其参数集为 $T=[0,+\infty)$, 状态集为 $I=\{0,1,2,\cdots\}$;

(2) 对于任意两个时刻 $t_1<t_2$, 有 $N(t_1)\leqslant N(t_2)$;

(3) 设 W_n 为第 n 个质点出现 (或到达) 的时间, 称 $\{W(n),n=1,2,\cdots\}$ 为**随机质点过程**, 那么,

$$\begin{aligned}P(N(t)=n)&=P(N(t)\geqslant n)-P(N(t)\geqslant n+1)\\&=P(W_n\leqslant t)-P(W_{n+1}\leqslant t);\end{aligned}\tag{3.1}$$

(4) 令 $W_0=0, T_n=W_n-W_{n-1},n=1,2,\cdots$, 则 T_i 为第 n 个质点出现 (或到达) 与第 $n-1$ 个质点出现 (或到达) 的时间间隔, 称 $\{T(n),n=1,2,\cdots\}$ 为**时间间隔过程**, 那么,

$$P(N(t)\geqslant n)=P(W_n\leqslant t)=P\left(\sum_{k=1}^{n}T_k\leqslant t\right).\tag{3.2}$$

3.1.2　泊松过程的定义

定义 3.1.2　设 $\{N(t),t\geqslant 0\}$ 为计数过程, 若满足条件:

(1) 零初值性 $N(0)=0$;

(2) 分布齐次性: 对任意的 $s>t\geqslant 0$ 及 $\Delta t>0$, 增量 $N(t,s)=N(s)-N(t)$ 与增量 $N(t+\Delta t,s+\Delta t)=N(s+\Delta t)-N(t+\Delta t)$ 具有相同的分布函数;

(3) 增量独立性：对任意的正整数 n, 任意的非负实数 $0 \leqslant t_0 < t_1 < \cdots < t_n$, 增量 $N(t_1) - N(t_0), N(t_2) - N(t_1), \cdots, N(t_n) - N(t_{n-1})$ 相互独立;

(4) 对于足够小的时间 $\Delta t > 0$, 有

$$P(N(\Delta t) = 1) = \lambda \Delta t + o(\Delta t), \tag{3.3}$$

$$P(N(\Delta t) = 0) = 1 - \lambda \Delta t + o(\Delta t), \tag{3.4}$$

$$P(N(\Delta t) \geqslant 2) = o(\Delta t), \tag{3.5}$$

其中 $o(\Delta t)$ 为 Δt 的高阶无穷小, $\lambda > 0$ 是一个常数, 则称 $\{N(t), t \geqslant 0\}$ 是强度为 λ 的**齐次泊松过程**, 简称**泊松过程**.

定理 3.1.1　$\{N(t), t \geqslant 0\}$ 是强度为 $\lambda > 0$ 的泊松过程, 则对任意固定的 $t \geqslant 0$, $N(t)$ 服从强度为 λt 泊松分布, 即

$$P(N(t) = k) = \frac{(\lambda t)^k}{k!} \mathrm{e}^{-\lambda t}, \quad k = 0, 1, 2, \cdots. \tag{3.6}$$

证明　利用数学归纳法来证明.

(1) 令 $p_k(t) = P(N(t) = k), k = 0, 1, 2, \cdots$, 那么

$$\begin{aligned} p_0(t + \Delta t) &= P(N(t + \Delta t) = 0) \\ &= P(N(t) = 0, N(t, t + \Delta t) = 0) \\ &= P(N(t) = 0) P(N(t, t + \Delta t) = 0) \\ &= p_0(t)[1 - \lambda \Delta t + o(\Delta t)] \\ &= p_0(t) - \lambda p_0(t) \Delta t + p_0(t) o(\Delta t), \end{aligned}$$

故

$$p_0(t + \Delta t) - p_0(t) = -\lambda p_0(t) \Delta t + p_0(t) o(\Delta t).$$

两边同除以 Δt, 并令 $\Delta t \to 0$, 则有

$$\frac{\mathrm{d} p_0(t)}{\mathrm{d} t} = -\lambda p_0(t).$$

注意初始条件 $p_0(0) = P(N(0) = 0) = 1$, 所以, 得到微分方程的解：

$$p_0(t) = \mathrm{e}^{-\lambda t} = \frac{(\lambda t)^0}{0!} \mathrm{e}^{-\lambda t}.$$

(2) 假设 $p_{k-1}(t) = \dfrac{(\lambda t)^{k-1}}{(k-1)!} \mathrm{e}^{-\lambda t}$, $k = 2, 3, \cdots$ 成立,

$$p_k(t + \Delta t) = P(N(t + \Delta t) = k)$$

$$
\begin{aligned}
&= P(N(t)=k, N(t,t+\Delta t)=0) + P(N(t)=k-1, N(t,t+\Delta t)=1) \\
&\quad + \sum_{i=2}^{k} P(N(t)=k-i, N(t,t+\Delta t)=i) \\
&= P(N(t)=k)P(N(t,t+\Delta t)=0) + P(N(t)=k-1)P(N(t,t+\Delta t)=1) \\
&\quad + \sum_{i=2}^{k} P(N(t)=k-i)P(N(t,t+\Delta t)=i) \\
&= p_k(t)[1-\lambda\Delta t + o(\Delta t)] + p_{k-1}(t)[\lambda\Delta t + o(\Delta t)] + \left[\sum_{i=2}^{k} p_{k-i}(t)\right] o(\Delta t) \\
&= p_k(t) - \lambda p_k(t)\Delta t + \lambda p_{k-1}(t)\Delta t + \left[\sum_{i=0}^{k} p_{k-i}(t)\right] o(\Delta t),
\end{aligned}
$$

因此,

$$
p_k(t+\Delta t) - p_k(t) = -\lambda p_k(t)\Delta t + \lambda p_{k-1}(t)\Delta t + \left[\sum_{i=0}^{k} p_{k-i}(t)\right] o(\Delta t).
$$

两端同除以 Δt, 并令 $\Delta t \to 0$, 则有

$$
\frac{\mathrm{d}p_k(t)}{\mathrm{d}t} = -\lambda p_k(t) + \lambda p_{k-1}(t) = -\lambda p_k(t) + \frac{\lambda(\lambda t)^{k-1}}{(k-1)!}\mathrm{e}^{-\lambda t}.
$$

两边同乘 $\mathrm{e}^{\lambda t}$, 可得 $\mathrm{e}^{\lambda t}p_k'(t) + \lambda\mathrm{e}^{\lambda t}p_k(t) = \dfrac{\lambda(\lambda t)^{k-1}}{(k-1)!}$, 即

$$
\left[\mathrm{e}^{\lambda t}p_k(t)\right]' = \frac{\lambda(\lambda t)^{k-1}}{(k-1)!}.
$$

注意初始条件 $p_k(0) = P(N(0)=k) = 0$, 故得

$$
\mathrm{e}^{\lambda t}p_k(t) = \int_0^t \frac{\lambda(\lambda t)^{k-1}}{(k-1)!}\mathrm{d}t = \frac{(\lambda t)^k}{k!}.
$$

所以, 对所有的自然数成立

$$
p_k(t) = \frac{(\lambda t)^k}{k!}\mathrm{e}^{-\lambda t}, \quad k = 0,1,2,\cdots.
$$

由数学归纳法知此定理结论正确. ■

利用定理 3.1.1 可得泊松过程的另一定义.

定义 3.1.3 设 $\{N(t), t \geqslant 0\}$ 为计数过程, 若满足条件

(1) 零初值性：$N(0)=0$;

(2) 分布齐次性：对任意的 $s>t\geqslant 0$ 及 $\Delta t>0$, 增量 $N(t,s)=N(s)-N(t)$ 与增量 $N(t+\Delta t,s+\Delta t)=N(s+\Delta t)-N(t+\Delta t)$ 具有相同的分布函数;

(3) 增量独立性：对任意的正整数 n, 任意的非负实数 $0\leqslant t_0<t_1<\cdots<t_n$, 增量 $N(t_1)-N(t_0),N(t_2)-N(t_1),\cdots,N(t_n)-N(t_{n-1})$ 相互独立;

(4) 增量分布为泊松分布：对任意的 $t_2>t_1\geqslant 0$, 增量 $N(t_1,t_2)=N(t_2)-N(t_1)$ 的分布为

$$P(N(t_1,t_2)=k)=\frac{[\lambda(t_2-t_1)]^k}{k!}\mathrm{e}^{-\lambda(t_2-t_1)},\quad k=0,1,2,\cdots,\quad \lambda>0, \tag{3.7}$$

则称 $\{N(t),t\geqslant 0\}$ 是**强度为 λ 的齐次的泊松过程**.

对任意的 $t_2>t_1\geqslant 0$, 当 $\Delta t=t_2-t_1$ 充分小时

$$P(N(t_1,t_2)=0)=\frac{[\lambda(t_2-t_1)]^0}{0!}\mathrm{e}^{-\lambda(t_2-t_1)}=\sum_{k=0}^{+\infty}\frac{(-\lambda\Delta t)^k}{k!}=1-\lambda\Delta t+o(\Delta t),$$

$$P(N(t_1,t_2)=1)=\frac{[\lambda(t_2-t_1)]^1}{1!}\mathrm{e}^{-\lambda(t_2-t_1)}=\lambda\Delta t\sum_{k=0}^{+\infty}\frac{(-\lambda\Delta t)^k}{k!}=\lambda\Delta t+o(\Delta t),$$

$$P(N(t_1,t_2)\geqslant 2)=\sum_{k=2}^{+\infty}\frac{[\lambda(t_2-t_1)]^k}{k!}\mathrm{e}^{-\lambda(t_2-t_1)}=o(\Delta t).$$

从上面的等式和定理 3.1.1 可以看出, 定义 3.1.3 的第 4 条与定义 3.1.2 的第 4 条是等价的, 即定义 3.1.3 与定义 3.1.2 等价.

3.2 泊松过程的数字特征和分布函数

3.2.1 泊松过程的数字特征

性质 3.2.1 计数过程 $\{N(t),t\geqslant 0\}$ 是强度为 λ 的齐次的泊松过程, 那么

(1) 泊松过程的一维分布律为

$$\begin{aligned}&P(N(t_2)-N(t_1)=k)\\=&\frac{[\lambda(t_2-t_1)]^k}{k!}\mathrm{e}^{-\lambda(t_2-t_1)},\quad k=0,1,2,\cdots,\quad t_2>t_1\geqslant 0,\quad \lambda>0;\end{aligned} \tag{3.8}$$

(2) 泊松过程的均值函数

$$M_N(t)=E[N(t)]=\lambda t; \tag{3.9}$$

(3) 泊松过程的方差函数

$$D_N(t) = D[N(t)] = \lambda t; \tag{3.10}$$

(4) 泊松过程的均方值函数

$$\psi_N^2(t) = E[N^2(t)] = D_N(t) + M_N^2(t) = \lambda t + (\lambda t)^2; \tag{3.11}$$

(5) 泊松过程的自相关函数

$$R_N(t_1, t_2) = E[N(t_1)N(t_2)] = \lambda \min(t_1, t_2) + \lambda^2 t_1 t_2; \tag{3.12}$$

(6) 泊松过程自协方差函数

$$C_N(t_1, t_2) = \lambda \min(t_1, t_2). \tag{3.13}$$

例 3.2.1 设粒子按平均率为每分钟 4 个的泊松过程到达某计数器, $N(t)$ 表示在 $[0, t)$ 内到达计数器的粒子个数, 试求:

(1) $N(t)$ 的均值函数、方差函数、自相关函数与自协方差函数;

(2) 在第 3 分钟到第 5 分钟之间到达计数器的粒子个数的概率分布;

(3) 在 2 分钟内至少有 6 个粒子到达计数器的概率.

解 (1) $\{N(t), t \geqslant 0\}$ 是齐次泊松过程, 因为 $M_N(t) = E[N(t)] = \lambda t$, 所以 $\lambda = \dfrac{E[N(t)]}{t}$ 表示单位时间内随机事件 A 发生的平均次数, 称 λ 为泊松过程的速率或强度. 此题 $\lambda = 4$, 由性质 3.2.1 知

$$\begin{aligned}
&M_N(t) = D_N(t) = 4t, \\
&R_N(t_1, t_2) = 4\min(t_1, t_2) + 16 t_1 t_2, \quad t_1, t_2 \in T, \\
&C_N(t_1, t_2) = 4\min(t_1, t_2), \quad t_1, t_2 \in T.
\end{aligned}$$

(2)
$$\begin{aligned}
P(N(3,5) = k) &= P(N(5) - N(3) = k) \\
&= P(N(5-3) = k) = P(N(2) = k) \\
&= \frac{(4\times 2)^k \mathrm{e}^{-4\times 2}}{k!} = \frac{8^k \mathrm{e}^{-8}}{k!}, \quad k = 0, 1, 2, \cdots.
\end{aligned}$$

(3) $P(2分钟内至少到达 6 个粒子)$

$$\begin{aligned}
&= P(N(2) \geqslant 6) = \sum_{k=6}^{\infty} \frac{(4\times 2)^k \mathrm{e}^{-4\times 2}}{k!} = \sum_{k=6}^{\infty} \frac{8^k \mathrm{e}^{-8}}{k!} = 1 - \sum_{k=0}^{5} \frac{8^k \mathrm{e}^{-8}}{k!} \\
&= 1 - \mathrm{e}^{-8}\left(1 + 8 + \frac{8^2}{2!} + \frac{8^3}{3!} + \frac{8^4}{4!} + \frac{8^5}{5!}\right) \approx 0.8088.
\end{aligned}$$

■

3.2.2 泊松过程的有限维分布

性质 3.2.2 设 $\{N(t), t \geqslant 0\}$ 是强度为 λ 的齐次的泊松过程, 那么, $\forall s > t \geqslant 0$,

(1) $P(N(t)=k, N(s)=n) = \mathrm{e}^{-\lambda s}\lambda^n \dfrac{(s-t)^{n-k}t^k}{k!(n-k)!}, n \geqslant k, k=0,1,2,\cdots;$ (3.14)

(2) $P(N(t)=k|N(s)=n) = \mathrm{C}_n^k \left(\dfrac{t}{s}\right)^k \left(1-\dfrac{t}{s}\right)^{n-k}, 0 \leqslant k \leqslant n;$ (3.15)

(3) $E(N(t)|N(s)=n) = \dfrac{nt}{s};$ (3.16)

(4) $P(N(s)=n|N(t)=k) = \dfrac{(\lambda(s-t))^{n-k}}{(n-k)!}\mathrm{e}^{-\lambda(s-t)}, n \geqslant k, k=0,1,2,\cdots;$ (3.17)

(5) $E(N(s)|N(t)=k) = \lambda(s-t)+k.$ (3.18)

证明 (1) $\forall s > t \geqslant 0$, $\forall n \geqslant k, k=0,1,2,\cdots$,

$$\begin{aligned}
P(N(t)=k, N(s)=n) &= P(N(t)=k, N(s)-N(t)=n-k) \\
&= P(N(t)=k)P(N(s)-N(t)=n-k) \\
&= \frac{(\lambda t)^k}{k!}\mathrm{e}^{-\lambda t}\frac{(\lambda(s-t))^{n-k}}{(n-k)!}\mathrm{e}^{-\lambda(s-t)} \\
&= \mathrm{e}^{-\lambda s}\lambda^n\frac{(s-t)^{n-k}t^k}{k!(n-k)!}, \quad n \geqslant k, \quad k=0,1,2,\cdots.
\end{aligned}$$

(2) $\forall s > t \geqslant 0$, $\forall n \geqslant k, k=0,1,2,\cdots$,

$$\begin{aligned}
P(N(t)=k|N(s)=n) &= \frac{P(N(t)=k, N(s)=n)}{P(N(s)=n)} \\
&= \frac{\mathrm{e}^{-\lambda s}\lambda^n\dfrac{(s-t)^{n-k}t^k}{k!(n-k)!}}{\dfrac{(\lambda s)^n}{n!}\mathrm{e}^{-\lambda s}} \\
&= \mathrm{C}_n^k\left(\frac{t}{s}\right)^k\left(1-\frac{t}{s}\right)^{n-k}, \quad 0 \leqslant k \leqslant n.
\end{aligned}$$

(3) $\forall s > t \geqslant 0$, $\forall n \geqslant k, k=0,1,2,\cdots$,

$$\begin{aligned}
E(N(t)|N(s)=n) &= \sum_{k=0}^{n} kP(N(t)=k|N(s)=n) \\
&= \sum_{k=0}^{n} k\mathrm{C}_n^k\left(\frac{t}{s}\right)^k\left(1-\frac{t}{s}\right)^{n-k} = \frac{nt}{s}.
\end{aligned}$$

(4) $\forall s > t \geqslant 0, \forall n \geqslant k, k = 0, 1, 2, \cdots$,

$$\begin{aligned}
P(N(s) = n|N(t) = k) &= \frac{P(N(t) = k, N(s) = n)}{P(N(t) = k)} \\
&= \frac{P(N(t) = k)P(N(s) - N(t) = n - k)}{P(N(t) = k)} \\
&= P(N(s) - N(t) = n - k) \\
&= \frac{(\lambda(s-t))^{n-k}}{(n-k)!}\mathrm{e}^{-\lambda(s-t)}, \quad n \geqslant k, \quad k = 0, 1, 2, \cdots.
\end{aligned}$$

(5) $\forall s > t \geqslant 0, \forall n \geqslant k, k = 0, 1, 2, \cdots$,

$$\begin{aligned}
E(N(s)|N(t) = k) &= \sum_{n=k}^{n} nP(N(s) = n|N(t) = k) \\
&= \sum_{n=k}^{+\infty} n\frac{(\lambda(s-t))^{n-k}}{(n-k)!}\mathrm{e}^{-\lambda(s-t)} \\
&= \sum_{m=0}^{+\infty} (m+k)\frac{(\lambda(s-t))^{m}}{m!}\mathrm{e}^{-\lambda(s-t)} \\
&= \lambda(s-t) + k.
\end{aligned}$$

实际上,

$$\begin{aligned}
E(N(s)|N(t) = k) &= E(N(s) - N(t) + N(t)|N(t) = k) \\
&= E(N(s) - N(t)|N(t) = k) + E(N(t)|N(t) = k) \\
&= \lambda(s-t) + k.
\end{aligned}$$

■

例 3.2.2 设 $\{N(t), t \geqslant 0\}$ 是强度为 λ 的齐次的泊松过程, 试求:

(1) $P(N(5) = 4)$;

(2) $P(N(5) = 4, N(7.5) = 6, N(12) = 9)$;

(3) $P(N(12) = 9\,|N(5) = 4)$;

(4) $P(N(5) = 4\,|N(12) = 9)$;

(5) $P(N(8) = 9, N(5) = 4|N(6) = 5, N(3) = 2)$.

解 (1)$P\left(N\left(5\right) = 4\right) = (5\lambda)^4\mathrm{e}^{-5\lambda}/4!$.

(2) $P\left(N\left(5\right) = 4, N(7.5) = 6, N(12) = 9\right)$

$= P\left(N\left(5\right) = 4, N(7.5) - N(5) = 2, N(12) - N(7.5) = 3\right)$

$= [(5\lambda)^4\mathrm{e}^{-5\lambda}/4!][(2.5\lambda)^2\mathrm{e}^{-2.5\lambda}/2!][(4.5\lambda)^3\mathrm{e}^{-4.5\lambda}/3!]$.

(3) $P\left(N(12)=9 \,|N(5)=4\right)=P\left(N(12)-N(5)=5\,|N(5)=4\right)$

$=P\left(N(12)-N(5)=5\right)=(7\lambda)^5\mathrm{e}^{-7\lambda}/5!.$

(4) $P\left(N(5)=4\,|N(12)=9\right)$

$=P\left(N(5)=4,N(12)=9\right)/P\left(N(12)=9\right)$

$=P\left(N(5)=4\right)P\left(N(12)-N(5)=5\right)/P\left(N(12)=9\right)$

$=\mathrm{C}_9^4\left(\dfrac{5}{12}\right)^4\left(1-\dfrac{5}{12}\right)^{9-4}.$

(5) $P(N(8)=9,N(5)=4|N(6)=5,N(3)=2)$

$$=\frac{P(N(3)=2)P(N(5)-N(3)=2)P(N(6)-N(5)=1)P(N(8)-N(6)=4)}{P(N(3)=2)P(N(6)-N(3)=3)}$$

$$=\frac{\dfrac{(3\lambda)^2}{2!}\mathrm{e}^{-3\lambda}\dfrac{(2\lambda)^2}{2!}\mathrm{e}^{-2\lambda}\dfrac{(\lambda)^1}{1!}\mathrm{e}^{-\lambda}\dfrac{(2\lambda)^4}{4!}\mathrm{e}^{-2\lambda}}{\dfrac{(3\lambda)^2}{2!}\mathrm{e}^{-3\lambda}\dfrac{(3\lambda)^3}{3!}\mathrm{e}^{-3\lambda}}$$

$$=\frac{8}{27}\mathrm{e}^{-2\lambda}\lambda^4.$$ ■

性质 3.2.3 设 $\{N(t),t\geqslant 0\}$ 是强度为 λ 的齐次泊松过程, 那么, 对于 $t_n>t_{n-1}>\cdots>t_1\geqslant 0$, n 维随机向量 $(N(t_1),N(t_2),\cdots,N(t_n))$ 的联合分布律为

$$P(N(t_1)=k_1,N(t_2)=k_2,\cdots,N(t_n)=k_n)$$
$$=\frac{(\lambda t_1)^{k_1}}{k_1!}\mathrm{e}^{-\lambda t_1}\frac{(\lambda(t_2-t_1))^{k_2}}{k_2!}\mathrm{e}^{-\lambda(t_2-t_1)}\cdots\frac{(\lambda(t_n-t_{n-1}))^{k_n}}{k_n!}\mathrm{e}^{-\lambda(t_n-t_{n-1})},\quad(3.19)$$

其中 $t_n>t_{n-1}>\cdots>t_1\geqslant 0,k_i=0,1,2,\cdots,i=1,2,\cdots,n.$

性质 3.2.4 设 $\{N(t),t\geqslant 0\}$ 是强度为 λ 的齐次的泊松过程, 那么, 泊松过程的特征函数为

$$\varphi_{N(t)}(v)=\varphi_N(t,v)=\mathrm{e}^{\lambda t(\mathrm{e}^{\mathrm{i}v}-1)}.\quad(3.20)$$

证明 $$\varphi_N(t,v)=E[\mathrm{e}^{\mathrm{i}N(t)v}]=\sum_{k=0}^{+\infty}\mathrm{e}^{\mathrm{i}kv}\frac{(\lambda t)^k}{k!}\mathrm{e}^{-\lambda t}$$
$$=\mathrm{e}^{-\lambda t}\sum_{k=0}^{+\infty}\frac{(\lambda t\mathrm{e}^{\mathrm{i}v})^k}{k!}=\mathrm{e}^{\lambda t(\mathrm{e}^{\mathrm{i}v}-1)}.$$ ■

3.2.3 泊松过程的均方微积分

性质 3.2.5 设 $\{N(t),t\geqslant 0\}$ 是强度为 λ 的齐次的泊松过程, 那么

(1) 泊松过程是均方连续的、均方可积的.

(2) 泊松过程是均方不可微的.

证明 泊松过程自协方差函数为

$$C_N(t_1,t_2)=\lambda\min(t_1,t_2),$$

自协方差函数在 (t_0,t_0) 连续, 所以, 泊松过程是均方连续的、均方可积的.

泊松过程是均方不可微的, 其证明参见例 2.2.2. ■

例 3.2.3 设 $\{N(t),t\geqslant 0\}$ 是强度为 λ 的齐次的泊松过程, $Y(t)=\int_0^t N(s)\mathrm{d}s$, 求随机过程 $\{Y(t),t\geqslant 0\}$ 的均值函数、方差函数和自相关函数.

解 $E[Y(t)]=E\left[\int_0^t N(s)\mathrm{d}s\right]=\int_0^t E[N(s)]\mathrm{d}s=\int_0^t \lambda s\mathrm{d}s=\dfrac{\lambda}{2}t^2.$

$$\begin{aligned}R_Y(t_1,t_2)&=E\left[\int_0^{t_1}N(u)\mathrm{d}u\cdot\int_0^{t_2}N(v)\mathrm{d}v\right]=\int_0^{t_1}\int_0^{t_2}E[N(u)N(v)]\mathrm{d}u\mathrm{d}v\\&=\int_0^{t_1}\int_0^{t_2}[\lambda\min(u,v)+\lambda^2uv]\mathrm{d}u\mathrm{d}v.\end{aligned}$$

显然, $\int_0^{t_1}\int_0^{t_2}\lambda^2uv\mathrm{d}u\mathrm{d}v=\lambda^2\dfrac{t_1^2}{2}\dfrac{t_2^2}{2}$.

当 $t_2>t_1$ 时,

$$\begin{aligned}\int_0^{t_1}\int_0^{t_2}\lambda\min(u,v)\mathrm{d}u\mathrm{d}v&=\int_0^{t_1}\mathrm{d}u\int_0^{u}\lambda v\mathrm{d}v+\int_0^{t_1}\mathrm{d}u\int_u^{t_2}\lambda u\mathrm{d}v\\&=\frac{\lambda}{6}t_1^3+\frac{\lambda}{2}t_2t_1^2-\frac{\lambda}{3}t_1^3=\frac{\lambda}{2}t_2t_1^2-\frac{\lambda}{6}t_1^3.\end{aligned}$$

当 $t_2\leqslant t_1$ 时,

$$\begin{aligned}\int_0^{t_1}\int_0^{t_2}\lambda\min(u,v)\mathrm{d}u\mathrm{d}v&=\int_0^{t_2}\mathrm{d}v\int_v^{t_1}\lambda v\mathrm{d}u+\int_0^{t_2}\mathrm{d}v\int_0^{v}\lambda u\mathrm{d}u\\&=\frac{\lambda}{2}t_1t_2^2-\frac{\lambda}{6}t_2^3.\end{aligned}$$

随机过程 $\{Y(t),t\geqslant 0\}$ 的自相关函数为

$$E[Y(t_1)Y(t_2)]=\lambda^2\frac{t_1^2}{2}\frac{t_2^2}{2}+\frac{\lambda}{2}[\min(t_1,t_2)]^2\max(t_1,t_2)-\frac{\lambda}{6}[\min(t_1,t_2)]^3.$$

随机过程 $\{Y(t),t\geqslant 0\}$ 的方差函数为

$$\begin{aligned}D[Y(t)]&=E[Y(t)Y(t)]-[E(Y(t))]^2\\&=\lambda^2\frac{t^2}{2}\frac{t^2}{2}+\frac{\lambda}{2}t^3-\frac{\lambda}{6}t^3-\lambda^2\frac{t^4}{4}=\frac{\lambda}{3}t^3.\end{aligned}$$

■

3.3 泊松过程相伴的随机质点过程

3.3.1 随机质点过程的一维分布

定理 3.3.1 设 $\{N(t), t \geqslant 0\}$ 是强度为 λ 的齐次的泊松过程, 设 W_n 为第 n 个质点出现 (或到达) 的时间, 称 $\{W_n, n = 1, 2, \cdots\}$ 为泊松过程相伴的**随机质点过程**. 那么, W_n 服从埃尔朗分布 (Erlang distribution) $\Gamma(n, \lambda)$, 其分布函数和概率密度分别为

$$F_n(t) = P(W_n \leqslant t) = P(N(t) \geqslant n) = \sum_{k=n}^{+\infty} \frac{(\lambda t)^k}{k!} \mathrm{e}^{-\lambda t}, \quad t \geqslant 0, \tag{3.21}$$

$$f_n(t) = \begin{cases} \dfrac{\lambda(\lambda t)^{n-1}}{(n-1)!} \mathrm{e}^{-\lambda t}, & t \geqslant 0, \\ 0, & t < 0. \end{cases} \tag{3.22}$$

证明

$$\begin{aligned} F_n(t) = P(W_n \leqslant t) = P(N(t) \geqslant n) &= \sum_{k=n}^{+\infty} \frac{(\lambda t)^k}{k!} \mathrm{e}^{-\lambda t}, \quad t \geqslant 0 \\ &= 1 - \sum_{k=0}^{n-1} \frac{(\lambda t)^k}{k!} \mathrm{e}^{-\lambda t}, \quad t \geqslant 0. \end{aligned}$$

$$\begin{aligned} \frac{\mathrm{d}F_n(t)}{\mathrm{d}t} &= -\sum_{k=0}^{n-1} \left(\frac{\lambda^k k t^{k-1}}{k!} \mathrm{e}^{-\lambda t} - \frac{\lambda^k t^k}{k!} \lambda \mathrm{e}^{-\lambda t} \right), \quad t \geqslant 0 \\ &= \lambda \mathrm{e}^{-\lambda t} \left[1 + \lambda t + \frac{(\lambda t)^2}{2!} + \cdots + \frac{(\lambda t)^{n-1}}{(n-1)!} \right] \\ &\quad - \mathrm{e}^{-\lambda t} \left[\lambda + \frac{\lambda^2 t}{1!} + \cdots + \frac{\lambda^{n-1} \cdot t^{n-2}}{(n-2)!} \right] \\ &= \frac{\lambda(\lambda t)^{n-1}}{(n-1)!} \mathrm{e}^{-\lambda t}, \quad t \geqslant 0. \end{aligned}$$

■

性质 3.3.1 设 $\{W_n, n = 1, 2, \cdots\}$ 为泊松过程相伴的随机质点过程, 即 W_n 服从埃尔朗分布 $\Gamma(n, \lambda)$, 那么

$$E[W(n)] = \frac{n}{\lambda}, \quad D[W(n)] = \frac{n}{\lambda^2}. \tag{3.23}$$

证明

$$\begin{aligned} E[W(n)] &= \int_0^{+\infty} t f_n(t) \mathrm{d}t = \int_0^{+\infty} t \frac{\lambda(\lambda t)^{n-1}}{(n-1)!} \mathrm{e}^{-\lambda t} \mathrm{d}t \\ &= -\frac{(\lambda t)^{n-1}}{(n-1)!} t \mathrm{e}^{-\lambda t} \Big|_0^{+\infty} + n \int_0^{+\infty} \frac{(\lambda t)^{n-1}}{(n-1)!} \mathrm{e}^{-\lambda t} \mathrm{d}t \end{aligned}$$

$$= \frac{n}{\lambda}\int_0^{+\infty} \frac{\lambda(\lambda t)^{n-1}}{(n-1)!}\mathrm{e}^{-\lambda t}\mathrm{d}t = \frac{n}{\lambda}.$$

$$\begin{aligned}E[W^2(n)] &= \int_0^{+\infty} t^2 f_n(t)\mathrm{d}t = \int_0^{+\infty} t^2\frac{\lambda(\lambda t)^{n-1}}{(n-1)!}\mathrm{e}^{-\lambda t}\mathrm{d}t \\ &= -\frac{(\lambda t)^{n-1}t^2}{(n-1)!}\mathrm{e}^{-\lambda t}\bigg|_0^{+\infty} + \frac{n+1}{\lambda}\int_0^{+\infty}\frac{\lambda(\lambda t)^{n-1}}{(n-1)!}\mathrm{e}^{-\lambda t}\mathrm{d}t \\ &= \frac{n+1}{\lambda}E[W(n)] = \frac{n(n+1)}{\lambda^2}.\end{aligned}$$

$$D[W(n)] = E[W^2(n)] - [E(W(n))]^2 = \frac{n(n+1)}{\lambda^2} - \frac{n^2}{\lambda^2} = \frac{n}{\lambda^2}.$$ ■

例 3.3.1 从 $t=0$ 开始, 乘客以强度为 λ_A 的泊松过程到达飞机 A, 当飞机有 N_A 个乘客时就起飞, 与此独立的是从 $t=0$ 开始乘客以强度为 λ_B 的泊松过程到达飞机 B, 当飞机有 N_B 个乘客时起飞. 试求:

(1) 飞机 A 在飞机 B 之后起飞的概率;

(2) 当 $N_A = N_B, \lambda_A = \lambda_B$ 时, 飞机 A 在飞机 B 之后起飞的概率.

解 (1) 记 $W_A(n)$ 是第 N_A 个乘客到达飞机 A 的时刻, 记 $W_B(n)$ 是第 N_B 个乘客到达飞机 B 的时刻, 那么, $W_A(n)$ 和 $W_B(n)$ 的概率密度如下:

$$f_A(t) = \begin{cases} \dfrac{\lambda_A\left(\lambda_A t\right)^{N_A-1}}{(N_A-1)!}\mathrm{e}^{-\lambda_A t}, & t \geqslant 0, \\ 0, & t < 0, \end{cases}$$

$$f_B(t) = \begin{cases} \dfrac{\lambda_B\left(\lambda_B t\right)^{N_B-1}}{(N_B-1)!}\mathrm{e}^{-\lambda_B t}, & t \geqslant 0, \\ 0, & t < 0, \end{cases}$$

则飞机 A 在飞机 B 之后起飞的概率为 $P(W_A(n) > W_B(n))$, 由于到达飞机 A 的乘客与到达飞机 B 的乘客相互独立, 所以

$$\begin{aligned}P(W_A(n) > W_B(n)) &= \int_0^{+\infty} P(W_A(n) > t) f_B(t)\mathrm{d}t \\ &= \int_0^{\infty} f_B(t)\mathrm{d}t\int_t^{\infty} f_A(s)\mathrm{d}s \\ &= \int_0^{\infty}\int_t^{\infty}\lambda_A\lambda_B\mathrm{e}^{-(\lambda_A+\lambda_B)}\frac{(\lambda_A s)^{N_A-1}(\lambda_B t)^{N_B-1}}{(N_A-1)!(N_B-1)!}\mathrm{d}t\mathrm{d}s.\end{aligned}$$

(2) 当 $N_A = N_B, \lambda_A = \lambda_B$ 时, 由对称性知

$$P(W_A(n) > W_B(n)) = P(W_A(n) \leqslant W_B(n)),$$

所以,

$$P(W_A(n) > W_B(n)) = \frac{1}{2}.$$

■

3.3.2　随机质点过程的条件分布

定理 3.3.2　设 $\{N(t), t \geqslant 0\}$ 是强度为 λ 的齐次泊松过程, $\{W_k, k=1,2,\cdots\}$ 为泊松过程相伴的随机质点过程, 那么, 已知在 $[0,t)$ 内随机事件已经发生一次的前提下, 第一次随机事件发生的时间 W_1 的分布是 $[0,t)$ 上的均匀分布. 即对于 $0 < s \leqslant t$, 有

$$P\left(W_1 \leqslant s | N(t) = 1\right) = \frac{s}{t}.$$

证明　对于 $0 < s \leqslant t$, 有

$$\begin{aligned}P\left(W_1 \leqslant s | N(t) = 1\right) &= \frac{P\left(W_1 \leqslant s, N(t) = 1\right)}{P\left(N(t) = 1\right)} \\ &= \frac{P\left(N(s) = 1, N(t) - N(s) = 0\right)}{P\left(N(t) = 1\right)} \\ &= \frac{\dfrac{(\lambda s)^1}{1!}\mathrm{e}^{-\lambda s}\dfrac{(\lambda(t-s))^0}{0!}\mathrm{e}^{-\lambda(t-s)}}{\dfrac{\lambda t}{1!}\mathrm{e}^{-\lambda t}} = \frac{s}{t}, \quad 0 < s \leqslant t,\end{aligned}$$

即分布函数为

$$F_{W_1|N(t)=1}(s) = \begin{cases} 0, & s < 0, \\ \dfrac{s}{t}, & 0 \leqslant s < t, \\ 1, & s \geqslant t, \end{cases}$$

概率密度为

$$f_{W_1|N(t)=1}(s) = \begin{cases} \dfrac{1}{t}, & 0 \leqslant s < t, \\ 0, & \text{其他}. \end{cases}$$

■

定理 3.3.3　设 $\{N(t), t \geqslant 0\}$ 是强度为 λ 的齐次泊松过程, $\{W_k, k=1,2,\cdots\}$ 为泊松过程相伴的随机质点过程, 那么, 已知在 $[0,t)$ 内随机事件已经发生 n 次的前提下, 第 $k(k < n)$ 次随机事件发生的时间 W_k 的条件概率密度为

$$f_{W_k|N(t)=n}(s) = \begin{cases} \dfrac{n!}{(k-1)!(n-k)!}\left(\dfrac{s^{k-1}}{t^k}\right)\left(1 - \dfrac{s}{t}\right)^{n-k}, & 0 < s < t, \\ 0, & \text{其他}. \end{cases}$$

证明　当 $k \leqslant n$ 时,

$$P(W_k \leqslant s\,|N(t) = n) = P(N(s) \geqslant k\,|N(t) = n) = \frac{P(N(s) \geqslant k, N(t) = n)}{P(N(t) = n)}$$

$$
\begin{aligned}
&=\begin{cases}0, & s<0,\\ \dfrac{\displaystyle\sum_{i=k}^{n}P(N(s)=i,N(t)=n)}{P(N(t)=n)}, & 0\leqslant s<t,\\ 1, & s\geqslant t\end{cases}\\
&=\begin{cases}0, & s<0,\\ \displaystyle\sum_{i=k}^{n}\mathrm{C}_n^i\left(\frac{s}{t}\right)^i\left(1-\frac{s}{t}\right)^{n-i}, & 0\leqslant s<t,\\ 1, & s\geqslant t\end{cases}\\
&=\begin{cases}0, & s<0,\\ \dfrac{n!}{(k-1)!(n-k)!}\displaystyle\int_0^{\frac{s}{t}}u^{k-1}(1-u)^{n-k}\mathrm{d}u, & 0\leqslant s<t,\\ 1, & s\geqslant t,\end{cases}
\end{aligned}
$$

$$
\begin{aligned}
f_{W_k|N(t)=n}(s)&=\frac{\mathrm{d}P(W_k\leqslant s\,|N(t)=n)}{\mathrm{d}s}\\
&=\begin{cases}\dfrac{n!}{(k-1)!(n-k)!}\left(\dfrac{s^{k-1}}{t^k}\right)\left(1-\dfrac{s}{t}\right)^{n-k}, & 0<s<t,\\ 0, & \text{其他}.\end{cases}
\end{aligned}
$$ ■

定理 3.3.4 设 $\{N(t),t\geqslant 0\}$ 是强度为 λ 的齐次泊松过程, $\{W_k,k=1,2,\cdots\}$ 为泊松过程相伴的随机质点过程, 已知在 $[0,t)$ 内某一随机事件发生 n 次, 则这 n 次随机事件发生的时间 $W_1,W_2,\cdots,W_n$, 满足 $W_1<W_2<W_3<\cdots<W_n$, 与相应于 n 个 $[0,t)$ 上均匀分布的独立随机变量的顺序统计量有相同的分布. 即在 $N(t)=n$ 的条件下, 随机事件发生的 n 个时刻 $(W(1),W(2),\cdots,W(n))$ 的联合概率密度为

$$
f_n(t_1,t_2,\cdots,t_n)=\begin{cases}\dfrac{n!}{t^n}, & 0<t_1<t_2<\cdots<t_n,\\ 0, & \text{其他}.\end{cases}\tag{3.24}
$$

证明 设 $0<t_1<t_2<\cdots<t_n<t_{n+1}=t$, 取 h_i 充分小使得 $t_i+h_i<t_{i+1},i=1,2,\cdots,n$,

$$
\begin{aligned}
&P(t_1<W(1)\leqslant t_1+h_1,t_2<W(2)\leqslant t_2+h_2,\cdots,\\
&t_n<W(n)\leqslant t_n+h_n|N(t)=n)\\
=&\frac{P(N(t_i+h_i)-N(t_i)=1,N(t_{i+1})-N(t_i+h_i)=0,1\leqslant i\leqslant n,N(t_1)=0)}{P\left(N(t)=n\right)}
\end{aligned}
$$

$$= \frac{e^{-\lambda h_1}\lambda h_1 \cdots e^{-\lambda h_n}\lambda h_n e^{-\lambda(t-h_n-h_{n-1}-\cdots-h_1)}}{e^{-\lambda t}(\lambda t)^n/n!}$$

$$= \frac{n!}{t^n}h_1h_2\cdots h_n.$$

因此

$$\frac{P\left(t_1<W(1)\leqslant t_1+h_1, t_2<W(2)\leqslant t_2+h_2,\cdots,t_n<W(n)\leqslant t_n+h_n|N(t)=n\right)}{h_1h_2\cdots h_n}$$

$$= \frac{n!}{t^n}.$$

令 $h_i \to 0$, 得到在已知 $N(t)=n$ 的条件下 $(W_1,W_2,\cdots,W_n)$ 的 n 维条件概率密度为

$$f_n(t_1,t_2,\cdots,t_n)=\begin{cases}\dfrac{n!}{t^n}, & 0<t_1<t_2<\cdots<t_n,\\ 0, & \text{其他}.\end{cases}$$ ■

例 3.3.2　设到达电影院的观众组成强度为 λ 的泊松流, 如果电影院在时刻 t 开演, 试计算在 $[0,t)$ 时段内到达电影院的观众等待时间总和的期望.

解　设 $[0,t)$ 到达电影院的观众为 $N(t)$, 那么, $N(t)\sim\pi(\lambda t)$. 在 $[0,t)$ 时段内到达电影院的第 i 个观众的时间为 $W(i)$, 所以, 在 $[0,t)$ 时段内到达电影院的观众等待时间总和为

$$Y(t)=\sum_{i=1}^{N(t)}(t-W(i)).$$

利用全期望公式, 可知

$$EY(t)=E\left[E\left(\sum_{i=1}^{N(t)}(t-W(i))\middle|N(t)\right)\right]$$

$$=\sum_{k=0}^{\infty}E\left(\sum_{i=1}^{N(t)}(t-W(i))\middle|N(t)=k\right)P(N(t)=k).$$

由定理 3.3.4 知, 在 $[0,t)$ 内某一随机事件发生 k 次的条件下, 这 k 次随机事件发生的时间 $W(1),W(2),\cdots,W(k)$, 满足 $W(1)<W(2)<\cdots<W(k)$, 与相应于 k 个 $[0,t)$ 上均匀分布的独立随机变量的顺序统计量有相同的分布. 所以

$$E(W(i)\,|N(t)=k)=\frac{t}{2},$$

$$EY(t)=\sum_{k=0}^{\infty}E\left(\sum_{i=1}^{N(t)}(t-W(i))\middle|N(t)=k\right)P(N(t)=k)$$

$$= \sum_{k=0}^{\infty} \left(kt - \frac{kt}{2}\right) P(N(t) = k)$$
$$= \sum_{k=0}^{\infty} \left(kt - \frac{kt}{2}\right) P(N(t) = k)$$
$$= \frac{t}{2} \sum_{k=0}^{\infty} kP(N(t) = k)$$
$$= \frac{1}{2}\lambda t^2.$$
■

3.4 泊松过程相伴的时间间隔过程

3.4.1 时间间隔过程的分布

设某一随机事件发生的次数是强度为 λ 的泊松过程, $N(t)$ 表示 $[0,t)$ 时段内随机事件发生的次数, 设 W_k 为随机事件第 k 次发生的时间, 令 $W_0 = 0$, $T_k = W_k - W_{k-1}, k = 1, 2, \cdots$, 那么, $\{W(k), k = 1, 2, \cdots\}$ 为泊松过程相伴的**随机质点过程**, $\{T(k), k = 1, 2, \cdots\}$ 为泊松过程相伴的**时间间隔过程**. 对于泊松过程, 其相伴的随机质点过程服从埃尔朗分布 $\Gamma(k, \lambda)$, 其相伴的时间间隔过程相互独立, 服从指数分布 $Z(\lambda)$.

定理 3.4.1 计数过程 $\{N(t), t \geqslant 0\}$ 为强度是 λ 的泊松过程的充要条件是, 其质点到达的时间间隔过程相互独立, 服从指数分布 $Z(\lambda)$.

定理 3.4.1 的证明参见文献 [3] 的定理 3.4.

通过定理 3.4.1 可以得出泊松过程、相伴的随机质点过程、相伴的时间间隔过程之间的关系, 同样利用相互独立同分布的指数分布可以模拟泊松过程.

3.4.2 时间间隔过程的分布与随机质点过程的分布

例 3.4.1 时间间隔过程 $\{T(n), n = 1, 2, \cdots\}$ 相互独立, 服从指数分布 $Z(\lambda)$. 试求随机质点过程中随机质点第 n 次发生的时间 W_n 的概率密度函数.

解 $W_n = W_n - W_{n-1} + W_{n-1} - W_{n-2} + \cdots + W_2 - W_1 + W_1 = \sum_{k=1}^{n} T(k)$, 那么, 随机事件第 n 次发生的时间 W_n 的特征函数为

$$\varphi_{W_n}(v) = \prod_{k=1}^{n} \varphi_{T(k)}(v) = \left(\int_0^{+\infty} \mathrm{e}^{\mathrm{i}vt} \lambda \mathrm{e}^{-\lambda t} \mathrm{d}t\right)^n = \left(\frac{\lambda}{\lambda - \mathrm{i}v}\right)^n.$$

随机变量 X 服从埃尔朗分布 $\Gamma(n, \lambda)$, 其概率密度为

$$f_X(t)=\begin{cases}\dfrac{\lambda(\lambda t)^{n-1}}{(n-1)!}\mathrm{e}^{-\lambda t}, & t\geqslant 0,\\ 0, & t<0,\end{cases}$$

所以, 相应的特征函数为

$$\varphi_X(v)=E(\mathrm{e}^{\mathrm{i}vX})=\int_0^{+\infty}\mathrm{e}^{\mathrm{i}vt}\frac{\lambda(\lambda t)^{n-1}}{(n-1)!}\mathrm{e}^{-\lambda t}\mathrm{d}t=\left(\frac{\lambda}{\lambda-\mathrm{i}v}\right)^n.$$

根据特征函数与分布一一对应的特点可知, 随机事件第 n 次发生的时间 W_n 服从埃尔朗分布 $\Gamma(n,\lambda)$, 其概率密度为

$$f_{W(n)}(t)=\begin{cases}\dfrac{\lambda(\lambda t)^{n-1}}{(n-1)!}\mathrm{e}^{-\lambda t}, & t\geqslant 0,\\ 0, & t<0.\end{cases}$$ ■

例 3.4.2 设 $\{N_1(t),t\geqslant 0\}$ 和 $\{N_2(t),t\geqslant 0\}$ 分布为强度是 λ_1, λ_2 的独立泊松过程. 试证明：泊松过程 $N_1(t)$ 的任意两个相邻事件之间的时间间隔内, 泊松过程 $N_2(t)$ 恰好有 k 个事件发生的概率为 $P_k=\dfrac{\lambda_1}{\lambda_1+\lambda_2}\cdot\left(\dfrac{\lambda_2}{\lambda_1+\lambda_2}\right)^k$, $k=0,1,2,\cdots$.

证明 设 $\{W_1(k),k=1,2,\cdots\}$ 为泊松过程 $N_1(t)$ 的相伴的随机质点过程, 那么, 泊松过程 $N_1(t)$ 的任意两个相邻事件之间的时间间隔内, 泊松过程 $N_2(t)$ 恰好有 k 个事件发生的概率为

$$P_k=P(N_2(W_1(m+1)-W_1(m))=k).$$

记 $T_{m+1}=W_1(m+1)-W_1(m)$, 利用全期望公式, 可知

$$\begin{aligned}P_k&=P(N_2(W_1(m+1)-W_1(m))=k)\\&=E(E(N_2(T_{m+1})=k|T_{m+1}))\\&=\int_{-\infty}^{+\infty}P(N_2(t)=k)\mathrm{d}F_{T_{m+1}}(t)\\&=\int_0^{\infty}P(N_2(t)=k)f_{T_{m+1}}(t)\mathrm{d}t\\&=\int_0^{\infty}\frac{(\lambda_2 t)^k}{k!}\mathrm{e}^{-\lambda_2 t}\cdot\lambda_1\mathrm{e}^{-\lambda_1 t}\mathrm{d}t\\&=\frac{\lambda_1\cdot\lambda_2^k}{k!}\int_0^{\infty}t^k\mathrm{e}^{-(\lambda_1+\lambda_2)t}\mathrm{d}t\\&=\frac{\lambda_1\cdot\lambda_2^k}{k!}\cdot\frac{1}{(\lambda_1+\lambda_2)^{k+1}}\int_0^{\infty}t^k\mathrm{e}^{-t}\mathrm{d}t\end{aligned}$$

$$= \frac{\lambda_1}{\lambda_1+\lambda_2} \cdot \left(\frac{\lambda_2}{\lambda_1+\lambda_2}\right)^k, \quad k=0,1,2,\cdots. \qquad \blacksquare$$

3.5 泊松过程的叠加和分解

3.5.1 泊松过程的叠加

定理 3.5.1 若 $\{N_k(t), t \geqslant 0\}\,(k=1,2,\cdots,n)$ 为 n 个相互独立, 其强度分别为 λ_k 的泊松过程, $N(t)=\sum\limits_{k=1}^{n} N_k(t)$ 为泊松过程的叠加, 那么,

$$\left\{N(t)=\sum_{k=1}^{n} N_k(t), t \geqslant 0\right\}$$

是强度为 $\lambda=\sum\limits_{k=1}^{n}\lambda_k$ 的泊松过程. 特别 $n=2$ 时, $\{N_1(t)+N_2(t), t \geqslant 0\}$ 为强度为 $\lambda_1+\lambda_2$ 的泊松过程.

证明 仅以 $n=2$ 时来进行证明, 当 $n>3$ 时, 将其转化为合并后的新泊松过程的两项之和, 利用数学归纳法来证明. 记 $N(t)=N_1(t)+N_2(t)$, 那么,

(1) $N(0)=N_1(0)+N_2(0)=0$.

(2) $N(t)=N_1(t)+N_2(t)$ 是独立增量过程.

(3) 对 $t_2-t_1 \geqslant 0$, $N(t_2)-N(t_1)=N_1(t_2)-N_1(t_1)+N_2(t_2)-N_2(t_1)$, 增量 $N_1(t_2)-N_1(t_1)$, $N_2(t_2)-N_2(t_1)$ 相互独立, 且

$$\begin{aligned}
\varphi_{N_1(t_2)-N_1(t_1)}(v) &= \mathrm{e}^{\lambda_1(t_2-t_1)(\mathrm{e}^{\mathrm{i}v}-1)}, \\
\varphi_{N_2(t_2)-N_2(t_1)}(v) &= \mathrm{e}^{\lambda_2(t_2-t_1)(\mathrm{e}^{\mathrm{i}v}-1)}, \\
\varphi_{N(t_2)-N(t_1)}(v) &= \varphi_{N_1(t_2)-N_1(t_1)}(v) \cdot \varphi_{N_2(t_2)-N_1(t_1)}(v) \\
&= \mathrm{e}^{\lambda_1(t_2-t_1)(\mathrm{e}^{\mathrm{i}v}-1)} \cdot \mathrm{e}^{\lambda_2(t_2-t_1)(\mathrm{e}^{\mathrm{i}v}-1)} \\
&= \mathrm{e}^{(\lambda_1+\lambda_2)(t_2-t_1)(\mathrm{e}^{\mathrm{i}v}-1)}.
\end{aligned}$$

根据特征函数的特点, 可知 $N(t_2)-N(t_1)$ 服从参数为 $(\lambda_1+\lambda_2)(t_2-t_1)$ 的泊松分布, 故 $N(t)=N_1(t)+N_2(t)$ 是强度为 $\lambda_1+\lambda_2$ 的泊松过程.

上面是利用特征函数与分布一一对应的性质来证明的, 还可以利用全概率来证明:

$$P(N(t)=k)=\sum_{m=0}^{k} P(N_1(t)=m, N_2(t)=k-m)$$

$$= \sum_{m=0}^{k} \frac{(\lambda_1 t)^m}{m!} \mathrm{e}^{-\lambda_1 t} \frac{(\lambda_2 t)^{k-m}}{(k-m)!} \mathrm{e}^{-\lambda_2 t}$$

$$= \frac{\mathrm{e}^{-(\lambda_1+\lambda_2)t}}{k!} \sum_{m=0}^{k} \frac{k!}{m(k-m)!} (\lambda_1 t)^m (\lambda_2 t)^{k-m}$$

$$= \frac{\mathrm{e}^{-(\lambda_1+\lambda_2)t}}{k!} ((\lambda_1+\lambda_2)t)^k, \quad k = 0,1,2,\cdots.$$

所以, 泊松过程的叠加 $N(t) = \sum\limits_{k=1}^{n} N_k(t)$ 仍为泊松过程, 其强度为 $\lambda = \sum\limits_{k=1}^{n} \lambda_k$. ■

例 3.5.1　有红、绿、蓝三种颜色的汽车, 分别以强度为 $\lambda_1, \lambda_2, \lambda_3$ 的泊松过程到达某哨卡, 设它们是相互独立的, 把汽车流合并成单个输出过程 (假设汽车没有长度, 没有延时). 试求:

(1) 两辆汽车之间的时间间隔的概率密度函数;

(2) 在 t_0 时刻观察到一辆红色汽车, 下一辆汽车将是红的概率;

(3) 在 t_0 时刻观察到一辆红色汽车, 下三辆汽车还是红的, 然后又是一辆非红色汽车将到达的概率.

解　可将汽车视为质点, 记 $N_1(t)$, $N_2(t)$, $N_3(t)$ 及 $N(t)$ 分别表红、绿、蓝三色车流及单个随机过程, $N^*(t) = N_2(t) + N_3(t)$ 为非红车流的随机过程, 则

$$N_i(t) \sim \pi(\lambda_i t),\ i = 1,2,3, \quad N_2(t) + N_3(t) \sim \pi((\lambda_2+\lambda_3)t),$$

$$N(t) = \sum_{i=1}^{3} N_i(t) \sim \pi((\lambda_1+\lambda_2+\lambda_3)t).$$

(1) 两车之间的时间间隔即强度为 $\lambda = \lambda_1 + \lambda_2 + \lambda_3$ 的泊松过程的质点流的到达时间间隔, 所以, 时间间隔 $\{T_n, n = 1,2,\cdots\}$ 相互独立, 服从参数为 λ 的指数分布, 即

$$f(t) = \begin{cases} \lambda \mathrm{e}^{-\lambda t}, & t > 0, \\ 0, & t \leqslant 0. \end{cases}$$

(2) 记 $T_n^1, \bar{T}_n$ 分别为红车及非红车到达的时间间隔, 以 t_0 作为起点, 已知在 $(t_0, t_0+\Delta)$ 时间内到来一辆车, 这一辆车是红车的概率为

$$P(t_0 \text{ 时刻观察到一辆红色汽车, 下一辆汽车将是红车})$$

$$= P(T_n^1 < \bar{T}_n) = \iint\limits_{t<s} \lambda_1 \mathrm{e}^{-\lambda_1 t} (\lambda_2+\lambda_3) \mathrm{e}^{-(\lambda_2+\lambda_3)s} \mathrm{d}t\mathrm{d}s$$

$$= \int_0^{\infty} \left(\int_t^{\infty} \lambda_1 \mathrm{e}^{-\lambda_1 t} (\lambda_2+\lambda_3) \mathrm{e}^{-(\lambda_2+\lambda_3)s} \mathrm{d}s \right) \mathrm{d}t$$

$$= \int_0^\infty \lambda_1 \mathrm{e}^{-(\lambda_1+\lambda_2+\lambda_3)t}\mathrm{d}t = \frac{\lambda_1}{\lambda}.$$

另一方法,

$$\begin{aligned}
&P(t_0 \text{ 时刻观察到一辆红色汽车, 下一辆汽车将是红车})\\
&= P(N_1(t_0,t_0+\Delta)=1, N_2(t_0,t_0+\Delta)=0, N_3(t_0,t_0+\Delta)=0 \,|\, N(t_0,t_0+\Delta)=1)\\
&= \frac{\lambda_1\Delta \mathrm{e}^{-\lambda_1\Delta}\cdot \mathrm{e}^{-\lambda_2\Delta}\cdot \mathrm{e}^{-\lambda_3\Delta}}{\lambda\Delta \mathrm{e}^{-\lambda\Delta}} = \frac{\lambda_1}{\lambda}.
\end{aligned}$$

(3) 在 t_0 时刻观察到一辆红色汽车, 下三辆汽车还是红的, 然后又是一辆非红色汽车将到达, 等价于, 以 t_0 作为起点, 已知在 (t_0,t) 时间内到来四辆车, 其中在 (t_0,t_1) 到达的是三辆红车, 在 (t_1,t) 到达的是一辆非红色的车, 其中 $t_0 < t_1 < t$. 所以,

$$\begin{aligned}
&P(t_0 \text{ 时刻观察到一辆红色汽车, 下三辆还是红的, 然后又是一辆非红色})\\
&= P(N_1(t_0,t_1)=3, N^*(t_0,t_1)=0, N_1(t_1,t)=0,\\
&\quad N^*(t_1,t)=1 | N(t_0,t_1)=3, N(t_1,t)=1)\\
&= P(N_1(t_0,t_1)=3, N_2(t_0,t_1)=0, N_3(t_0,t_1)=0, N_1(t_1,t)=0,\\
&\quad N_2(t_1,t)=0, N_3(t_1,t)=1 | N(t_0,t_1)=3, N(t_1,t)=1)\\
&\quad + P(N_1(t_0,t_1)=3, N_2(t_0,t_1)=0, N_3(t_0,t_1)=0, N_1(t_1,t)=0,\\
&\quad N_2(t_1,t)=1, N_3(t_1,t)=0 | N(t_0,t_1)=3, N(t_1,t)=1)\\
&= \left\{\frac{[\lambda_1(t_1-t_0)]^3}{3!}\mathrm{e}^{-\lambda_1(t_1-t_0)}\cdot \mathrm{e}^{-\lambda_2(t_1-t_0)}\cdot \mathrm{e}^{-\lambda_3(t_1-t_0)}\mathrm{e}^{-\lambda_1(t-t_1)}\right.\\
&\quad \left.\cdot\lambda_2(t-t_1)\mathrm{e}^{-\lambda_2(t-t_1)}\cdot \mathrm{e}^{-\lambda_3(t-t_1)}\right\}\bigg/\left\{\frac{[\lambda(t_1-t_0)]^3}{3!}\mathrm{e}^{-\lambda(t_1-t_0)}\cdot\lambda(t-t_1)\mathrm{e}^{-\lambda(t-t_1)}\right\}\\
&\quad + \left\{\frac{[\lambda_1(t_1-t_0)]^3}{3!}\mathrm{e}^{-\lambda_1(t_1-t_0)}\cdot \mathrm{e}^{-\lambda_2(t_1-t_0)}\cdot \mathrm{e}^{-\lambda_3(t_1-t_0)}\mathrm{e}^{-\lambda_1(t-t_1)}\cdot \mathrm{e}^{-\lambda_2(t-t_1)}\right.\\
&\quad \left.\cdot\lambda_3(t-t_1)\mathrm{e}^{-\lambda_3(t-t_1)}\right\}\bigg/\left\{\frac{[\lambda(t_1-t_0)]^3}{3!}\mathrm{e}^{-\lambda(t_1-t_0)}\cdot\lambda(t-t_1)\mathrm{e}^{-\lambda(t-t_1)}\right\}\\
&= \frac{\dfrac{[\lambda_1(t_1-t_0)]^3}{3!}\lambda_2(t-t_1)\mathrm{e}^{-\lambda(t-t_0)} + \dfrac{[\lambda_1(t_1-t_0)]^3}{3!}\lambda_3(t-t_1)\mathrm{e}^{-\lambda(t-t_0)}}{\dfrac{[\lambda(t_1-t_0)]^3}{3!}\mathrm{e}^{-\lambda(t_1-t_0)}\cdot\lambda(t-t_1)\mathrm{e}^{-\lambda(t-t_1)}}\\
&= \frac{\dfrac{[\lambda_1(t_1-t_0)]^3}{3!}(\lambda_2+\lambda_3)(t-t_1)\mathrm{e}^{-\lambda(t_1-t_0)}\cdot \mathrm{e}^{-\lambda(t-t_1)}}{\dfrac{[\lambda(t_1-t_0)]^3}{3!}\mathrm{e}^{-\lambda(t_1-t_0)}\cdot\lambda(t-t_1)\mathrm{e}^{-\lambda(t-t_1)}}
\end{aligned}$$

$$=\left(\frac{\lambda_1}{\lambda}\right)^3\cdot\frac{\lambda_2+\lambda_3}{\lambda}.$$ ■

所谓泊松过程的叠加, 首先要求 $\{N_k(t),t\geqslant 0\}\,(k=1,2,\cdots,n)$ 为 n 个相互独立的泊松过程, 其和 $N(t)=\sum\limits_{k=1}^{n}N_k(t)$ 才是泊松过程的叠加, 而且是泊松过程. 例如, $N_1(t)-N_2(t)$, $2N_1(t)+3N_2(t)$, $2N_1(t)+3N_2(t)-N_3(t)$ 等, 都不是泊松过程的叠加, 也不是泊松过程.

例 3.5.2 $\{N_1(t),t\geqslant 0\}$ 为强度是 λ_1 的泊松过程, $\{N_2(t),t\geqslant 0\}$ 为强度是 λ_2 的泊松过程. $\{N_1(t),t\geqslant 0\}$ 和 $\{N_2(t),t\geqslant 0\}$ 相互独立. 记 $Y(t)=2N_1(t)+3N_2(t)$. 试求:

(1) $P(Y(t)=k)$;

(2) 自相关函数 $R_Y(t_1,t_2)$;

(3) 特征函数 $\varphi_{Y(t)}(v)$, 并说明 $\{Y(t),t\geqslant 0\}$ 不是泊松过程.

解 (1)
$$\begin{aligned}&P(Y(t)=k)\\&=P(2N_1(t)+3N_2(t)=k)\\&=\sum_{m=0}^{+\infty}P(2N_1(t)=m)P(3N_2(t)=k-m)\\&=\begin{cases}\displaystyle\sum_{m=0}^{+\infty}\frac{2(\lambda_1t)^{\frac{m}{2}}}{m!}\mathrm{e}^{-\lambda_1t}\frac{6(\lambda_2t)^{\frac{k-m}{3}}}{(k-m)!}\mathrm{e}^{-\lambda_2t}, & m=2n,k=3s+m,\\ & n=0,1,2,\cdots,\\ & s=0,1,2,\cdots,\\ 0, & \text{其他}.\end{cases}\end{aligned}$$

(2)
$$\begin{aligned}R_Y(t_1,t_2)&=E[Y(t_1)Y(t_2)]=E[(2N_1(t_1)+3N_2(t_1))(2N_1(t_2)+3N_2(t_2))]\\&=4R_{N_1}(t_1,t_2)+6E[N_1(t_1)]E[N_2(t_2)]+6E[N_1(t_2)]E[N_2(t_1)]+9R_{N_2}(t_1,t_2)\\&=4\lambda_1\min(t_1,t_2)+4\lambda_1^2t_1t_2+12\lambda_1\lambda_2t_1t_2+9\lambda_2\min(t_1,t_2)+9\lambda_2^2t_1t_2.\end{aligned}$$

(3)
$$\begin{aligned}\varphi_{Y(t)}(v)&=E(\mathrm{e}^{\mathrm{i}vY(t)})=E(\mathrm{e}^{\mathrm{i}v[2N_1(t)+3N_2(t)]})\\&=E(\mathrm{e}^{\mathrm{i}v[2N_1(t)]})E(\mathrm{e}^{\mathrm{i}v[3N_2(t)]})=\varphi_{N_1(t)}(2v)\varphi_{N_2(t)}(3v),\end{aligned}$$

$\{N_1(t),t\geqslant 0\}$ 为强度是 λ_1 的泊松过程, 其特征函数为 $\varphi_{N_1(t)}(v)=\mathrm{e}^{\lambda_1t(\mathrm{e}^{\mathrm{i}v}-1)}$, 所以,

$$\begin{aligned}\varphi_{Y(t)}(v)&=\mathrm{e}^{\lambda_1t(\mathrm{e}^{\mathrm{i}2v}-1)}\mathrm{e}^{\lambda_2t(\mathrm{e}^{\mathrm{i}3v}-1)}\\&=\exp\left[(\lambda_1+\lambda_2)t\left(\frac{\lambda_1}{\lambda_1+\lambda_2}\mathrm{e}^{\mathrm{i}2v}+\frac{\lambda_2}{\lambda_1+\lambda_2}\mathrm{e}^{\mathrm{i}3v}-1\right)\right].\end{aligned}$$

根据特征函数与分布函数一一对应的特点，可知 $Y(t)$ 不服从泊松分布，所以，$\{Y(t), t \geqslant 0\}$ 不是泊松过程. ■

3.5.2 泊松过程的分解

定理 3.5.2 若 $\{N(t), t \geqslant 0\}$ 为强度是 λ 的泊松过程, $N_1(t)$ 为进入子系统 A 的质点数, $N_2(t)$ 为进入子系统 B 的质点数, 质点相互独立进入子系统, 进入子系统 A 的概率为 p, 进入子系统 B 的概率为 $q = 1 - p$, 这称为**泊松过程的分解**. 那么, $\{N_1(t), t \geqslant 0\}$ 为强度是 λp 的泊松过程, $\{N_2(t), t \geqslant 0\}$ 为强度是 λq 的泊松过程. $\{N_1(t), t \geqslant 0\}$ 和 $\{N_2(t), t \geqslant 0\}$ 相互独立.

证明 显然 $N(t) = N_1(t) + N_2(t)$, 那么,

(1) $N(0) = N_1(0) + N_2(0) = 0$, 可得 $N_1(0) = 0$, $N_2(0) = 0$;

(2) 对 $t_2 - t_1 \geqslant 0$, 根据全概率公式知

$$
\begin{aligned}
&P(N_1(t_2) - N_1(t_1) = k_1) \\
=& \sum_{m=0}^{+\infty} P(N_1(t_2) - N_1(t_1) = k_1 | N(t_2) - N(t_1) = m) P(N(t_2) - N(t_1) = m) \\
=& \sum_{m=k_1}^{+\infty} P(N_1(t_2) - N_1(t_1) = k_1 | N(t_2) - N(t_1) = m) P(N(t_2) - N(t_1) = m) \\
=& \sum_{m=k_1}^{+\infty} \mathrm{C}_m^{k_1} p^{k_1} (1-p)^{m-k_1} \frac{(\lambda(t_2 - t_1))^m}{m!} \mathrm{e}^{-\lambda(t_2 - t_1)} \\
=& (\lambda(t_2 - t_1))^{k_1} p^{k_1} \mathrm{e}^{-\lambda(t_2 - t_1)} \sum_{m=k_1}^{+\infty} \frac{m!}{(k_1)!(m-k_1)!} (1-p)^{m-k_1} \frac{(\lambda(t_2 - t_1))^{m-k_1}}{m!} \\
=& \frac{(\lambda p(t_2 - t_1))^{k_1} \mathrm{e}^{-\lambda(t_2 - t_1)}}{(k_1)!} \sum_{i=0}^{+\infty} \frac{(\lambda(1-p)(t_2 - t_1))^i}{i!} \\
=& \frac{(\lambda p(t_2 - t_1))^{k_1} \mathrm{e}^{-\lambda p(t_2 - t_1)}}{(k_1)!}, \quad k = 0, 1, 2, \cdots.
\end{aligned}
$$

同理可知

$$
P(N_2(t_2) - N_2(t_1) = k_2) = \frac{(\lambda q(t_2 - t_1))^{k_2} \mathrm{e}^{-\lambda q(t_2 - t_1)}}{(k_2)!}, \quad k_2 = 0, 1, 2, \cdots.
$$

所以, $N_1(t_2) - N_1(t_1)$ 服从强度为 $\lambda p(t_2 - t_1)$ 的泊松分布, $N_2(t_2) - N_2(t_1)$ 服从强度为 $\lambda q(t_2 - t_1)$ 的泊松分布.

(3) 对 $t_2 - t_1 \geqslant 0$, 根据乘法公式知

$$
P(N_1(t_2) - N_1(t_1) = k_1, N_2(t_2) - N_2(t_1) = k_2)
$$

$$
\begin{aligned}
&= P(N_1(t_2)-N_1(t_1)=k_1, N(t_2)-N(t_1)=k_1+k_2)\\
&= P(N_1(t_2)-N_1(t_1)=k_1|N(t_2)-N(t_1)=k_1+k_2)P(N(t_2)-N(t_1)=k_1+k_2)\\
&= \mathrm{C}_{k_1+k_2}^{k_1}p^{k_1}(1-p)^{k_2}\frac{(\lambda(t_2-t_1))^{k_1+k_2}}{(k_1+k_2)!}\mathrm{e}^{-\lambda(t_2-t_1)}\\
&= \frac{(\lambda p(t_2-t_1))^{k_1}\mathrm{e}^{-\lambda p(t_2-t_1)}}{(k_1)!}\frac{(\lambda q(t_2-t_1))^{k_2}\mathrm{e}^{-\lambda q(t_2-t_1)}}{(k_2)!},\\
&= P(N_1(t_2)-N_1(t_1)=k_1)P(N_2(t_2)-N_2(t_1)=k_2),\\
&\quad k_1=0,1,2,\cdots,\quad k_2=0,1,2,\cdots,
\end{aligned}
$$

所以, $\{N_1(t),t\geqslant 0\}$ 和 $\{N_2(t),t\geqslant 0\}$ 相互独立. 此处对于 $\{N_1(t),t\geqslant 0\}$ 和 $\{N_2(t),t\geqslant 0\}$ 相互独立的证明并不严格, 严格的证明见参考文献 [3].

(4) $N(t)=N_1(t)+N_2(t)$ 是独立增量过程. 又因为 $\{N_1(t),t\geqslant 0\}$ 和 $\{N_2(t),t\geqslant 0\}$ 相互独立, 所以, $\{N_1(t),t\geqslant 0\}$ 是独立增量过程, $\{N_2(t),t\geqslant 0\}$ 是独立增量过程.

根据 (1) 至 (4), 定理得到了证明. ■

推论 3.5.1 进入系统 L 的质点数 $\{N(t),t\geqslant 0\}$ 是强度为 λ 的泊松过程, 进入 L 的质点分别以概率 $p_k\left(\sum_{k=1}^{n}p_k=1,k=1,2,\cdots,n\right)$ 进入子系统 A_k, 则进入 A_k 的质点数 $\{N_k(t),t\geqslant 0\}$ 是强度为 λp_k 的泊松分布, 而且相互独立.

例 3.5.3 一书亭用邮寄方式销售订阅杂志, 订阅的顾客数是强度为 6 的一个泊松过程, 每位顾客订阅 1 年、2 年、3 年的概率分别为 $\frac{1}{2},\frac{1}{3},\frac{1}{6}$, 彼此如何订阅是相互独立的, 每订阅一年, 店主即获利 5 元, 设 $Y(t)$ 为 $[0,t)$ 时段内, 店主从订阅中所获得总收入. 试求:

(1) 在 $[0,t)$ 时段内总收入的平均收入 $E[Y(t)]$;

(2) $D[Y(t)]$.

解 设 $\{N(t),t\geqslant 0\}$ 为 $[0,t)$ 时段订阅杂志的顾客数, $\{N_j(t),t\geqslant 0\},j=1,2,3$ 为 $[0,t)$ 内订阅 j 年的顾客数, 由泊松过程的分解知

$$N(t)=N_1(t)+N_2(t)+N_3(t),$$

$$N(t)\sim\pi(6t),\quad N_1(t)\sim\pi(3t),\quad N_2(t)\sim\pi(2t),\quad N_3(t)\sim\pi(t).$$

$\{N(t),t\geqslant 0\}$ 为泊松过程, $\{N_j(t),t\geqslant 0\},j=1,2,3$ 均为泊松过程. 记 $Y(t)$ 为 $[0,t)$ 内店主的总收入, 则

$$\begin{aligned}
Y(t) &= 5N_1(t) + 10N_2(t) + 15N_3(t), \\
EY(t) &= 5EN_1(t) + 10EN_2(t) + 15EN_3(t) \\
&= 5 \times 3t + 10 \times 2t + 15t = 50t, \\
DY(t) &= 25DN_1(t) + 100DN_2(t) + 225DN_3(t) \\
&= 25 \times 3t + 100 \times 2t + 225t = 500t.
\end{aligned}$$

■

3.6 复合泊松过程

3.6.1 复合泊松过程的定义

定义 3.6.1 设 $\{N(t), t \geqslant 0\}$ 是一强度为 λ 的泊松过程, $\{X(n), n = 1, 2, \cdots\}$ 是独立同分布的随机变量序列, 且 $N(t)$ 与 $X(n)$ 相互独立, 规定 $X(0) = 0$. 若令

$$Y(t) = \sum_{n=0}^{N(t)} X(n) \quad (t \geqslant 0),$$

则称 $\{Y(t), t \geqslant 0\}$ 是**复合泊松过程**, 它是由 $\{N(t), t \geqslant 0\}$ 及 $\{X(n), n = 1, 2, \cdots\}$ 复合而成的随机过程.

性质 3.6.1 $\{Y(t), t \geqslant 0\}$ 是由强度为 λ 的泊松过程 $\{N(t), t \geqslant 0\}$, 与独立同分布随机变量序列 $\{X(n), n = 1, 2, \cdots\}$ 复合而成的复合泊松过程, 那么,

(1) $\{Y(t), t \geqslant 0\}$ 是一独立增量过程, 即对任意的正整数 n, 任意的非负实数 $0 \leqslant t_0 < t_1 < \cdots < t_n$, 增量 $Y(t_1) - Y(t_0), Y(t_2) - Y(t_1), \cdots, Y(t_n) - Y(t_{n-1})$ 相互独立.

(2) 分布齐次性：增量的分布只与时间间隔有关, 而与时间起点无关. 即对任意的 $s > t \geqslant 0$ 及 $\Delta t > 0$, 增量 $Y(t, s) = Y(s) - Y(t)$ 与增量 $Y(t + \Delta t, s + \Delta t) = Y(s + \Delta t) - Y(t + \Delta t)$ 具有相同的分布函数;

(3) $\{Y(t), t \geqslant 0\}$ 的特征函数为

$$\varphi_{Y(t)}(v) = \mathrm{e}^{\lambda t[\varphi_{X(n)}(v) - 1]}.$$

(4) 若 $E|X(n)| < +\infty$, 则 $\{Y(t), t \geqslant 0\}$ 的均值函数为

$$M_Y(t) = \lambda t E[X(n)].$$

(5) 若 $E|X^2(n)| < +\infty$, 则 $\{Y(t), t \geqslant 0\}$ 的方差函数为

$$D_Y(t) = \lambda t E[X^2(n)].$$

证明　(1) 和 (2) 显然成立. 下面证明 (3) 至 (5).

$$\begin{aligned}
\varphi_{Y(t)}(v) = E[\mathrm{e}^{\mathrm{i}vY(t)}] &= E\left[\mathrm{e}^{\mathrm{i}v\sum\limits_{n=0}^{N(t)}X(n)}\right] \\
&= \sum_{k=0}^{\infty} E\left[\mathrm{e}^{\mathrm{i}v\sum\limits_{n=0}^{N(t)}X(n)}\middle| N(t)=k\right]\cdot P(N(t)=k) \\
&= \sum_{k=0}^{\infty} E\left[\mathrm{e}^{\mathrm{i}v\sum\limits_{n=0}^{k}X(n)}\right]P(N(t)=k) \\
&= \sum_{k=0}^{\infty}\prod_{n=0}^{k} E[\mathrm{e}^{\mathrm{i}vX(n)}]\cdot P(N(t)=k) \\
&= \sum_{k=0}^{\infty}[\varphi_{X(n)}(v)]^k\frac{(\lambda t)^k}{k!}\mathrm{e}^{-\lambda t} \\
&= \mathrm{e}^{-\lambda t}\sum_{k=0}^{\infty}\frac{[\lambda t\varphi_{X(n)}(v)]^k}{k!} \\
&= \mathrm{e}^{\lambda t[\varphi_{X(n)}(v)-1]}.
\end{aligned}$$

根据 $E(X^k) = (-\mathrm{i})^k\varphi_X^{(k)}(v)|_{v=0} = (-\mathrm{i})^k\varphi_X^{(k)}(0)$, 所以,

$$E(Y(t)) = (-\mathrm{i})\left.\frac{\partial\varphi_{Y(t)}(v)}{\partial v}\right|_{v=0},$$

其中 $\left.\dfrac{\partial\varphi_{Y(t)}(v)}{\partial v}\right|_{v=0} = [\lambda t\varphi'_{X(n)}(v)\cdot\mathrm{e}^{\lambda t[\varphi_{X(n)}(v)-1]}]\,|_{v=0}$.

由于 $\varphi_{X(n)}(0)=1$, $E(X(n)) = (-\mathrm{i})\varphi'_{X(n)}(0)$, 所以

$$E(Y(t)) = \lambda tE[X(n)],$$

$$\begin{aligned}
\left.\frac{\partial^2\varphi_{Y(t)}(v)}{\partial v^2}\right|_{v=0} &= \left.\left(\frac{\partial}{\partial v}(\lambda t\varphi'_{X(n)}(v)\cdot\mathrm{e}^{\lambda t[\varphi_{X(n)}(v)-1]})\right)\right|_{v=0} \\
&= [(\lambda t\varphi'_{X(n)}(v))^2\mathrm{e}^{\lambda t[\varphi_{X(n)}(v)-1]} + \lambda t\varphi''_{X(n)}(v)]\,|_{v=0} \\
&= (\lambda t\varphi'_{X(n)}(0))^2\mathrm{e}^{\lambda t[\varphi_{X(n)}(0)-1]} + \lambda t\varphi''_{X(n)}(0).
\end{aligned}$$

$$E(Y^2(t)) = (-\mathrm{i})^2\left.\frac{\partial^2\varphi_{Y(t)}(v)}{\partial v^2}\right|_{v=0} = (-\lambda t\mathrm{i}\varphi'_{X(n)}(0))^2 + (-\mathrm{i})^2\lambda t\varphi''_{X(n)}(0).$$

由于 $DY(t) = E(Y^2(t)) - [EY(t)]^2$, $E(X^2(n)) = (-\mathrm{i})^2\varphi''_{X(n)}(0)$, 所以

$$DY(t) = (-\lambda t\mathrm{i}\varphi'_{X(n)}(0))^2 + (-\mathrm{i})^2\lambda t\varphi''_{X(n)}(0) - (\lambda tE[X(n)])^2$$

$$= \lambda t E(X^2(n)).$$ ■

例 3.6.1 保险公司保险金储备问题. 假设某保险公司的人寿保险者在 T 时刻死亡, 因投保者在何时死亡, 预先是不得而知的, 死亡时刻 T 是随机变量. 如果投保者在 s 时刻死亡, 投保者的家属持保险单可索取保险金 ξ, ξ 是随机变量, 服从参数为 α_1 的指数分布. 设 $\xi(0)=0$, 而且 $\{\xi(n), n=1,2,\cdots\}$ 是独立随机变量序列, 分布与获得的保险金 ξ 的分布相同. 令 $N(t)$ 表示在 $[0,t)$ 内死亡的人数, 则 $\{N(t), t \geqslant 0\}$ 是一强度为 λ 的泊松过程, 故此保险公司在 $[0,t)$ 时间内应该准备支付的保险金总额为 $Y(t)=\sum_{n=0}^{N(t)} \xi(n)$, 试求在 $[0,t)$ 时段内保险公司平均支付的赔偿费.

解 $Y(t)=\sum_{n=0}^{N(t)} \xi(n)$ 是一个复合泊松过程, 服从参数为 α 的指数分布, 其概率密度如下:

$$f(x)=\begin{cases} \alpha \mathrm{e}^{-\alpha x}, & x \geqslant 0, \\ 0, & x<0, \end{cases}$$ ■

所以 $E(Y(t))=\lambda t E(\xi(n))=\dfrac{\lambda t}{\alpha}$.

在上述例子中, 假定投保者在 s 时刻生存, 那么投保者需缴纳保险费 η, η 是随机变量, 服从某一种分布. 设 $\eta(0)=0$, 而且 $\{\eta(n), n=1,2,\cdots\}$ 是独立随机变量序列, 分布与缴纳保险费 η 的分布相同. 令 $N^*(t)$ 表示在 $[0,t)$ 内生存的人数, 则 $\{N^*(t), t \geqslant 0\}$ 是一强度为 λ^* 的泊松过程, 故此保险公司在 $[0,t)$ 时段内保险公司平均收到的保险费为 $Z(t)=\sum_{n=0}^{N(t)} \eta(n)$, 根据 $\{Y(t), t \geqslant 0\}$ 和 $\{Z(t), t \geqslant 0\}$, 就可以讨论保险公司保险金储备问题, 以及保险公司是否面临破产的问题. 综上可知, 复合泊松过程是保险精算中的理论基石.

3.6.2 典型例子

定理 3.6.1 设 $\{N(t), t \geqslant 0\}$ 是一强度为 λ 的泊松过程, $\{X(n), n=1,2,\cdots\}$ 是独立同分布 $B(1,p)$ 的随机变量序列, 即 $P(X(n)=1)=p$, $P(X(n)=0)=1-p$, 且 $N(t)$ 与 $X(n)$ 相互独立, 规定 $X(0)=0$. 若令 $Y(t)=\sum_{n=0}^{N(t)} X(n), t \geqslant 0$, 则 $\{Y(t), t \geqslant 0\}$ 是强度为 λp 的泊松过程.

证明 因为 $P(X(n)=1)=p$, $P(X(n)=0)=1-p=q$, 所以,

$$\varphi_{X(n)}(v)=E[\mathrm{e}^{\mathrm{i}X(n)v}]=p\mathrm{e}^{\mathrm{i}v}+1-p.$$

所以, $\{Y(t), t \geqslant 0\}$ 的特征函数为

$$\varphi_{Y(t)}(v) = \mathrm{e}^{\lambda t[\varphi_{X(n)}(v)-1]} = \mathrm{e}^{\lambda pt\left(\mathrm{e}^{\mathrm{i}v}-1\right)}.$$

根据特征函数与分布一一对应的特点, 知 $Y(t)$ 服从强度为 λp 的泊松分布, 又由于 $\{Y(t), t \geqslant 0\}$ 是一独立增量过程, 而且分布齐次性, $Y(0) = 0$, 所以, $\{Y(t), t \geqslant 0\}$ 是强度为 λp 的泊松过程. ■

根据定理 3.6.1, 也能证明泊松过程的分解仍是泊松过程.

定理 3.6.2 若 $\{N(t), t \geqslant 0\}$ 是强度为 λ 的泊松过程, $N_1(t)$ 为进入子系统 A 的质点数, $N_2(t)$ 为进入子系统 B 的质点数, 质点相互独立进入子系统, 进入子系统 A 的概率为 p, 进入子系统 B 的概率为 $q = 1 - p$, 这称为泊松过程的分解. 那么, $\{N_1(t), t \geqslant 0\}$ 为强度是 λp 的泊松过程, $\{N_2(t), t \geqslant 0\}$ 为强度是 λq 的泊松过程.

证明 记 $X(n) = \begin{cases} 1, & \text{第 } i \text{ 个质点进入 } A \text{ 系统}, \\ 0, & \text{第 } i \text{ 个质点不进入 } A \text{ 系统}, \end{cases}$ 规定 $X(0) = 0$, 则 $[0, t)$ 时段内进入子系统 A 的质点数为

$$N_1(t) = \sum_{n=0}^{N(t)} X(n) \quad (t \geqslant 0).$$

记 $Y(n) = \begin{cases} 1, & \text{第 } i \text{ 个质点进入 } B \text{ 系统}, \\ 0, & \text{第 } i \text{ 个质点不进入 } B \text{ 系统}, \end{cases}$ 规定 $Y(0) = 0$, 则 $[0, t)$ 时段内进入子系统 B 的质点数为

$$N_2(t) = \sum_{n=0}^{N(t)} Y(n) \quad (t \geqslant 0).$$

根据定理 3.6.1 知, $\{N_1(t), t \geqslant 0\}$ 为强度是 λp 的泊松过程, $\{N_2(t), t \geqslant 0\}$ 为强度是 λq 的泊松过程. ■

例 3.6.2 $\{N_1(t), t \geqslant 0\}$ 为强度是 λ_1 的泊松过程, $\{N_2(t), t \geqslant 0\}$ 为强度是 λ_2 的泊松过程. $\{N_1(t), t \geqslant 0\}$ 和 $\{N_2(t), t \geqslant 0\}$ 相互独立, 记 $Y(t) = N_1(t) - N_2(t)$. 证明 $\{Y(t), t \geqslant 0\}$ 是一个复合泊松过程.

解
$$\begin{aligned} \varphi_{Y(t)}(v) &= E(\mathrm{e}^{\mathrm{i}vY(t)}) = E(\mathrm{e}^{\mathrm{i}v[N_1(t)-N_2(t)]}) \\ &= E(\mathrm{e}^{\mathrm{i}v[N_1(t)]})E(\mathrm{e}^{\mathrm{i}v[-N_2(t)]}) = \varphi_{N_1(t)}(v)\varphi_{N_2(t)}(-v). \end{aligned}$$

由于 $\{N_1(t), t \geqslant 0\}$ 为强度是 λ_1 的泊松过程, 其特征函数为 $\varphi_{N_1(t)}(v) = \mathrm{e}^{\lambda_1 t(\mathrm{e}^{\mathrm{i}v}-1)}$, 所以,

$$\varphi_{Y(t)}(v) = \mathrm{e}^{\lambda_1 t(\mathrm{e}^{\mathrm{i}v}-1)}\mathrm{e}^{\lambda_2 t(\mathrm{e}^{-\mathrm{i}v}-1)}$$

$$= \exp\left[(\lambda_1+\lambda_2)t\left(\frac{\lambda_1}{\lambda_1+\lambda_2}\mathrm{e}^{\mathrm{i}v}+\frac{\lambda_2}{\lambda_1+\lambda_2}\mathrm{e}^{-\mathrm{i}v}-1\right)\right].$$

设 $\{N(t), t \geqslant 0\}$ 是一强度为 $\lambda = \lambda_1 + \lambda_2$ 的泊松过程, $\{X(n), n = 1, 2, \cdots\}$ 是独立同分布的随机变量序列, 其分布律为

$$P(X(n)=1)=\frac{\lambda_1}{\lambda_1+\lambda_2}, \quad P(X(n)=-1)=\frac{\lambda_2}{\lambda_1+\lambda_2},$$

假定 $N(t)$ 与 $X(n)$ 相互独立, 规定 $X(0) = 0$. 若令

$$Z(t)=\sum_{n=0}^{N(t)}X(n) \quad (t \geqslant 0),$$

则 $\{Z(t), t \geqslant 0\}$ 是复合泊松过程, 其特征函数与 $Y(t) = N_1(t) - N_2(t)$ 一致, 根据特征函数与分布函数一一对应的特点, $\{Y(t), t \geqslant 0\}$ 是一个复合泊松过程, 是由独立同分布

$$P(X(n)=1)=\frac{\lambda_1}{\lambda_1+\lambda_2}, \quad P(X(n)=-1)=\frac{\lambda_2}{\lambda_1+\lambda_2}$$

的 $\{X(n), n = 1, 2, \cdots\}$ 随机变量序列与强度为 $\lambda = \lambda_1 + \lambda_2$ 的泊松过程 $\{N(t), t \geqslant 0\}$ 复合而成的复合泊松过程. ■

3.7 非齐次泊松过程

3.7.1 非齐次泊松过程的定义

定义 3.7.1 设 $\{N(t), t \geqslant 0\}$ 为计数过程, 若满足条件:

(1) 零初值性: $N(0) = 0$;

(2) 增量独立性: 对任意的正整数 n, 任意的非负实数 $0 \leqslant t_0 < t_1 < \cdots < t_n$, 增量 $N(t_1) - N(t_0), N(t_2) - N(t_1), \cdots, N(t_n) - N(t_{n-1})$ 相互独立;

(3) 对于足够小的时间 $\Delta t > 0$, 有

$$P(N(t+\Delta t)-N(\Delta t)=1)=\lambda(t)\Delta t+o(\Delta t),$$

$$P(N(t+\Delta t)-N(\Delta t)=0)=1-\lambda(t)\Delta t+o(\Delta t),$$

$$P(N(t+\Delta t)-N(\Delta t)\geqslant 2)=o(\Delta t),$$

其中 $o(\Delta t)$ 为 Δt 的高阶无穷小, $\lambda(t) > 0$ 是关于 $t > 0$ 的一个实函数, 则称 $\{N(t), t \geqslant 0\}$ 是**非齐次泊松过程**. 特别地, 当 $\lambda(t) = \lambda$ 时, 即为齐次泊松过程.

定理 3.7.1　$\{N(t), t \geqslant 0\}$ 是非齐次泊松过程, 即对任意的 $t_2 > t_1 \geqslant 0$, 增量 $N(t_1, t_2) = N(t_2) - N(t_1)$ 的分布为

$$P(N(t_1, t_2) = k) = \frac{[m(t_2) - m(t_1)]^k}{k!} \mathrm{e}^{-(m(t_2) - m(t_1))}, \quad k = 0, 1, 2, \cdots,$$

其中 $m(t) = \int_0^t \lambda(s) \mathrm{d}s$.

定理 3.7.1 的证明与定理 3.1.1 的证明方法类同, 此处略.

性质 3.7.1　计数过程 $\{N(t), t \geqslant 0\}$ 是非齐次的泊松过程, 那么

(1) 非齐次泊松过程的一维分布律为

$$P(N(t) = k) = \frac{[m(t)]^k}{k!} \mathrm{e}^{-m(t)}, \quad k = 0, 1, 2, \cdots,$$

其中 $m(t) = \int_0^t \lambda(s) \mathrm{d}s$, 称为强度函数, 或均值函数;

(2) 非齐次泊松过程的均值函数 $E[N(t)] = m(t) = \int_0^t \lambda(s) \mathrm{d}s$;

(3) 非齐次泊松过程的方差函数 $D_N(t) = m(t) = \int_0^t \lambda(s) \mathrm{d}s$.

解　$E[N(t)] = \sum_{k=0}^{+\infty} k \frac{[m(t)]^k}{k!} \mathrm{e}^{-m(t)} = \mathrm{e}^{-m(t)} m(t) \sum_{k=1}^{+\infty} \frac{[m(t)]^{k-1}}{(k-1)!} = m(t)$,

$$\begin{aligned} E[N^2(t)] &= \sum_{k=0}^{+\infty} k^2 \frac{[m(t)]^k}{k!} \mathrm{e}^{-m(t)} \\ &= \sum_{k=0}^{+\infty} k(k-1) \frac{[m(t)]^k}{k!} \mathrm{e}^{-m(t)} + \sum_{k=0}^{+\infty} k \frac{[m(t)]^k}{k!} \mathrm{e}^{-m(t)} \\ &= \mathrm{e}^{-m(t)} [m(t)]^2 \sum_{k=2}^{+\infty} \frac{[m(t)]^{k-2}}{(k-2)!} + m(t) \\ &= [m(t)]^2 + m(t), \end{aligned}$$

$$D_N(t) = E[N^2(t)] - (E[N(t)])^2 = m(t).$$ ■

3.7.2　典型例子

例 3.7.1　某镇有一小商店, 每日 8:00 开始营业. 从 8:00 到 11:00 平均顾客到达率呈线性增加, 在 8:00 平均顾客到达率到达 5 人/小时; 11:00 到达率达最高峰 20 人/小时. 从 11:00 到 13:00 平均顾客到达率为 20 人/小时. 从 13:00 到

17:00 平均顾客到达率线性下降, 17:00 平均顾客到达率为 12 人/小时. 假设在不相交的时间间隔内到达商店的顾客数是相互独立的, 试问:

(1) 在 8:30 到 9:30 内没有顾客到达商店的概率为多少?

(2) 在这段时间内到达商店的顾客的均值为多少?

解　设 8:00 为 $t=0$, 11:00 为 $t=3$, 13:00 为 $t=5$, 17:00 为 $t=9$, 顾客到达率是周期为 9 的函数:

$$\lambda(9n+t)=\lambda(t)=\begin{cases}5+5t, & 0<t\leqslant 3,\\ 30, & 3<t\leqslant 5,\\ 20-2(t-5), & 5<t\leqslant 9,\end{cases}\qquad n=0,1,2,\cdots.$$

根据题意, 在 $[0,t)$ 内到达的顾客数 $\{N(t),t\geqslant 0\}$ 是一个非齐次泊松过程. 在 8:30 到 9:30 没有顾客到达商店的概率为

$$P(N(8:30,9:30)=0)=\frac{[m(1.5)-m(0.5)]^0}{0!}\mathrm{e}^{-(m(1.5)-m(0.5))},$$

其中 $m(t)=\int_0^t\lambda(s)\mathrm{d}s$, 所以

$$m(1.5)-m(0.5)=\int_{0.5}^{1.5}\lambda(s)\mathrm{d}s=\int_{0.5}^{1.5}(5+5s)\mathrm{d}s=10,$$

$$P(N(8:30,9:30)=0)=\mathrm{e}^{-10},$$

$$E[N(1.5)-N(0.5)]=\int_{0.5}^{1.5}\lambda(s)\mathrm{d}s=10.$$

■

例 3.7.2　假设某天到达某医院的病人数形成泊松流 $\{N(t),t\geqslant 0\}$. 此泊松流的强度为 $\lambda(t)=\frac{2}{3}t+1$, 试求 $P(N(1)=2|N(3)=3)$.

解　$P(N(1)=2|N(3)=3)=\dfrac{P(N(1)=2,N(3)=3)}{P(N(3)=3)}$

$$=\frac{P(N(1)=2)P(N(3)-N(1)=1)}{P(N(3)=3)},$$

$$m(t)=\int_0^t\lambda(s)\mathrm{d}s=\int_0^t\left(\frac{2}{3}s+1\right)\mathrm{d}s=\frac{1}{3}t^2+t,$$

$$P(N(3)=3)=\frac{[m(3)]^3}{3!}\mathrm{e}^{-(m(3))}=36\mathrm{e}^{-6},$$

$$P(N(1)=2)=\frac{[m(1)]^2}{2!}\mathrm{e}^{-(m(1))}=\frac{4}{9}\mathrm{e}^{-\frac{4}{3}},$$

$$P(N(3)-N(1)=1)=\frac{[m(3)-m(1)]^1}{1!}\mathrm{e}^{-(m(3)-m(1))}=\frac{14}{3}\mathrm{e}^{-\frac{14}{3}},$$

$$P(N(1)=2|N(3)=3)=\frac{14}{243}.$$

■

3.8 更 新 过 程

3.8.1 更新过程的定义

从前面的章节, 我们了解到泊松过程是时间间隔 $T_1,T_2,\cdots,T_n$ 相互独立服从同一指数分布的计数过程. 现在将其做以下推广：保留 $T_1,T_2,\cdots,T_n$ 相互独立且同分布, 但分布可以任意, 而不局限为指数分布, 这样得到的计算过程称为更新过程.

定义 3.8.1 设 $T_1,T_2,\cdots,T_n$ 相互独立且同分布, 其分布函数为 $F(x)$, 而且

$$F(0)=P(T_i\leqslant 0)\neq 1,\quad W_n=\sum_{k=1}^{n}T_k,\quad n=1,2,\cdots,\quad W_0=0,$$

令 $N(t)=\sup\{n,W(n)\leqslant t\}$, 则称计数过程 $\{N(t),t\geqslant 0\}$ 为**更新过程**, 其中 W_n 称为第 n 个更新时刻, T_n 为第 n 个更新间距.

更新过程可以模拟机器零件的更换. 假设在 $t=0$ 时刻安装一个零件, 并且零件开始工作, 经过时间 T_1, 在 T_1 时刻零件发生损坏, 立即更新零件并开始工作, 又经过时间 T_2, 在 W_2 时刻零件发生损坏, 立即更新零件并开始工作, 同样还有第三次更换, 第四次更换, 依次下去. 假定零件的使用寿命是相互独立同分布的, 那么在 $[0,t)$ 更换的零件数目构成一个更新过程. 可见, 更新过程在研究随机服务系统与系统可靠性理论方面起着非常重要的作用.

3.8.2 更新过程的分布和均值函数

性质 3.8.1 设 $\{N(t),t\geqslant 0\}$ 为一更新过程, W_n 为第 n 个更新时刻, T_n 为第 n 个更新间距, W_n 的分布函数为 $F_n(t)$, 那么

(1) $P(N(t)\leqslant n)=P(W_n>t)=1-P(W_n\leqslant t)=1-F_n(t)$;

(2) $P(N(t)=n)=F_n(t)-F_{n+1}(t)$;

(3) $N(t)$ 的均值函数为 $M_N(t)=\sum\limits_{n=1}^{+\infty}F_n(t)$.

证明 (1) 由于 $N(t)=\sup\{n,W(n)\leqslant t\}$, 所以,

$$\{N(t)>n\}=\{W_n\leqslant t\},$$

$$P(N(t)\leqslant n)=P(W_n>t)=1-P(W_n\leqslant t)=1-F_n(t).$$

(2)
$$\begin{aligned}P(N(t)=n)&=P(W_{n+1}\geqslant t>W_n)\\&=P(W_n\leqslant t)-P(W_{n+1}\leqslant t)=F_n(t)-F_{n+1}(t).\end{aligned}$$

(3) $M_N(t)=\sum_{k=0}^{+\infty}nP(N(t)=n)=\sum_{n=0}^{+\infty}n(F_n(t)-F_{n+1}(t))$

$$=(F_1(t)+2F_2(t)+3F_3(t)+\cdots)-(F_2(t)+2F_3(t)+3F_4(t)+\cdots)$$

$$=\sum_{n=1}^{+\infty}F_n(t).$$

由于 T_n 为第 n 个更新间距, 是一个非负随机变量, 所以, 随机事件 $\left(W_n=\sum_{k=1}^{n}T_k\leqslant t\right)$ 的发生, 导出积事件 $\bigcap_{k=1}^{n}(T_k\leqslant t)$ 的发生, 那么,

$$\left(\sum_{k=1}^{n}T_k\leqslant t\right)\subset\bigcap_{k=1}^{n}(T_k\leqslant t),$$

$$F_n(t)=P(W_n\leqslant t)=P\left(\sum_{k=1}^{n}T_k\leqslant t\right)\leqslant P\left(\bigcap_{k=1}^{n}(T_k\leqslant t)\right),$$

$$F_n(t)\leqslant[F_T(t)]^n,$$

级数 $\sum_{n=1}^{+\infty}F_n(t)$ 是收敛的. 所以, $N(t)$ 的均值函数为 $M_N(t)=\sum_{n=1}^{+\infty}F_n(t)$. ■

例 3.8.1 设 $\{N(t),t\geqslant 0\}$ 为一更新过程, W_n 称为第 n 个更新时刻, 更新间距 $T_n(n=1,2,\cdots)$ 相互独立, 且均服从同一正态分布 $N(0,\sigma^2)$, 试求 $N(t)$ 的概率分布与均值函数.

解 更新时刻 $W_n=\sum_{k=1}^{n}T_k$ 服从同一正态分布 $N(0,n\sigma^2)$, 所以,

$$F_n(t)=P(W_n\leqslant t)=\varPhi\left(\frac{t}{\sqrt{n}\sigma}\right),$$

$$P(N(t)=n)=F_n(t)-F_{n+1}(t)=\varPhi\left(\frac{t}{\sqrt{n}\sigma}\right)-\varPhi\left(\frac{t}{\sqrt{n+1}\sigma}\right),$$

$$M_N(t)=\sum_{n=1}^{+\infty}F_n(t)=\sum_{n=1}^{+\infty}\varPhi\left(\frac{t}{\sqrt{n}\sigma}\right).$$ ■

习 题 3

1. 设在 $[0,t)$ 时段内乘客到达某售票处的数目为一强度是 $\lambda=2.5$ 人/分的泊松过程, 求:
(1) 在 5 分钟内有 10 位乘客到达售票处的概率;

(2) 第 10 位乘客在 5 分钟内到达售票处的概率;

(3) 相邻两乘客到达售票处的平均时间间隔.

2. 设 $\{X(t), t \geqslant 0\}$ 为具有增量平稳性的独立增量过程, 且 $X(0)=0$, 对于任意的 $s, t \in [0,+\infty)$, 试证明:

(1) $D[X(s)-X(t)]=\sigma^2|t-s|$;

(2) $\mathrm{Cov}(X(s), X(t))=\sigma^2 \min(s,t)$,

其中 $\sigma^2=D[X(s)]$.

3. 设 $\{N(t), t \geqslant 0\}$ 是强度为 λ 的泊松过程. 证明：对任意的 $0<s<t$, 均有

$$P(N(s)=k|N(t)=n)=\mathrm{C}_n^k\left(\frac{s}{t}\right)^k\left(1-\frac{s}{t}\right)^{n-k}, \quad 0 \leqslant k \leqslant n.$$

4. 设 $\{N(t), t \geqslant 0\}$ 是一强度为 λ 的泊松过程, 对任意的 $t_2>t_1>0$ 及整数 m 和 n, 试证明:

$$P(N(t_1)=m, N(t_2)=n+m)=\mathrm{e}^{-\lambda t_2}\lambda^{m+n}\frac{(t_2-t_1)^n t_1^m}{m!n!}.$$

5. 设 $\{N(t), t \geqslant 0\}$ 是强度为 λ 的泊松过程, 求:

(1) $P(N(3)=2, N(5)=6, N(7)=8)$;

(2) $P(N(12)=9|N(7)=6)$;

(3) $\mathrm{Cov}[N(7), N(12)]$;

(4) $P(N(3)=4|N(5)=7)$;

(5) $P(N(3)=4, N(5)=5|N(7)=7, N(2)=2)$.

6. 设 $\{N(t), t \geqslant 0\}$ 是强度为 λ 的泊松过程, 时间间隔为 $T_1, T_2, \cdots, T_n$, 求:

(1) $E[N(7)|N(12)=8]$;

(2) $E[T_1|T_2]$;

(3) $P(T_1+T_3 \leqslant x)$.

7. 设 $\{N(t), t \geqslant 0\}$ 是强度为 λ 的泊松过程, 时间间隔为 $T_1, T_2, \cdots, T_n$, 求:

(1) 对于 $\forall 0<s<t$, 计算 $P(N(s)<N(t))$;

(2) $E[T_1|N(t)=1]$;

(3) $P(T_1+T_3+T_5 \leqslant x)$.

8. 设汽车按平均率为每分钟 4 辆的泊松过程经过某路口, $N(t)$ 表示在 $[0,\ t)$ 内经过该路口的车辆的数目, 试求:

(1) 在第 3 分钟到第 5 分钟之间经过路口的汽车数的分布;

(2) $P(N(1)=2, N(3)=10)$;

(3) $D[N(1)+N(3)]$.

9. 某商店顾客的到来服从强度为 4 人/小时的泊松过程, 已知商店 9：00 开门, 试求:

(1) 在开门半小时内无顾客到来的概率;

(2) 若已知开门半小时内无顾客到来, 那么在未来半小时中, 仍无顾客到来的概率;

(3) 求第三位和第五位顾客到达时间间隔的分布.

10. 设 $N_1(t)$ 和 $N_2(t)$ 分别是强度为 λ_1, λ_2 的独立泊松过程, 试证明泊松过程 $N_1(t)$ 的任意两个相邻事件之间的时间间隔内, 泊松过程 $N_2(t)$ 恰好有 k 个事件发生的概率为

$$p_k=\frac{\lambda_1}{\lambda_1+\lambda_2}\cdot\left(\frac{\lambda_2}{\lambda_1+\lambda_2}\right)^k, \quad k=0,1,2,\cdots.$$

11. 设 $\{N(t), t \geqslant 0\}$ 是强度为 λ 的泊松过程, T 是服从参数为 γ 的指数分布的随机变量, 且与 $N(t)$ 相互独立, 试求 $[0, T)$ 内事件数 $N(T)$ 的分布律.

12. 设 $\{N(t), t \geqslant 0\}$ 为强度 λ 的泊松过程, 令

$$M(t) = \frac{1}{t}\int_0^t N(s)\mathrm{d}s, \quad t > 0.$$

试求 $E[M(t)]$ 及 $D[M(t)]$.

13. 已知 $\{N_1(t), t \geqslant 0\}$ 和 $\{N_2(t), t \geqslant 0\}$ 是相互独立的强度分别为 λ_1, λ_2 的泊松过程, 且

$$Y(t) = N_1(t) - N_2(t).$$

(1) 求概率 $P(Y(t) = 7)$;

(2) 证明 $\{Y(t), t \geqslant 0\}$ 不是泊松过程而是一个复合泊松过程;

(3) 试证 $\{N_1(t) + N_2(t), t \geqslant 0\}$ 是强度为 $\lambda_1 + \lambda_2$ 的泊松过程.

14. 设 $N(t)$ 表示在 $[0, t)$ 内到达商场的顾客数, 平均每 10 分钟进入 25 人, $N(t)$ 为泊松过程, 每位顾客购物的概率为 0.2, 而且每位顾客是否购物是相互独立的, 与到达顾客数之间相互独立, 令 $Y(t)$ 表示在 $[0, t)$ 时段内购物的顾客数.

(1) 计算在第 3 分钟到第 5 分钟之间到达顾客数 $N(t)$ 的概率分布;

(2) 证明 $Y(t)$ 是泊松过程;

(3) 求第 20 位购物顾客等待时间的分布.

15. 设 $N(t)$ 表示 $[0, t)$ 内到达某电话总机的呼唤次数, $\{N(t), t \geqslant 0\}$ 是一强度为 λ 的泊松过程. 又设每次呼唤能打通电话的概率为 $p(0 < p < 1)$, 且每次呼唤是否打通电话是相互独立的, 它们与 $N(t)$ 也相互独立, 令 $Y(t)$ 表示 $[0, t)$ 时段内打通电话的次数, 试证: $\{Y(t), t \geqslant 0\}$ 是一以 λp 为强度的泊松过程.

16. 设移民到某地区定居的户数是一泊松过程, 平均每周有 2 户定居, 即 $\lambda = 2$ 户/周. 若每户的人口数是随机变量, 一户四人的概率是 0.18, 一户三人的概率是 0.35, 一户二人的概率是 0.33, 一户一人的概率是 0.14, 且每户的人口数是相互独立的, 试求在 t 周内移民到该地区定居的人口数的数学期望与方差.

17. 设某个汽车站有 A, B 两辆跑同一路线的长途汽车. 设 $N(t)$ 表示在 $[0, t)$ 内到达该站的旅客数, 平均每 10 分钟到达 15 位旅客, 而且每位旅客进入 A 车或 B 车的概率分别为 2/3 与 1/3. 再设 A 车旅客数达到 10 位即开车, B 车旅客数达到 10 位即开车, 令 $Y(t)$ 表示在 $[0, t)$ 进入 A 车的旅客数, 令 $Z(t)$ 表示在 $[0, t)$ 进入 B 车的旅客数. 试求:

(1) $P(Z(6) = 5, Z(5) = 4 | Z(2) = 2)$;

(2) $P(Z(6) = 5 | N(6) = 10)$;

(3) A 车、B 车的平均等候时间.

18. 设 $N(t)$ 表示在 $[0, t)$ 内到达某图书馆的读者组成一个泊松流, 平均每 40 分钟到达 10 位. 假定每位读者借书的概率为 0.3, 且与其他读者是否借书相互独立, 若令 $\{Y(t), t \geqslant 0\}$ 是借书读者流, 试求:

(1) 借书读者数 $Y(t)$ 的概率分布;

(2) 若来图书馆借书的前 16 名读者有礼品相赠, 开门多久后才能把最后一件礼品送出?

(3) 第 2 名借书读者和第 5 名借书读者到达时间间隔的分布.

19. 图书馆有三个自习室 A, B, C, 设到图书馆上自习的学生为一强度为 12 人/分钟的泊松过程, 且每人以四分之一的概率到 A 自习室, 以三分之一的概率到 B 自习室, 剩余的到 C 自习室. 若各自习室只有 60 个座位, 且学生之间独立选择自习室. 试求:

(1) A 自习室中第 3 人和第 4 人到达时间间隔的分布;

(2) B 自习室刚好坐满所需时间的分布;

(3) A 自习室刚好坐满所需的平均时间.

20. 设某时间段 $[0,t)$ 内到达某商场的顾客人数 $N(t)$ 服从参数为 8 的泊松过程. 设每位顾客在该商场的消费额服从 [30, 200] 上的均匀分布. 各位顾客之间消费相互独立且与 $N(t)$ 独立. 求在 $[0,t)$ 内顾客在该商场总的消费额的数学期望与方差.

21. 设 $\{N(t),t\geqslant 0\}$ 是一强度为 λ 的泊松过程, $\{X(i),i=1,2,\cdots\}$ 独立同分布 $P(X_i=1)=\dfrac{1}{3}$, $P(X_i=2)=\dfrac{2}{3}$ 且 $N(t)$ 与 $X(i)$ 相互独立, 规定 $X(0)=0$. 若令 $Y(t)=\sum\limits_{n=0}^{N(t)}X(n)(t\geqslant 0)$, 试求随机过程 $\{Y(t),t\geqslant 0\}$ 的均值函数与方差函数.

22. 设 $\{N(t),t\geqslant 0\}$ 是一强度为 λ 的泊松过程, $\{X(i),i=1,2,\cdots\}$ 独立同正态分布 $N(1,4)$, 且 $N(t)$ 与 $X(i)$ 相互独立, 规定 $X(0)=0$. 若令 $Y(t)=\sum\limits_{n=0}^{N(t)}X(n)(t\geqslant 0)$, 试求随机过程 $\{Y(t),t\geqslant 0\}$ 的均值函数与方差函数.

23. 设 $\{N(t),t\geqslant 0\}$ 是一强度为 λ 的泊松过程, $\{X(i),i=1,2,\cdots\}$ 独立同分布, 其概率密度为 $f(x)=\begin{cases}2x, & 0\leqslant x\leqslant 1,\\ 0, & \text{其他},\end{cases}$ 且 $N(t)$ 与 $X(i)$ 相互独立, 规定 $X(0)=0$. 若令 $Y(t)=\sum\limits_{n=0}^{N(t)}X(n)(t\geqslant 0)$, 试求随机过程 $\{Y(t),t\geqslant 0\}$ 的均值函数与方差函数.

24. 到达某医院的病人数形成泊松流 $\{N(t),t\geqslant 0\}$.

(1) 若医院上午 8 点钟开始营业, 且平均每小时有 20 个病人到达, 试求从上午 10 点到 12 点之间有 10 人到达的概率和上午第 8 个人的到达时间的分布.

(2) 若医院上午 8 点钟开始营业, 且此泊松流的强度为 $\lambda(t)=\dfrac{2}{3}t+1$, 试求从上午 10 点到 12 点之间有 10 人到达的概率以及这段时间内平均到达的人数.

25. 设 $\{N(t),t\geqslant 0\}$ 是非齐次泊松过程, 强度 $\lambda(t)=\dfrac{t^2}{2+t^2}$.

(1) 试求 $P(N(3)-N(2)=k)$;

(2) 计算 $E[N^2(t)]$.

26. 设 $\{N(t),t\geqslant 0\}$ 是非齐次泊松过程, 强度 $\lambda(t)=\dfrac{1-t^2}{1+t^2}$, 试求:

(1) $P(N(4)-N(2)=k)$;

(2) $N(t)$ 的特征函数.

27. 设 $\{N(t),t\geqslant 0\}$ 是非齐次泊松过程, 强度 $\lambda(t)=t+\cos\alpha t(\alpha\neq 0)$, 试求:

(1) $P(N(4)-N(2)=k)$;

(2) $N(t)$ 的特征函数.

28. 某小商店上午 8 时开始营业, 从 8 时到 11 时平均顾客到达率线性增加. 从 8 时开始平均顾客到达率为 5 人/小时, 11 时到达率达到高峰, 为 20 人/小时, 从 11 时至下午 1 时到达率不变, 从下午 1 时至 5 时到达率线性下降, 到下午 5 时顾客到达率为 12 人/小时. 假设在不相交的时间间隔内到达商店的顾客数是相互独立的. 试求在上午 8 时半至 9 时半无顾客到达商店的概率和该段时间内到达商店的顾客数的数学期望.

29. 设 $\{N(t), t \geqslant 0\}$ 为一更新过程, 更新间距 $T_k(k \geqslant 1)$ 相互独立, 且均服从同一 $\Gamma(2,1)$ 分布, 试求 $N(t)$ 的概率分布与均值函数.

30. 设 $\{N(t), t \geqslant 0\}$ 为一更新过程, 更新间距 $T_k(k \geqslant 1)$ 相互独立, 且均服从几何分布, 即 $P(T_k = n) = q^{n-1}p, n = 1, 2, \cdots$, 试求 $N(t)$ 的概率分布与均值函数.

31. 设 $\{N(t), t \geqslant 0\}$ 为一更新过程, 更新间距 $T_k(k \geqslant 1)$ 相互独立, 且 $P(T_k = 1) = \dfrac{1}{3}$, $P(T_k = 2) = \dfrac{2}{3}$, 试求 $P(N(1) = k), P(N(2) = k)$ 和 $P(N(3) = k)$.

第 4 章　平 稳 过 程

广义上讲, 平稳过程分为严平稳过程和宽平稳过程. 严平稳过程是一类概率特征不随时间推移而变化的随机过程, 宽平稳过程是一类二阶矩的特性不随时间推移而变化的随机过程.

狭义上, 通常所指的平稳过程是宽平稳过程.

本章将从严平稳过程的定义讲起, 主要是围绕平稳过程的基本概念、数字特征和遍历性这些基本知识展开. 值得注意的是, 通常说的平稳过程是宽平稳过程.

4.1　平稳过程的基本概念

4.1.1　严平稳过程的数学定义

定义 4.1.1　设 $\{X(t), t \in T\}$ 为一随机过程, 若对任意正整数 n, 任意的 ε, 任意的 $t_1, t_2, \cdots, t_n \in T$, $t_1+\varepsilon, t_2+\varepsilon, \cdots, t_n+\varepsilon \in T$,

$$F_n(x_1, x_2, \cdots, x_n, t_1, t_2, \cdots, t_n) = F_n(x_1, x_2, \cdots, x_n, t_1+\varepsilon, t_2+\varepsilon, \cdots, t_n+\varepsilon), \tag{4.1}$$

即其 n 维分布函数相等, 则称此随机过程为**严平稳过程** (strictly-sense stationary process), 或称强 (狭义) 平稳过程. 上式称为随机过程的**平移不变性**或**严平稳性**.

例 4.1.1　独立随机过程是严平稳过程. 即如果 $\{X(t), t\in T\}$ 为一随机过程, 若对于任意的正整数 n, 任意的 $t_1, t_2, \cdots, t_n \in T$, n 个随机变量 $X(t_1), X(t_2), \cdots, X(t_n)$ 相互独立, 则此随机过程是独立随机过程, 也是严平稳过程.

性质 4.1.1　设 $\{X(t), t \in T\}$ 为严平稳随机过程, 那么,

(1) 严平稳过程的一维分布函数与时间 t 无关, 即

$$F(x, t) = F(x, 0) = F(x); \tag{4.2}$$

(2) 严平稳过程的二维分布与时间起点无关, 只与时间间隔有关, 即

$$F(x_1, x_2, t_1, t_2) = F(x_1, x_2, 0, t_2-t_1) = F(x_1, x_2, t_2-t_1); \tag{4.3}$$

(3) 如果 $E[|X(t)|^2] < +\infty$, 那么, $m_X(t) = E[X(t)] =$ 常数, $D_X(t) = D[X(t)] =$ 常数,

$$R_X(t_1, t_2) = E[X(t_1)X(t_2)] = R_X(t_2-t_1). \tag{4.4}$$

4.1.2 平稳过程的数学定义

定义 4.1.2 设 $\{X(t), t \in T\}$ 为实随机过程, 若满足条件:

(1) $E[|X(t)|^2] < +\infty$; (4.5)

(2) $m_X(t) = E[X(t)] =$ 常数; (4.6)

(3) $R_X(t_1, t_2) = E[X(t_1)X(t_2)] = R_X(t_2 - t_1)$, (4.7)

则称该随机过程为**宽** (或**弱**) **平稳过程**, 简称**平稳过程**. 通常所说的平稳过程, 都是指实的**宽平稳过程**.

例 4.1.2 设随机变量序列 $X(t) = \sin 2\pi t X, t \in T$, 其中 $T = \{0, 1, 2, \cdots\}$, $X \sim U(0, 1)$, 证明随机变量序列 $\{X(t), t = 0, 1, 2, \cdots\}$ 是宽平稳的.

解 (1)
$$E[X(t)] = \int_0^1 \sin(2\pi t x)\mathrm{d}x = \begin{cases} 0, & t = 0, \\ \dfrac{1}{2\pi t}(1 - \cos 2\pi t), & t \neq 0 \end{cases} = 0.$$

(2) $E[|X^2(t)|] = E[X^2(t)] = \displaystyle\int_0^1 \sin^2(2\pi t x)\mathrm{d}x = \frac{1}{4} < \infty.$

(3)
$$\begin{aligned} R_X(t_1, t_2) &= E[X(t_1)X(t_2)] = \int_0^1 \sin(2\pi t_1 x)\sin(2\pi t_2 x)\mathrm{d}x \\ &= \frac{1}{2}\int_0^1 [\cos 2\pi(t_1 - t_2)x - \cos 2\pi(t_1 + t_2)x]\mathrm{d}x \\ &= \frac{\sin 2\pi(t_1 - t_2)}{4\pi(t_1 - t_2)} - \frac{\sin 2\pi(t_1 + t_2)}{4\pi(t_1 + t_2)} = 0, \end{aligned}$$

即 $X(t)$ 是宽平稳随机过程. ■

例 4.1.3 随机过程 $X(t) = A\sin(t + \theta), t \in (-\infty, +\infty)$, 随机变量 θ 与随机变量 A 相互独立, $P(A = -1) = P(A = 1) = \dfrac{1}{2}$, $P\left(\theta = \dfrac{\pi}{4}\right) = P\left(\theta = -\dfrac{\pi}{4}\right) = \dfrac{1}{2}$, 证明此随机过程是宽平稳过程.

解 (1) $E(A) = \dfrac{-1 + 1}{2} = 0$, $EX(t) = E(A)E[\sin(t + \theta)] = 0$.

(2)
$$\begin{aligned} E[X(t_1)X(t_2)] &= E(A^2)E[\sin(t_1 + \theta)\sin(t_2 + \theta)] \\ &= \frac{(-1)^2 + (1)^2}{2}E\left[\frac{1}{2}\cos(t_1 - t_2) - \frac{1}{2}\cos(t_1 + t_2 + 2\theta)\right]. \end{aligned}$$

$$E[\cos(t_1 + t_2 + 2\theta)] = \frac{1}{2} \times \cos\left(t_1 + t_2 + 2 \times \frac{\pi}{4}\right) + \frac{1}{2} \times \cos\left(t_1 + t_2 - 2 \times \frac{\pi}{4}\right) = 0.$$

所以, $E[X(t_1)X(t_2)] = \dfrac{1}{2}\cos(t_1 - t_2)$, 于是 $E[X^2(t)] = \dfrac{1}{2} < +\infty$. 即 $X(t)$ 是宽平稳随机过程. ■

性质 4.1.2 设 $\{X(t), t \in T\}$ 为宽平稳随机过程, 那么, 其自相关函数

$$R_X(t_1, t_2) = E[X(t_1)X(t_2)] = R_X(t_2 - t_1) = R_X(\tau), \quad \tau = t_2 - t_1,$$

有以下性质:

(1) 有界性: $|R_X(\tau)| \leqslant R_X(0)$; (4.8)

(2) $R_X(\tau)$ 是偶函数, 即 $R_X(-\tau) = R_X(\tau)$; (4.9)

(3) $R_X(\tau)$ 是非负定, 即对于任意的自然数 n, 任意的 $t_1, t_2, \cdots, t_n \in T$ 及任意的实数 $\alpha_1, \alpha_2, \cdots, \alpha_n$, 都有

$$\sum_{k=1}^{n}\sum_{l=1}^{n} \alpha_k \alpha_l R_X(t_l - t_k) \geqslant 0. \tag{4.10}$$

证明 (1) 对于任意实数 $a \in \mathbf{R}$,

$$E[X(t) - aX(t+\tau)]^2 = R_X(0) - 2aR_X(\tau) + a^2 R_X(0) \geqslant 0,$$

从而判别式 $[2R_X(\tau)]^2 - 4R_X^2(0) \leqslant 0$, 所以,

$$|R_X(\tau)| \leqslant R_X(0).$$

(2)
$$\begin{aligned} R_X(t_1, t_2) &= E[X(t_1)X(t_2)] = E[X(t_2)X(t_1)] \\ &= R_X(\tau) = R_X(-\tau), \end{aligned}$$

其中, $\tau = t_2 - t_1$ 称为时间间隔, 或滞后量.

(3)
$$\begin{aligned} \sum_{i,j=1}^{n} R_X(t_i - t_j) a_i a_j &= \sum_{i,j=1}^{n} E[X(t_i) X(t_j)] a_i a_j \\ &= E\left[\sum_{i,j=1}^{n} X(t_i) X(t_j) a_i a_j\right] \\ &= E\left\{\left[\sum_{i=1}^{n} X(t_i) a_i\right]^2\right\} \geqslant 0. \end{aligned}$$ ■

自相关函数的非负定性是宽平稳随机过程最基本的特性. 因为任一个连续函数只要具有非负定性, 那么该函数必是某个宽平稳过程的自相关函数.

例 4.1.4 设 $S(t)$ 是一个周期为 $2T$ 的连续函数, Y 是服从区间 $[-T, T]$ 上均匀分布的随机变量. 定义 $X(t) = S(t+Y)$, 则 $X(t)$ 为**随机相位周期过程**. 试证明 $X(t)$ 是宽平稳过程, 而且其自相关函数 $R_X(t_2 - t_1) = R_X(\tau)$ 是一个周期为 $2T$ 的连续函数.

证明 (1) 由于连续的周期函数为有界函数, 故 $X(t)$ 的二阶矩有限, 即

$$E[|X(t)|^2] < +\infty.$$

(2) $M_X(t) = E[X(t)] = E[s(t+Y)] = \int_{-\infty}^{+\infty} s(t+y) f_Y(y)\mathrm{d}y$

$$= \int_{-T}^{T} s(t+y)\frac{1}{2T}\mathrm{d}y = \frac{1}{2T}\int_{-T}^{T} s(t+y)\mathrm{d}y = \frac{1}{2T}\int_{-T+t}^{T+t} s(u)\mathrm{d}u$$

$$= \frac{1}{2T}\left[\int_{-T+t}^{-T} s(u)\mathrm{d}u + \int_{-T}^{T} s(u)\mathrm{d}u + \int_{T}^{T+t} s(u)\mathrm{d}u\right]$$

$$= \frac{1}{2T}\int_{-T}^{T} s(u)\mathrm{d}u = \text{与 } t \text{ 无关的常数}.$$

(3) $R_X(t_1,t_2) = E[X(t_1)X(t_2)] = E[s(t_1+Y)s(t_2+Y)]$

$$= \int_{-\infty}^{+\infty} s(t_1+y)s(t_2+y)f_Y(y)\mathrm{d}y$$

$$= \frac{1}{2T}\int_{-T}^{T} s(t_1+y)s(t_2+y)\mathrm{d}y$$

$$= \frac{1}{2T}\int_{-T+t_1}^{T+t_1} s(u)s(u+t_2-t_1)\mathrm{d}u$$

$$= \frac{1}{2T}\int_{-T}^{T} s(u)s(u+\tau)\mathrm{d}u.$$

所以, $X(t)$ 的自相关函数 $R_X(t_1,t_2)$ 是时间间隔 $\tau = t_2 - t_1$ 的函数, $X(t)$ 是宽平稳过程. 而且

$$R_X(\tau+2T) = E[X(t_1)X(t_2+2T)] = E[s(t_1+Y)s(t_2+Y)] = R_X(\tau).$$

所以, $X(t)$ 的自相关函数 $R_X(t_2-t_1) = R_X(\tau)$ 是周期为 $2T$ 的连续函数. ■

性质 4.1.3 $\{X(t), t\in T\}$ 是周期为 L 的宽平稳过程的充分必要条件是其自相关函数是周期为 L 的函数. 即 $P(X(t)=X(t+L))=1 \Leftrightarrow R_X(\tau+L)=R_X(\tau)$.

证明 必要性. 由柯西-施瓦茨不等式知

$$E[X(t)(X(t+\tau+L)-X(t+\tau))]^2 \leqslant E[X^2(t)]E[X(t+\tau+L)-X(t+\tau)]^2.$$

因为 $P(X(t)=X(t+L))=1$, 所以,

$$E[X(t+\tau+L)-X(t+\tau)]^2 = 0,$$

所以,

$$E[X(t)(X(t+\tau+L)-X(t+\tau))] = 0,$$

所以, $R_X(\tau+L) = R_X(\tau)$.

充分性. $E[X(t+\tau+L)-X(t+\tau)]^2 = R_X(0)-2R_X(L)+R_X(0)$. 因为 $R_X(\tau+L)=R_X(\tau)$, 所以, $R_X(L)=R_X(0)$, 所以,

$$E[X(t+\tau+L)-X(t+\tau)]^2=0,$$

所以, $P(X(t)=X(t+L))=1$. ■

4.1.3 严平稳过程和宽平稳过程的关系

如果一个随机过程是严平稳过程, 而且其二阶矩存在 $E[|X(t)|^2] < +\infty$, 那么, 该随机过程一定是宽平稳过程. 反之, 如果一个随机过程是宽平稳过程, 而且该随机过程是正态随机过程, 那么, 该随机过程一定是严平稳过程.

例 4.1.5 设 $\{B(t), t\geqslant 0\}$ 是参数为 σ^2 的布朗运动, $L>0$ 为正实数, 令

$$X(t)=B(t+L)-B(t), \quad t\geqslant 0,$$

试证明 $\{X(t), t\geqslant 0\}$ 是严平稳的正态过程.

证明 由布朗运动的定义知, $X(t)=B(t+L)-B(t)$ 服从正态分布 $N(0, L\sigma^2)$, 所以, $E[X(t)]=0$, $E[X^2(t)]=L\sigma^2<+\infty$, 于是

$$\begin{aligned}
R_X(t_1,t_2) &= E[X(t_1)X(t_2)] \\
&= E[(B(t_1+L)-B(t_1))(B(t_2+L)-B(t_2))] \\
&= R_B(t_1+L,t_2+L)-R_B(t_1+L,t_2)-R_B(t_1,t_2+L)+R_B(t_1,t_2) \\
&= \sigma^2\min(t_1+L,t_2+L)-\sigma^2\min(t_1,t_2+L) \\
&\quad -\sigma^2\min(t_1+L,t_2)+\sigma^2\min(t_1,t_2).
\end{aligned}$$

当 $0<t_1<t_2$ 时, 上式 $=\sigma^2(t_1+L)-\sigma^2 t_1-\sigma^2\min(t_1+L,t_2)+\sigma^2 t_1$. 因此,

$$R_X(t_1,t_2)=\begin{cases} \sigma^2(t_1+L)-\sigma^2(t_1+L)=0, & t_1<t_1+L<t_2, \\ \sigma^2(t_1+L)-\sigma^2 t_2=\sigma^2[L-(t_2-t_1)], & t_1+L>t_2>t_1. \end{cases}$$

对于 $0<t_2<t_1$, 以及 $t_2<t_1<0$, $t_1<t_2<0$ 的情况, 同理可求出. 所以,

$$\begin{aligned}
R_X(t_1,t_2) &= \begin{cases} 0, & |t_2-t_1|\geqslant L, \\ \sigma^2[L-|t_2-t_1|], & |t_2-t_1|<L \end{cases} \\
&= R_X(t_2-t_1).
\end{aligned}$$

所以, $X(t)=B(t+L)-B(t)$, $\{X(t), t\geqslant 0\}$ 是宽平稳过程.

$\{X(t), t\geqslant 0\}$ 是正态随机过程, 其证明参见例 1.4.2.

所以, $\{X(t), t\geqslant 0\}$ 是严平稳的正态过程. ■

4.1.4 平稳过程的均方微积分

性质 4.1.4 宽平稳过程的均方微积分性质:

(1) 设 $\{X(t), t \geqslant 0\}$ 为宽平稳过程, $R_X(t_1, t_2) = E[X(t_1)X(t_2)] = R_X(\tau)$, 其中 $\tau = t_2 - t_1$ 为其自相关函数, 则 $X(t)$ 为 k(正整数) 次均方可导的充分条件是 $R_X(\tau)$ 在 $\tau = 0$ 处 $2k$ 次可导且连续, 此时, 当 $\tau \in \mathbf{R}$ 时, $R_X(\tau)$ 是 $2k$ 次可微的, 而且

$$E\left[X^{(l)}(t_1)X^{(m)}(t_2)\right] = (-1)^l R_X^{(l+m)}(\tau), \quad 0 < l \leqslant k, \quad 0 < m \leqslant k.$$

(2) 设 $\{X(t), t \geqslant 0\}$ 为均方可微的宽平稳过程, 则有 $E[X(t)X'(t)] = 0$, 即宽平稳过程与其导随机过程互不相关.

例 4.1.6 设 $\{X(t), t \geqslant 0\}$ 为均方可微的宽平稳过程, 令

$$Y(t) = X(t) + \frac{\mathrm{d}X(t)}{\mathrm{d}t},$$

证明 $\{Y(t), t \geqslant 0\}$ 是宽平稳过程.

证明 $E[Y(t)] = E[X(t)] + \dfrac{\mathrm{d}E[X(t)]}{\mathrm{d}t} = E[X(t)] = 常数,$

$$\frac{\partial E[X(t_1)X(t_2)]}{\partial t_1} = \frac{\partial R_X(t_2 - t_1)}{\partial t_1} = \frac{\partial R_X(-(t_2 - t_1))}{\partial t_1}.$$

令 $\tau = t_2 - t_1$, 所以, $-R'_X(\tau) = R'_X(-\tau)$.

$$\begin{aligned}
E[Y(t_1)Y(t_2)] &= E\left[X(t_1) + \left.\frac{\mathrm{d}X(t)}{\mathrm{d}t}\right|_{t=t_1}\right]\left[X(t_2) + \left.\frac{\mathrm{d}X(t)}{\mathrm{d}t}\right|_{t=t_2}\right] \\
&= E[X(t_1)X(t_2)] + E\left[X(t_1)\left.\frac{\mathrm{d}X(t)}{\mathrm{d}t}\right|_{t=t_2}\right] \\
&\quad + E\left[X(t_2)\left.\frac{\mathrm{d}X(t)}{\mathrm{d}t}\right|_{t=t_1}\right] + E\left[\left.\frac{\mathrm{d}X(t)}{\mathrm{d}t}\right|_{t=t_2}\left.\frac{\mathrm{d}X(t)}{\mathrm{d}t}\right|_{t=t_1}\right] \\
&= R(t_2 - t_1) + \left.\frac{\partial R(t - t_1)}{\partial t}\right|_{t=t_2} \\
&\quad + \left.\frac{\partial R(t - t_2)}{\partial t}\right|_{t=t_1} + \left.\frac{\partial R(t - s)}{\partial t \partial s}\right|_{t=t_1, s=t_2} \\
&= R_X(\tau) + R'_X(\tau) + R'_X(-\tau) + R''_X(\tau) \\
&= R_X(\tau) + R''_X(\tau),
\end{aligned}$$

$$E[Y^2(t)] = R_X(0) + R''_X(0) < +\infty.$$

所以, $\{Y(t), t \geqslant 0\}$ 是宽平稳过程. ■

4.2 宽平稳过程的遍历性

4.2.1 均值遍历性

由随机过程的定义知, 对于每一固定的 $t \in T$, $X(t)$ 是一个随机变量, $E[X(t)] = M_X(t)$ 为理论平均; 对于每一个固定的 $e \in S$, $X(t)$ 是一个普通的时间函数, 若在 T 上对 t 取平均, 即得时间平均.

定义 4.2.1 设 $\{X(t), t \in (-\infty, +\infty)\}$ 为均方连续的宽平稳过程, 则**时间平均** $\langle X(t)\rangle$ 的定义为

$$\langle X(t)\rangle = \underset{T\to\infty}{\mathrm{l.i.m}} \frac{1}{2T}\int_{-T}^{T} X(t)\mathrm{d}t. \tag{4.11}$$

定义 4.2.2 设 $\{X(t), t \geqslant 0\}$ 为均方连续的宽平稳过程, 则**时间平均** $\langle X(t)\rangle$ 的定义为

$$\langle X(t)\rangle = \underset{T\to+\infty}{\mathrm{l.i.m}} \frac{1}{2T}\int_{0}^{2T} X(t)\mathrm{d}t. \tag{4.12}$$

性质 4.2.1 设 $\{X(t), t \in (-\infty, +\infty)\}$ 为均方连续的宽平稳过程, 时间平均为 $\langle X(t)\rangle$, 则

$$E\langle X(t)\rangle = M_X(t) = \mu = 常数. \tag{4.13}$$

证明 由于 $\{X(t), t \in (-\infty, +\infty)\}$ 是均方连续的, 所以, $\{X(t), t \in (-\infty, +\infty)\}$ 是均方可积的, $Y(T) = \dfrac{1}{2T}\displaystyle\int_{-T}^{T} X(t)\mathrm{d}t$ 是一个随机过程, 时间平均 $\langle X(t)\rangle$ 是一个随机变量.

$$\begin{aligned} E\langle X(t)\rangle &= \underset{T\to\infty}{\mathrm{l.i.m}} \frac{1}{2T}\int_{-T}^{T} E[X(t)]\mathrm{d}t \\ &= \underset{T\to\infty}{\mathrm{l.i.m}} \frac{1}{2T}\int_{-T}^{T} \mu\mathrm{d}t = \mu = E[X(t)]. \end{aligned}$$

例 4.2.1 随机过程 $X(t) = a\cos(\omega t + \theta), t \in (-\infty, +\infty)$, 其中 a, ω 为常数, θ 为服从 $(0, 2\pi)$ 上的均匀分布, 该随机过程称为随机相位过程.

(1) 证明随机相位过程是宽平稳过程;

(2) 求随机相位过程的时间平均.

解 (1) $M_X(t) = E[X(t)] = aE[\cos(\omega t + \theta)]$

$$= a\int_0^{2\pi} \cos(\omega t + x)\frac{1}{2\pi}\mathrm{d}x = 0.$$

$$R_X(t_1, t_2) = E[X(t_1)X(t_2)] = a^2E[\cos(\omega t_1 + \theta)\cos(\omega t_2 + \theta)]$$

$$
\begin{aligned}
&= a^2 \int_0^{2\pi} \cos(\omega t_1 + \theta) \cos(\omega t_2 + \theta) \cdot \frac{1}{2\pi} \mathrm{d}\theta \\
&= \frac{a^2}{2} \int_0^{2\pi} [\cos\omega(t_1 - t_2) + \cos(\omega t_1 + \omega t_2 + 2\theta)] \cdot \frac{1}{2\pi} \mathrm{d}\theta \\
&= \frac{a^2}{2} \cos\omega(t_1 - t_2).
\end{aligned}
$$

$$
E[X^2(t)] = \frac{a^2}{2} < +\infty.
$$

因此随机相位过程是宽平稳过程.

$$
\begin{aligned}
(2)\ \langle X(t) \rangle &= \underset{T\to\infty}{\mathrm{l.i.m}} \frac{1}{2T} \int_{-T}^{T} a\cos(\omega t + \theta)\mathrm{d}t \\
&= \underset{T\to\infty}{\mathrm{l.i.m}} \frac{a}{2T} \frac{\sin(\omega T + \theta) - \sin(-\omega T + \theta)}{\omega} \\
&= \underset{T\to\infty}{\mathrm{l.i.m}} \frac{a}{2T} \frac{2\sin\omega T \cos\theta}{\omega} = 0.
\end{aligned}
$$

■

由上可见, 随机相位过程是宽平稳过程, 而且时间平均 $\langle X(t) \rangle$ 依概率收敛到 $E[X(t)]$, 也就说理论平均依概率等于时间平均, 这一特点称为均值具有各态遍历性.

定义 4.2.3 设 $\{X(t), t \in (-\infty, +\infty)\}$ 为均方连续的宽平稳过程, 若**时间平均**依概率收敛到理论平均 $M_X(t) = E[X(t)] = \mu$, 即

$$
\underset{T\to\infty}{\mathrm{l.i.m}} \frac{1}{2T} \int_{-T}^{T} X(t)\mathrm{d}t \overset{\mathrm{P}}{=} \mu, \tag{4.14}
$$

则称该平稳过程的**均值具有各态遍历性**.

定理 4.2.1 设 $\{X(t), t \in (-\infty, +\infty)\}$ 为均方连续的宽平稳过程, 则平稳过程的均值具有各态遍历性的充要条件是

$$
\lim_{T\to+\infty} \frac{1}{2T} \int_{-2T}^{2T} \left(1 - \frac{|\tau|}{2T}\right) [R_X(\tau) - \mu^2]\mathrm{d}\tau = 0, \tag{4.15}
$$

其中 $M_X(t) = E[X(t)] = \mu$, $R_X(t_1, t_2) = R_X(t_2 - t_1) = R_X(\tau), \tau = t_2 - t_1$.

证明 根据切比雪夫不等式知

$$
P(|X - EX| > \varepsilon) \leqslant \frac{DX}{\varepsilon^2}.
$$

时间平均 $\langle X(t) \rangle$ 依概率收敛到 $\mu_X(t)$, 等价于

$$
\lim_{T\to\infty} P(|\langle X(t) \rangle - \mu| > \varepsilon) = 0.
$$

由于 $E[\langle X(t)\rangle]=\mu$, 所以, 证明平稳过程的均值具有各态遍历性的充要条件, 意味着证明 $D[\langle X(t)\rangle]=0$ 的充要条件.

$$
\begin{aligned}
D[\langle X(t)\rangle] &= E[\langle X^2(t)\rangle]-(E[\langle X(t)\rangle])^2 \\
&= E\left\{\left[\underset{T\to+\infty}{\text{l.i.m}}\frac{1}{2T}\int_{-T}^{T}X(t)\,\mathrm{d}t\right]^2\right\}-\mu^2 \\
&= \lim_{T\to+\infty}E\left\{\frac{1}{4T^2}\int_{-T}^{T}X(t_1)\,\mathrm{d}t_1\int_{-T}^{T}X(t_2)\,\mathrm{d}t_2\right\}-\mu^2 \\
&= \lim_{T\to+\infty}\frac{1}{4T^2}\int_{-T}^{T}\int_{-T}^{T}E\left[X(t_1)X(t_2)\right]\mathrm{d}t_1\mathrm{d}t_2-\mu^2 \\
&= \lim_{T\to+\infty}\frac{1}{4T^2}\int_{-T}^{T}\int_{-T}^{T}R_X(t_2-t_1)\,\mathrm{d}t_1\mathrm{d}t_2-\mu^2.
\end{aligned}
$$

令 $\begin{cases}\tau_1=t_1+t_2,\\ \tau_2=t_2-t_1,\end{cases}$ 那么, $\begin{cases}t_1=f_1(\tau_1,\tau_2)=\dfrac{\tau_1-\tau_2}{2},\\ t_2=f_2(\tau_1,\tau_2)=\dfrac{\tau_1+\tau_2}{2},\end{cases}$ 雅可比行列式为

$$
\left|\frac{\partial(t_1,t_2)}{\partial(\tau_1,\tau_2)}\right|=\begin{vmatrix}\dfrac{\partial f_1(t_1,t_2)}{\partial\tau_1} & \dfrac{\partial f_2(t_1,t_2)}{\partial\tau_1}\\ \dfrac{\partial f_1(t_1,t_2)}{\partial\tau_2} & \dfrac{\partial f_2(t_1,t_2)}{\partial\tau_2}\end{vmatrix}=\begin{vmatrix}\dfrac{1}{2} & \dfrac{1}{2}\\ -\dfrac{1}{2} & \dfrac{1}{2}\end{vmatrix}=\frac{1}{2},
$$

积分变量 t_1,t_2 的积分区域为 $[-T,T]\times[-T,T]$, 积分变量 τ_1,τ_2 的积分区域为四条直线 $\tau_1-\tau_2=2T$, $\tau_1-\tau_2=-2T$, $\tau_1+\tau_2=2T$, $\tau_1+\tau_2=-2T$ 围成的菱形区域，积分区域变换图如下 (图 4.1).

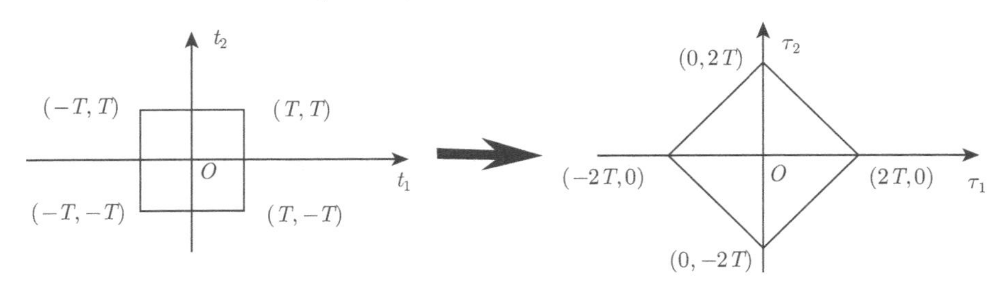

图 4.1　积分区域转换图

令 $\begin{cases}\tau_1=t_1+t_2,\\ \tau_2=t_2-t_1,\end{cases}$ 那么, $\left|\dfrac{\partial(t_1,t_2)}{\partial(\tau_1,\tau_2)}\right|=\dfrac{1}{2}$,

$$
\lim_{T\to+\infty}\frac{1}{4T^2}\int_{-T}^{T}\int_{-T}^{T}R_X(t_2-t_1)\,\mathrm{d}t_1\mathrm{d}t_2-\mu^2
$$

$$= \lim_{T\to+\infty} \frac{1}{4T^2} \left[\int_{-2T}^{0} \int_{-2T-\tau_2}^{\tau_2+2T} \frac{1}{2} R_X(\tau_2) + \int_{0}^{2T} \int_{\tau_2-2T}^{2T-\tau_2} \frac{1}{2} R_X(\tau_2)\right] \mathrm{d}\tau_1 \mathrm{d}\tau_2 - \mu^2$$

$$= \lim_{T\to+\infty} \frac{1}{4T^2} \left[\int_{-2T}^{0} (\tau_2 + 2T) R_X(\tau_2) \mathrm{d}\tau_2 + \int_{0}^{2T} (2T - \tau_2) R_X(\tau_2) \mathrm{d}\tau_2\right] - \mu^2$$

$$= \lim_{T\to+\infty} \frac{1}{4T^2} \int_{-2T}^{2T} (2T - |\tau_2|) R_X(\tau_2) \mathrm{d}\tau_2 - \mu^2 \ R_X(\tau_2) \quad (R_X(\tau_2)\text{为偶函数})$$

$$= \lim_{T\to+\infty} \frac{1}{2T} \int_{-2T}^{2T} \left(1 - \frac{|\tau|}{2T}\right) [R_X(\tau) - \mu^2] \mathrm{d}\tau$$

$$= \lim_{T\to+\infty} \frac{1}{T} \int_{0}^{2T} \left(1 - \frac{\tau}{2T}\right) [R_X(\tau) - \mu^2] \mathrm{d}\tau.$$

所以,

$$E[\langle X(t)\rangle] = \mu,$$

$$D[\langle X(t)\rangle] = \lim_{T\to+\infty} \frac{1}{2T} \int_{-2T}^{2T} \left(1 - \frac{|\tau|}{2T}\right) [R_X(\tau) - \mu^2] \mathrm{d}\tau.$$

平稳过程的均值具有各态遍历性的充要条件是

$$\lim_{T\to+\infty} \frac{1}{2T} \int_{-2T}^{2T} \left(1 - \frac{|\tau|}{2T}\right) [R_X(\tau) - \mu^2] \mathrm{d}\tau = 0. \qquad \blacksquare$$

推论 4.2.1 设 $\{X(t), t \geqslant 0\}$ 为均方连续的宽平稳过程, 则平稳过程的均值具有各态遍历性的充要条件是

$$\lim_{T\to+\infty} \frac{1}{T} \int_{0}^{2T} \left(1 - \frac{\tau}{2T}\right) [R_X(\tau) - \mu^2] \mathrm{d}\tau = 0, \tag{4.16}$$

其中 $M_X(t) = E[X(t)] = \mu$, $R_X(t_1, t_2) = R_X(t_2 - t_1) = R_X(\tau), \tau = t_2 - t_1$.

例 4.2.2 随机过程 $\{X(t) = X(0)(-1)^{N(t)}, t \geqslant 0\}$, 其中 $P(X(0) = -1) = P(X(0) = 1) = \frac{1}{2}$, $\{N(t), t \geqslant 0\}$ 是强度为 λ 的齐次泊松过程, $X(0)$ 和 $N(t)$ 相互独立. 该随机过程被称为随机信号过程. 证明:

(1) 随机信号过程是宽平稳过程;

(2) 随机信号过程的均值具有各态遍历性.

证明 (1) 因为 $P(X(0) = -1) = P(X(0) = 1) = \frac{1}{2}$, 所以, $E[X(0)] = 0$, $E[X^2(0)] = 1$.

$$E[X(t)] = E[X(0)(-1)^{N(t)}] = E[X(0)]E[(-1)^{N(t)}] = 0,$$

$$R_X(t_1, t_2) = E[X(t_1)X(t_2)] = E[X^2(0)(-1)^{N(t_1)+N(t_2)}] = E[(-1)^{N(t_1)+N(t_2)}].$$

$\forall t_1 < t_2$,

$$\begin{aligned}R_X(t_1,t_2) &= E[(-1)^{2N(t_1)+N(t_2)-N(t_1)}] = E[(-1)^{N(t_2-t_1)}] \\ &= P(N(t_2-t_1) = \text{偶数}) - P(N(t_2-t_1) = \text{奇数}) \\ &= \sum_{k=0}^{\infty} \frac{[\lambda(t_2-t_1)]^{2k}}{(2k)!} \mathrm{e}^{-\lambda(t_2-t_1)} - \sum_{k=0}^{\infty} \frac{[\lambda(t_2-t_1)]^{2k+1}}{(2k+1)!} \mathrm{e}^{-\lambda(t_2-t_1)} \\ &= \mathrm{e}^{-\lambda(t_2-t_1)} \sum_{k=0}^{\infty} \frac{[-\lambda(t_2-t_1)]^k}{k!} = \mathrm{e}^{-2\lambda(t_2-t_1)}.\end{aligned}$$

当 $t_1 \geqslant t_2$ 时同理可求, 所以, $R_X(t_1,t_2) = \mathrm{e}^{-2\lambda|t_2-t_1|}$, $E[X^2(t)] = 1$.

所以, 随机信号过程是宽平稳过程.

(2) $\lim\limits_{T\to+\infty} \dfrac{1}{T} \displaystyle\int_0^{2T} \left(1-\dfrac{\tau}{2T}\right)\left[R_X(\tau)-\mu^2\right] \mathrm{d}\tau$

$= \lim\limits_{T\to+\infty} \dfrac{1}{T} \displaystyle\int_0^{2T} \left(1-\dfrac{\tau}{2T}\right) \mathrm{e}^{-2\lambda\tau} \mathrm{d}\tau = 0.$

由推论 4.2.1 知, 随机信号过程的均值具有各态遍历性. ■

对于例 4.2.2, 虽然没有办法求出随机信号过程时间均值的解析式, 但这并不妨碍证明其均值具有各态遍历性. 证明宽平稳过程的均值具有各态遍历性有两种方法. 第一种方法是计算出宽平稳过程的时间均值的解析式, 然后再计算 $D[\langle X(t)\rangle]$, 如果 $D[\langle X(t)\rangle] = 0$, 则均值具有各态遍历性. 反之, 均值不具有各态遍历性. 例如, 随机相位过程均值具有各态遍历性的证明, 就可以采用此方法. 第二种方法就是利用定理 4.2.1 和推论 4.2.1 来证明. 例如, 随机信号过程就只能采用这种方法来证明. 当然, 如果宽平稳过程的自相关函数具有某些特征, 其均值具有各态遍历性.

推论 4.2.2　在宽平稳过程的自相关函数的极限存在的前提下, 即

$$\lim_{\tau\to+\infty} R_X(\tau) \text{ 存在},$$

如果 $\lim\limits_{\tau\to+\infty} R_X(\tau) = \mu^2$, 那么平稳过程的均值具有各态遍历性.

对于例 4.2.1, 其自相关函数为 $R_X(\tau) = \dfrac{a^2}{2}\cos\omega\tau$, 极限不存在, 但其均值具有各态遍历性. 所以, 推论 4.2.2 并不是充分必要条件.

推论 4.2.3　在宽平稳过程的自相关函数的极限存在的前提下, 即

$$\lim_{\tau\to+\infty} R_X(\tau) \text{ 存在},$$

那么, $\lim\limits_{\tau\to+\infty} C_X(\tau) = 0$, 因此平稳过程的均值具有各态遍历性.

例 4.2.3 设平稳过程 $\{X(t), t \in (-\infty, +\infty)\}$ 的均值 $M_X(t) = 0$, 自相关函数 $R_X(\tau) = A\mathrm{e}^{-\alpha|\tau|}(1+\alpha|\tau|), \alpha > 0$, 其中 A, α 为常数, 试问 $X(t)$ 的均值是否具有遍历性?

解

$$\lim_{\tau \to +\infty} R_X(\tau) = \lim_{\tau \to \infty} A\mathrm{e}^{-\alpha|\tau|}(1+\alpha|\tau|) = 0,$$

$$\lim_{\tau \to +\infty} C_X(\tau) = \lim_{\tau \to +\infty} [R_X(\tau) - M_X(t)M_X(t+\tau)] = 0,$$

故 $X(t)$ 的均值具有遍历性. ■

4.2.2 自相关函数的遍历性

定义 4.2.4 设 $\{X(t), t \in (-\infty, +\infty)\}$ 为均方连续的宽平稳过程, 则自相关函数的**时间平均** $\langle X(t)X(t-\tau)\rangle$ 的定义为

$$\langle X(t)X(t-\tau)\rangle = \underset{T \to \infty}{\mathrm{l.i.m}} \frac{1}{2T} \int_{-T}^{T} X(t)X(t-\tau)\mathrm{d}t. \tag{4.17}$$

显然, 对所有的均方连续的宽平稳过程, 都有

$$E[\langle X(t)\rangle] = EX(t) = \mu, \tag{4.18}$$

$$E[\langle X(t)X(t-\tau)\rangle] = E(X(t)X(t-\tau)) = R_X(\tau). \tag{4.19}$$

定义 4.2.5 设 $\{X(t), t \in (-\infty, +\infty)\}$ 为均方连续的宽平稳过程, 若自相关函数的时间平均依概率收敛到理论自相关函数 $R_X(\tau) = E[X(t)X(t-\tau)]$, 即

$$\langle X(t)X(t-\tau)\rangle \overset{\mathrm{P}}{=} R_X(\tau), \tag{4.20}$$

则称该平稳过程的自相关函数具有**各态遍历性**.

例 4.2.4 随机过程 $X(t) = A\sin(t+\theta)$, 其中 A 与 θ 是相互独立的随机变量, 而且 $P\left(\theta = \frac{\pi}{4}\right) = P\left(\theta = -\frac{\pi}{4}\right) = \frac{1}{2}$; A 在 $(-1, +1)$ 区间服从均匀分布.

(1) 证明随机过程是宽平稳过程;

(2) 证明随机过程的均值具有各态遍历性;

(3) 计算随机过程的自相关函数的时间平均, 讨论自相关函数的遍历性.

证明 (1) $E(A) = 0, E(A^2) = \frac{4}{12}$,

$$E[\sin(t+\theta)] = \frac{1}{2}\sin\left(t - \frac{\pi}{4}\right) + \frac{1}{2}\sin\left(t + \frac{\pi}{4}\right) = \frac{\sqrt{2}}{2}\sin t,$$

$$\begin{aligned}
&E[\sin(t_1+\theta)\sin(t_2+\theta)] \\
=&\frac{1}{2}\sin\left(t_1 - \frac{\pi}{4}\right)\sin\left(t_2 - \frac{\pi}{4}\right) + \frac{1}{2}\sin\left(t_1 + \frac{\pi}{4}\right)\sin\left(t_2 + \frac{\pi}{4}\right) \\
=&\frac{1}{2}\cos\left(t_1 + \frac{\pi}{4}\right)\cos\left(t_2 + \frac{\pi}{4}\right) + \frac{1}{2}\sin\left(t_1 + \frac{\pi}{4}\right)\sin\left(t_2 + \frac{\pi}{4}\right)
\end{aligned}$$

$$=\frac{1}{4}\left(\cos(t_1-t_2)-\cos\left(t_1+t_2-\frac{\pi}{2}\right)\right)+\frac{1}{4}\left(\cos(t_1-t_2)-\cos\left(t_1+t_2+\frac{\pi}{2}\right)\right)$$
$$=\frac{1}{2}\cos(t_1-t_2)-\frac{1}{4}\sin(t_1+t_2)+\frac{1}{4}\sin(t_1+t_2)$$
$$=\frac{1}{2}\cos(t_1-t_2),$$

$$\mu_X(t)=E[X(t)]=EA\times E[\sin(t+\theta)]=0,$$
$$R_X(t_1,t_2)=E[X(t_1)X(t_2)]=E(A^2)E[\sin(t_1+\theta)\sin(t_2+\theta)]=\frac{1}{6}\cos(t_1-t_2),$$
$$E[X^2(t)]=\frac{1}{6}<+\infty,$$

因此该随机过程是宽平稳过程.

(2)
$$\begin{aligned}\langle X(t)\rangle&=\lim_{T\to+\infty}\frac{1}{2T}\int_{-T}^{T}A\sin(t+\theta)\,\mathrm{d}t\\&=\lim_{T\to+\infty}\frac{-A[\cos(T+\theta)-\cos(-T+\theta)]}{2T}\\&=0=E[X(t)].\end{aligned}$$

随机过程 $X(t)=A\sin(t+\theta)$ 的均值具有各态遍历性.

(3) $\langle X(t)X(t+\tau)\rangle$

$$\begin{aligned}&=\lim_{T\to+\infty}\frac{1}{2T}\int_{-T}^{T}A^2\sin(t+\theta)\sin[(t+\tau)+\theta]\,\mathrm{d}t\\&=\lim_{T\to+\infty}-\frac{A^2}{4T}\int_{-T}^{T}[\cos(2t+\tau+2\theta)-\cos\tau]\,\mathrm{d}t\\&=\lim_{T\to+\infty}-\frac{A^2}{4T}\frac{\sin(2T+\tau+2\theta)-\sin(-2T+\tau+2\theta)}{2}+\frac{A^2\cos\tau}{2}\\&=\frac{A^2\cos\tau}{2},\end{aligned}$$

$$D[\langle X(t)X(t+\tau)\rangle]=\frac{(\cos\tau)^2}{4}D(A^2)\neq 0.$$

随机过程 $X(t)=A\sin(t+\theta)$ 的自相关函数不具有遍历性.

定理 4.2.2 设 $\{X(t),t\in(-\infty,+\infty)\}$ 为均方连续的宽平稳过程, 其自相关函数具有各态遍历性的充要条件是

$$\lim_{T\to+\infty}\frac{1}{2T}\int_{-2T}^{2T}\left(1-\frac{|\tau_1|}{2T}\right)\left[B(\tau_1)-R_x^2(\tau)\right]\mathrm{d}\tau_1=0,\tag{4.21}$$

其中 $B(\tau_1)=E[X(t)X(t+\tau)X(t+\tau_1)X(t+\tau+\tau_1)]$.

推论 4.2.4 设 $\{X(t),t\geqslant 0\}$ 为均方连续的宽平稳过程, 则自相关函数的**时间平均** $\langle X(t)X(t-\tau)\rangle$ 的定义为

$$\langle X(t)X(t+\tau)\rangle = \underset{T\to+\infty}{\text{l.i.m}}\frac{1}{T}\int_0^T X(t)X(t+\tau)\,\mathrm{d}t, \tag{4.22}$$

其自相关函数具有各态遍历性的充要条件是

$$\lim_{T\to+\infty}\frac{1}{T}\int_0^{2T}\left(1-\frac{\tau_1}{2T}\right)\left[B(\tau_1)-R_X^2(\tau)\right]\mathrm{d}\tau_1=0, \tag{4.23}$$

其中 $B(\tau_1)=E[X(t)X(t+\tau)X(t+\tau_1)X(t+\tau+\tau_1)]$.

4.2.3 平稳过程的各态遍历性

定义 4.2.6 设 $X(t)$ 为均方连续的宽平稳过程, 其均值和自相关函数都具有各态遍历性, 则称随机过程 $X(t)$ 是**各态遍历**的.

例 4.2.5 随机过程 $X(t)=a\cos(\omega t+\theta), t\in(-\infty,+\infty)$, 其中 a,ω 为常数, θ 为服从 $(0,2\pi)$ 上的均匀分布, 该随机过程称为随机相位过程. 随机相位过程是宽平稳过程. 证明随机相位过程是各态遍历的.

解 参见例 4.2.1, 可知

$$\langle X(t)\rangle = \underset{T\to\infty}{\text{l.i.m}}\frac{1}{2T}\int_{-T}^{T}a\cos(\omega t+\theta)\mathrm{d}t=0,$$

$$\begin{aligned}\langle X(t)X(t-\tau)\rangle &= \underset{T\to\infty}{\text{l.i.m}}\frac{1}{2T}\int_{-T}^{T}a\cos(\omega t+\theta)a\cos(\omega t-\omega\tau+\theta)\mathrm{d}t\\&=\underset{T\to\infty}{\text{l.i.m}}\frac{a^2}{2T}\int_{-T}^{T}\frac{1}{2}\left[\cos(\omega\tau)-\cos(2\omega t-\omega\tau+2\theta)\right]\mathrm{d}t\\&=\frac{a^2}{2}\cos(\omega\tau)-\underset{T\to\infty}{\text{l.i.m}}\frac{a^2}{2T}\frac{\sin(2\omega T-\omega\tau+2\theta)+\sin(2\omega T+\omega\tau-2\theta)}{2\omega}\\&=\frac{a^2}{2}\cos(\omega\tau).\end{aligned}$$

显然, $E[\langle X(t)\rangle]=0,\ D[\langle X(t)\rangle]=0.$

$$E[\langle X(t)X(t-\tau)\rangle]=R_X(\tau)=\frac{a^2}{2}\cos(\omega\tau),$$

$$D[\langle X(t)X(t-\tau)\rangle]=0.$$

所以, 时间平均依概率收敛到理论平均, 自相关函数的时间平均依概率收敛到理论自相关函数, 随机相位过程是各态遍历的. ■

各态遍历定理的重要价值在于它从理论上给出了如下保证: 一个平稳过程 $\{X(t),t\geqslant 0\}$, 只要它满足各态遍历性条件, 便可以根据“以概率 1 成立”的含义, 从一次试验所得到的样本函数来确定该平稳过程的均值和自相关函数. 即对一个平稳过程进行一次试验, 获得其一个样本函数, 并将其离散化获得相应的样

本点 $X(e_0,t_1), X(e_0,t_2), \cdots, X(e_0,t_N)$, 简记为 $X(1), X(2), \cdots, X(n)$, 那么, 平稳过程的均值函数和自相关函数可以利用下面的式子来估计:

$$\mu_X \triangleq \frac{1}{N}\sum_{k=1}^{N} X(k), \quad R_X(\tau) \triangleq \frac{1}{N}\sum_{k=1}^{N-\tau} X(k)X(k+\tau).$$

而且, 上面的估计式是相合估计.

4.3 联合平稳过程

4.3.1 联合平稳过程的定义

定义 4.3.1 设 $\{X(t), t\in T\}$ 与 $\{Y(t), t\in T\}$ 为两个平稳过程, 若对于任意的 $\forall t\in T$, $\forall t+\tau\in T$, 它们的两个互相关函数 $E[X(t)Y(t+\tau)]$ 与 $E[Y(t)X(t+\tau)]$ 仅与时间间隔 τ 有关, 则称 $X(t)$ 与 $Y(t)$ **平稳相关**. 或称 $X(t)$ 与 $Y(t)$ 为**联合平稳过程**.

由定义 4.3.1 知, $\forall t\in T$, $\forall t+\tau\in T$,

$$E[X(t)Y(t+\tau)] = R_{XY}(\tau), \quad E[Y(t)X(t+\tau)] = R_{YX}(\tau). \tag{4.24}$$

例 4.3.1 随机过程 $X(t) = a\cos(\omega t+\theta)$, $Y(t) = b\cos(\omega t+\theta-\varphi)$ 为两个平稳过程, 其中 a, b, ω, φ 为常数, θ 为服从 $(0, 2\pi)$ 上的均匀分布. 试求 $R_{XY}(\tau)$ 和 $R_{YX}(\tau)$.

解

$$\begin{aligned} R_{XY}(\tau) &= E[X(t)Y(t+\tau)] \\ &= abE[\cos(\omega t+\theta)\cos(\omega t+\omega\tau+\theta-\varphi)] \\ &= ab\int_0^{2\pi}\cos(\omega t+\theta)\cos(\omega t+\omega\tau+\theta-\varphi)\cdot\frac{1}{2\pi}\mathrm{d}\theta \\ &= \frac{ab}{2}\int_0^{2\pi}[\cos(\omega\tau-\varphi)+\cos(2\omega t+\omega\tau+2\theta-\varphi)]\cdot\frac{1}{2\pi}\mathrm{d}\theta \\ &= \frac{1}{2}ab\cos(\omega\tau-\varphi). \end{aligned}$$

同理可得, $R_{YX}(\tau) = \frac{1}{2}ab\cos(\omega\tau+\varphi)$, 显然, 两随机过程是联合平稳过程. ■

4.3.2 联合平稳过程的性质

性质 4.3.1 若两个平稳过程 $\{X(t), t\in T\}$ 与 $\{Y(t), t\in T\}$ 为联合平稳过程, 则

(1) $|R_{XY}(\tau)|^2 \leqslant R_X(0)R_Y(0)$, $|C_{YX}(\tau)|^2 \leqslant C_X(0)C_Y(0)$; (4.25)

(2) $R_{XY}(\tau) = R_{YX}(-\tau)$; (4.26)

(3) $Z(t)=X(t)+Y(t)$ 是平稳过程;

(4) $Z(t)=\alpha X(t)+\beta Y(t)$, 其中 $\alpha\in\mathbf{R},\beta\in\mathbf{R}$, 此时 $Z(t)$ 是平稳过程.

证明 (1) 对于任意实数 $a\in\mathbf{R}$,

$$E[X(t)-aY(t+\tau)]^2=R_X(0)-2aR_{XY}(\tau)+a^2R_Y(0)\geqslant 0,$$

所以,

$$[2R_{XY}(\tau)]^2-4R_X(0)R_Y(0)\leqslant 0,$$

所以,

$$|R_{XY}(\tau)|^2\leqslant R_X(0)R_Y(0),$$

同理

$$E\{[X(t)-\mu_X]-a[Y(t+\tau)-\mu_Y]\}^2\geqslant 0.$$

所以, $|C_{YX}(\tau)|^2\leqslant C_X(0)C_Y(0)$.

(2) $E\left[X(t)Y(t+\tau)\right]=R_{XY}(\tau)=E\left[Y(t+\tau)X(t)\right]=R_{YX}(-\tau)$.

(3) $E[Z(t)]=E[X(t)]+E[Y(t)]=\mu_X+\mu_Y$ 为一个常数.

$$\begin{aligned}E[Z(t_1)Z(t_2)]&=E[X(t_1)X(t_2)]+E[X(t_1)Y(t_2)]+E[X(t_2)Y(t_1)]+E[Y(t_1)Y(t_2)]\\&=R_X(t_1,t_2)+R_{XY}(t_1,t_2)+R_{YX}(t_1,t_2)+R_Y(t_1,t_2)\\&=R_X(\tau)+R_{XY}(\tau)+R_{YX}(\tau)+R_Y(\tau)=R_X(\tau)+R_Y(\tau),\end{aligned}$$

$$E[Z^2(t)]=R_X(0)+R_Y(0)<+\infty,$$

所以, $Z(t)=X(t)+Y(t)$ 是平稳过程. ■

习 题 4

1. 设随机序列 $\{X(t)=\sin 2\pi tX, t\in T\}$, 其中 $T=\{0,+1,+2,\cdots\}, X\sim U(0,1)$, 试讨论此随机序列的平稳性.

2. 设 $\{N(t),t\geqslant 0\}$ 为强度是 $\lambda(>0)$ 的泊松过程, 令

$$X(t)=N(t+1)-N(t),\quad t\geqslant 0,$$

试证明 $\{X(t),t\geqslant 0\}$ 是一宽平稳过程.

3. 试证明随机过程 $\{X(t)=A\cos\omega t+B\sin\omega t, t\in(-\infty,+\infty)\}$ (ω 为常数) 是宽平稳过程的充要条件是: A 与 B 是互不相关的随机变量, 即 $\mathrm{Cov}(A,B)=0$, 且具有零均值与等方差.

4. 设 $\{X(t), t \in (-\infty, +\infty)\}$ 是正态的平稳过程, 均值为 0, 自相关函数为 $R_X(\tau)$, 试证 $\{X^2(t),\ t \in (-\infty,\ +\infty)\}$ 也是平稳过程, 并求它的均值与自相关函数.

5. 在电报信号传输中, 信号是由不同的电流符号 $C, -C$ 给出的, 且对于任意的 t, 电路中电流 $X(t)$ 具有概率分布

$X(t)$	C	$-C$
p_i	$\frac{1}{2}$	$\frac{1}{2}$

因电流的发送有一个任意的持续时间, 电流变换符号的时间是随机的, 设 $X(t)$ 在 $[0, t)$ 内变换的次数 $N(t)$ 为强度是 λ 的泊松过程, 试讨论 $\{X(t), t \geqslant 0\}$ 的平稳性.

6. 设已知一个随机变量 X 和一个常数 a, X 的特征函数为

$$\varphi(t) = E(\mathrm{e}^{\mathrm{i}tx}) = E(\cos tX) + \mathrm{i}E(\sin tX).$$

令 $X(t) = \cos(at + X)$, $t \in (-\infty, +\infty)$, 试证 $\{X(t),\ t \in (-\infty,\ +\infty)\}$ 为平稳过程的充要条件是 $\varphi(1) = 0$, 且 $\varphi(2) = 0$.

7. 设 $X(t) = Xf(t), -\infty < t < +\infty$, 其中 X 是随机变量, $f(t)$ 是 t 的实函数, 试问何时 $X(t)$ 才是平稳过程?

8. 设有随机过程 $Z(t) = X\sin t + Y\cos t$, 其中 X 和 Y 是相互独立的随机变量, 它们都分别以 $\dfrac{2}{3}$ 和 $\dfrac{1}{3}$ 的概率取值 -1 和 2, 试求 $Z(t)$ 的均值函数与自相关函数, 并讨论 $Z(t)$ 的平稳性.

9. 设 $\{X(t), t \in T\}$ 为复随机过程, 若满足条件:

(1) $E[|X(t)|^2] < +\infty$;

(2) $M_X(t) = E[X(t)] =$ 复数;

(3) $R_X(t_1, t_2) = E[X(t_1)\overline{X(t_2)}] = R_X(t_2 - t_1)$,

则称该过程为**复值的宽平稳过程.**

设 $X(t) = Xf(t), -\infty < t < +\infty$, 其中 X 是随机变量, $f(t)$ 是 t 的复函数, 求证 $X(t)$ 是复值的宽平稳的充要条件是 $f(t) = \mathrm{e}^{\mathrm{i}\omega t}$, 其中 ω 是实常数.

10. 设实平稳过程 $X(t)$ 的均值为零, 协方差为 $C_X(\tau)$, 二维密度函数 $f_2(x_1, x_2, t+\tau, t) = f_2(x_1, x_2, \tau)$, 求证:

(1) $P(|X(t+\tau) - X(t)| \geqslant a) \leqslant 2[C(0) - C(\tau)]/a$;

(2) 试用 $f_2(x_1, x_2, \tau)$ 表示 $P(|X(t+\tau) - X(t)| \geqslant a)$.

11. 设二阶矩过程 $\{X(t), t \in (-\infty, +\infty)\}$ 的均值函数为 $M_X(t) = \alpha + \beta t$, 自相关函数 $R_X(t, t+\tau) = \mathrm{e}^{-\lambda|\tau|}$, 试证 $\{Y(t) = X(t+1) - X(t)\}$ 为平稳过程, 并求它的均值函数与自相关函数.

12. 设 $\{X(t), t \in (-\infty, +\infty)\}$ 为均方可微的宽平稳随机过程, 试证 $EX(t)X'(t) = 0$.

13. 设随机过程 $\{X(t) = A\cos(\omega t + \varPhi), t \in (-\infty, +\infty)\}$, 其中 A 为服从瑞利分布的随机变量, 其概率密度函数为

$$f(x) = \begin{cases} \dfrac{x}{\sigma^2}\mathrm{e}^{-\frac{x^2}{2\sigma^2}}, & x > 0, \\ 0, & x \leqslant 0, \end{cases}$$

Φ 是在 $(0,2\pi)$ 上服从均匀分布的随机变量, 且与 A 相互独立, ω 为常数, 试问此过程 $X(t)$ 是否为平稳过程? 并讨论该过程的遍历性.

14. 设 $\{X(n), n=0,\pm1,\pm2,\cdots\}$ 是具有相同概率密度函数 $f(x)$ 的独立同分布的随机变量序列. 令 $Y(n)=\frac{1}{4}X(n)+\frac{1}{2}X(n-1)+\frac{1}{4}X(n-2), n=0,\pm1,\pm2,\cdots$.

(1) 试求 $Y(n)$ 的自相关函数;

(2) 讨论 $\{Y(n), n=0,\pm1,\pm2,\cdots\}$ 的严平稳性.

15. 设随机序列 $\{X_n, n=1,2,\cdots\}$ 相互独立且都服从标准正态分布 $N(0,1)$, 随机序列 $\{Y_n, n=1,2,\cdots\}$ 相互独立且都服从均匀分布 $U(-\sqrt{3},\sqrt{3})$, 随机序列 $\{X_n, n\geqslant 1\}$ 与随机序列 $\{Y_n, n\geqslant 1\}$ 相互独立, 令

$$Z_n=\begin{cases} X_n, & n=2k+1, \\ Y_n, & n=2k, \end{cases} \quad k=0,1,\cdots.$$

证明随机序列 $\{Z_n, n\geqslant 1\}$ 是宽平稳的, 但不是严平稳的.

16. 设随机过程 $\{X(t)=A\cos(\omega t+\theta), t\in(-\infty,+\infty)\}$, 其中 A, ω, θ 为相互独立的随机变量, 其中 A 的均值为 2, 方差为 4, 且 $\theta\sim U(-\pi,\pi), \omega\sim U(-5,5)$, 试问 $X(t)$ 是否为平稳过程, 并讨论 $X(t)$ 的均值与自相关函数的遍历性.

17. 设随机过程 $\{X(t)=A\sin t+B\cos t, t\in(-\infty,+\infty)\}$, 其中 A,B 是均值为 0 且不相关的随机变量 $E(A^2)=E(B^2)$, 试证: $X(t)$ 有均值的遍历性而无自相关函数的遍历性.

18. 设随机过程 $\{X(t)=A\sin(2\pi Bt+\theta), t\in(-\infty,+\infty)\}$, 其中 A 为常数, B 和 θ 为相互独立的随机变量. 且已知 B 的概率密度为偶函数, $\theta\sim U(-\pi,\pi)$. 试证:

(1) $X(t)$ 为一平稳过程;

(2) $X(t)$ 的均值具有遍历性.

19. 随机过程 $X(t)=A\cos(\omega t+\theta)$, 其中 ω 为常数, 随机变量 θ 在 $(0,2\pi)$ 上服从均匀分布. 随机变量 A 的概率密度为 $f(x)=\begin{cases} 2x, & 0<x<1, \\ 0, & \text{其他}, \end{cases}$ 随机变量 θ 与随机变量 A 相互独立. 试证:

(1) $X(t)$ 为一平稳过程;

(2) $X(t)$ 的均值具有遍历性;

(3) $X(t)$ 的自相关函数不具有遍历性.

20. 设随机过程 $\{X(t)=A\sin\omega t+B\cos\omega t, t\in(-\infty,+\infty)\}$, 其中 ω 为常数, A,B 相互独立同正态分布 $N(0,\sigma^2)$.

(1) 证明 $X(t)$ 为一平稳过程;

(2) 证明 $X(t)$ 的均值具有遍历性;

(3) $X(t)$ 的自相关函数是否具有遍历性?

21. 设 $X(t)$ 是以 L 为周期的周期函数, θ 是在 $(0,L)$ $(L>0)$ 上均匀分布的随机变量, 试证明: 随机相位周期过程 $\{X(t+\theta), t\in T\}$ 是一遍历性过程.

22. 设随机过程 $\{X(t)=A\sin(t+\theta), t\in(-\infty,+\infty)\}$, 其中 $P\left(\theta=\frac{\pi}{4}\right)=P\left(\theta=-\frac{\pi}{4}\right)=\frac{1}{2}$, $A\sim U(-1,1)$, A,θ 为相互独立的随机变量, 试问 $X(t)$ 是否为平稳过程, 并讨论 $X(t)$ 的均值与自相关函数的遍历性.

23. 设 $X(t)$ 是雷达发射信号, 遇目标后返回接收机的微弱信号为 $\alpha X(t-\tau_1)(\alpha << 1)$, τ_1 是信号返回时间, 由于接收到的信号总是伴有噪声, 记噪声为 $Z(t)$, 于是接收机收到的全信号为 $Y(t)=\alpha X(t-\tau_1)+Z(t)$.

(1) 若 $X(t)$ 与 $Y(t)$ 是联合平稳过程, 试求互相关函数 $R_{XY}(\tau)$;

(2) 在 (1) 条件下, 假如 $Z(t)$ 的均值为 0, 且与 $X(t)$ 独立, 试求 $R_{XY}(\tau)$.

24. 随机过程 $X(t)=a\sin(\omega t+\theta)$, $Y(t)=b\sin(\omega t+\theta-\varphi)$, 其中 a,b,ω,φ 为常数, θ 在 $(0,2\pi)$ 上服从均匀分布. 证明: $X(t)$ 与 $Y(t)$ 为两个平稳过程, 而且是联合平稳过程.

25. 设有两个随机过程

$$\{X(t)=A\cos\omega t+B\sin\omega t, t\in(-\infty,+\infty)\},$$
$$\{Y(t)=-A\sin\omega t+B\cos\omega t, t\in(-\infty,+\infty)\},$$

其中 A, B 为不相关的随机变量, 而且 $E(A)=E(B)=0, D(A)=D(B)=\sigma^2$, 证明: $X(t)$ 与 $Y(t)$ 为两个平稳过程, 而且是联合平稳过程.

26. 随机过程 $X(t)=a\cos(\omega t+\theta)$, $Y(t)=b\sin(\omega t+\theta)$, 其中 a,b,ω 为常数, θ 在 $(0,2\pi)$ 上服从均匀分布. 试求 $R_{XY}(\tau)$ 和 $R_{YX}(\tau)$.

第 5 章　平稳过程的谱分析

平稳过程 $\{X(t), t \in T\}$ 的自相关函数 $R_X(\tau)$ 在时域上描述了随机过程的统计特征, 为描述平稳过程在频域上的统计特征, 引进谱密度的概念. 本章主要讨论平稳过程的谱密度和自相关函数 $R_X(\tau)$ 的谱分析.

5.1　谱密度的物理意义

5.1.1　实函数的谱密度

函数 $x(t)$, $-\infty < t < +\infty$ 是时间 t 的实函数, 例如, $x(t)$ 可以表示 t 时刻的电流强度或电压, 根据电功率公式 $W = I^2R = U^2/R$, 当电阻 $R = 1\ \Omega$ 时, $x^2(t)$ 表示电流信号在 t 时刻的功率, 那么, $\int_{-\infty}^{+\infty} x^2(t)\mathrm{d}t$ 表示总功率, 或总能量. 现在将时间的实函数 $x(t)$ 表示为无限各谐波的叠加, 把总功率表示为无限分量的无限叠加, 也就是对实函数 $x(t)$ 进行频谱分析, 对总功率进行频谱分析.

定义 5.1.1　设时间的实函数 $x(t)$, $-\infty < t < +\infty$, 满足**狄利克雷条件** (Dirichlet conditions), 即

$$\int_{-\infty}^{+\infty} |x(t)|\,\mathrm{d}t < \infty,$$

则实函数 $x(t)$ 的傅里叶 (Fourier) 变换存在, 称其傅里叶变换为实函数 $x(t)$ 的**频谱**, 即

$$F_x(\omega) = \int_{-\infty}^{\infty} x(t)\mathrm{e}^{-\mathrm{i}\omega t}\mathrm{d}t \tag{5.1}$$

为**实函数 $x(t)$ 的频谱**.

一般地, $F_x(\omega)$ 为复值函数, 而且

$$F_x(-\omega) = \int_{-\infty}^{\infty} x(t)\mathrm{e}^{\mathrm{i}\omega t}\mathrm{d}t = \int_{-\infty}^{\infty} \mathrm{e}^{\overline{-\mathrm{i}\omega t}}x(t)\mathrm{d}t = \overline{F_x(\omega)}, \tag{5.2}$$

$F_x(\omega)$ 的傅里叶逆变换为

$$x(t) = \frac{1}{2\pi}\int_{-\infty}^{\infty} F_x(\omega)\mathrm{e}^{\mathrm{i}\omega t}\mathrm{d}\omega. \tag{5.3}$$

频谱 $F_x(\omega)$ 的傅里叶逆变换, 说明实函数 $x(t)$ 可以表示谐分量

$$\frac{1}{2\pi}F_x(\omega)\,\mathrm{e}^{\mathrm{i}\omega t}\mathrm{d}\omega$$

的无限叠加, 其中 ω 称为圆频率. $\frac{1}{2\pi}F_x(\omega)\,\mathrm{d}\omega$ 是圆频率 ω 的谐分量的振幅, 利用 $\omega=2\pi f$, 将频率上的谐分量表示为 $\mathrm{e}^{\mathrm{i}2\pi ft}F_x(2\pi f)\,\mathrm{d}f$, 其中 f 称为频率, 相应振幅为 $|F_x(2\pi f)|\,\mathrm{d}f$. 同时, 谐分量在频带 $[f, f+\mathrm{d}f]$ 上的能量为 $|F_x(2\pi f)|^2\,\mathrm{d}f$, 在圆频率带 $[\omega,\omega+\mathrm{d}\omega]$ 上的能量为 $|F_x(\omega)|^2\,\mathrm{d}\omega$, 信号 $x(t)$ 的总功率 $\int_{-\infty}^{+\infty}x^2(t)\mathrm{d}t$ 和谐分量的能量之间 $|F_x(\omega)|^2\,\mathrm{d}\omega$ 存在称为帕塞瓦尔 (Parseval) 等式的关系.

定理 5.1.1 设时间的实函数 $x(t)$, $-\infty<t<+\infty$, 满足狄利克雷条件, 那么, 信号 $x(t)$ 的总功率 $\int_{-\infty}^{+\infty}x^2(t)\mathrm{d}t$ 与谐分量的能量 $|F_x(\omega)|^2\,\mathrm{d}\omega$ 满足下面等式:

$$\int_{-\infty}^{\infty}x^2(t)\mathrm{d}t=\frac{1}{2\pi}\int_{-\infty}^{\infty}|F_x(\omega)|^2\,\mathrm{d}\omega, \tag{5.4}$$

该等式称为**帕塞瓦尔等式**.

证明

$$\begin{aligned}\int_{-\infty}^{\infty}x^2(t)\mathrm{d}t&=\int_{-\infty}^{\infty}x(t)x(t)\mathrm{d}t\\&=\int_{-\infty}^{\infty}x(t)\frac{1}{2\pi}\int_{-\infty}^{\infty}F_x(\omega)\mathrm{e}^{\mathrm{i}\omega t}\mathrm{d}\omega\mathrm{d}t\\&=\frac{1}{2\pi}\int_{-\infty}^{\infty}F_x(\omega)\left[\int_{-\infty}^{\infty}x(t)\mathrm{e}^{\mathrm{i}\omega t}\mathrm{d}t\right]\mathrm{d}\omega\\&=\frac{1}{2\pi}\int_{-\infty}^{\infty}F_x(\omega)\overline{F_x(\omega)}\mathrm{d}\omega\\&=\frac{1}{2\pi}\int_{-\infty}^{\infty}|F_x(\omega)|^2\,\mathrm{d}\omega.\end{aligned}$$

■

因此, 帕塞瓦尔等式表明信号的总能量等于各谐分量能量的叠加. 在频域中, $|F_x(2\pi f)|^2$ 表示在频率 f 处的能量, $|F_x(\omega)|^2$ 表示在圆频率 ω 处的能量.

通常情况下, 狄利克雷条件不能满足, 例如 $x(t)=\sin t$, 所以, 通常研究信号 $x(t)$ 在 $-\infty<t<+\infty$ 上的平均功率, 即

$$\text{平均功率}=\lim_{T\to+\infty}\frac{1}{2T}\int_{-T}^{T}x^2(t)\,\mathrm{d}t. \tag{5.5}$$

定理 5.1.2 设时间的实函数 $x(t)$, $-\infty<t<+\infty$, $\int_{-\infty}^{+\infty}|x(t)|\,\mathrm{d}t=\infty$, 那么, 对信号 $x(t)$ 作截尾函数 $x_T(t)$, 截尾函数 $x_T(t)$ 的傅里叶变换是存在的. 截尾函数 $x_T(t)$ 的定义如下:

$$x_T(t)=\begin{cases} x(t), & |t|\leqslant T,\\ 0, & |t|>T,\end{cases} \tag{5.6}$$

截尾函数 $x_T(t)$ 的傅里叶变换为

$$F_x(\omega,T)=\int_{-\infty}^{+\infty}x_T(t)\,\mathrm{e}^{-\mathrm{i}\omega t}\mathrm{d}t=\int_{-T}^{T}x(t)\,\mathrm{e}^{-\mathrm{i}\omega t}\mathrm{d}t. \tag{5.7}$$

相应的**帕塞瓦尔等式**为

$$\int_{-\infty}^{+\infty}x_T^2(t)\,\mathrm{d}t=\int_{-T}^{T}x^2(t)\,\mathrm{d}t=\frac{1}{2\pi}\int_{-\infty}^{+\infty}|F_x(\omega,T)|^2\,\mathrm{d}\omega. \tag{5.8}$$

两边同时除以 $2T$, 并令 $T\to\infty$, 那么, 信号 $x(t)$ 在 $(-\infty,+\infty)$ 上的平均功率表示为

$$\lim_{T\to\infty}\frac{1}{2T}\int_{-T}^{T}x^2(t)\mathrm{d}t=\frac{1}{2\pi}\int_{-\infty}^{+\infty}S(\omega)\,\mathrm{d}\omega, \tag{5.9}$$

其中 $S(\omega)=\lim\limits_{T\to\infty}\dfrac{1}{2T}|F(\omega,T)|^2$, $S(\omega)$ 为信号 $x(t)$ 在 ω 处的**功率谱密度**, 简称**谱密度**.

以上讨论的是普通实值函数的频谱分析, 对于实随机过程 $\{X(t),t\in(-\infty,+\infty)\}$ 可以作类似的频谱分析.

5.1.2 随机过程的谱密度

设实随机过程 $\{X(t),t\in(-\infty,+\infty)\}$ 是均方连续的, 作截尾随机过程 $X_T(t)$ 如下:

$$X_T(t)=\begin{cases} X(t), & |t|\leqslant T,\\ 0, & |t|>T,\end{cases} \tag{5.10}$$

因为 $X_T(t)$ 均方可积, 故存在傅里叶变换:

$$F_X(\omega,T)=\int_{-\infty}^{+\infty}X_T(t)\,\mathrm{e}^{-\mathrm{i}\omega t}\mathrm{d}t=\int_{-T}^{T}X(t)\,\mathrm{e}^{-\mathrm{i}\omega t}\mathrm{d}t. \tag{5.11}$$

因为 $X_T(t)$ 均方可积, 故总能量的平均值存在:

$$E\left[\int_{-\infty}^{+\infty}|X_T^2(t)|\mathrm{d}t\right]=E\left[\int_{-T}^{T}|X^2(t)|\mathrm{d}t\right]<+\infty. \tag{5.12}$$

由于固定 t 时刻, $X(t)$ 是随机变量, 所以, $F_X(\omega,T)$ 和 $\displaystyle\int_{-T}^{T}|X^2(t)|\mathrm{d}t$ 是随机变量. 利用帕塞瓦尔等式和傅里叶逆变换, 以及求取平均值, 得到

$$\lim_{T\to\infty}E\left[\frac{1}{2T}\int_{-T}^{T}|X(t)|^2\mathrm{d}t\right]=\frac{1}{2\pi}\int_{-\infty}^{+\infty}\lim_{T\to\infty}\frac{1}{2T}E|F_X(\omega,T)|^2\,\mathrm{d}\omega. \tag{5.13}$$

定义 5.1.2　设随机过程 $\{X(t), t \in (-\infty, +\infty)\}$ 是均方连续的, 称

$$\varphi^2 = \lim_{T\to\infty} E\left[\frac{1}{2T}\int_{-T}^{T} |X(t)|^2 \mathrm{d}t\right] \tag{5.14}$$

为随机过程 $X(t)$ 的**平均功率**; 称

$$S_X(\omega) = \lim_{T\to\infty} \frac{1}{2T} E\left|F_X(\omega, T)\right|^2 \tag{5.15}$$

为随机过程 $X(t)$ 的**功率谱密度**, 简称**谱密度**.

定理 5.1.3　设随机过程 $\{X(t), t \in (-\infty, +\infty)\}$ 是均方连续的, 则随机过程 $X(t)$ 的平均功率与谱密度满足**帕塞瓦尔等式**

$$\varphi^2 = \lim_{T\to\infty} E\left[\frac{1}{2T}\int_{-T}^{T} |X(t)|^2 \mathrm{d}t\right] = \frac{1}{2\pi}\int_{-\infty}^{+\infty} S(\omega)\, \mathrm{d}\omega. \tag{5.16}$$

性质 5.1.1　设随机过程 $\{X(t), t \in (-\infty, +\infty)\}$ 是均方连续的, 该随机过程 $X(t)$ 的谱密度 $S_X(\omega)$ 是实的、非负的偶函数.

证明　随机过程 $X(t)$ 的谱密度为

$$S_X(\omega) = \lim_{T\to\infty} \frac{1}{2T} E\left|F_X(\omega, T)\right|^2.$$

由于 $|F_X(\omega, T)|^2 = F_X(\omega, T)\overline{F_X(\omega, T)}$ 是实的、非负的偶函数, 所以, 它的均值极限也是实的、非负的偶函数.

所以, 随机过程 $X(t)$ 的谱密度 $S_X(\omega)$ 是实的、非负的偶函数. ■

5.1.3　平稳过程的谱密度

定理 5.1.4　设平稳过程 $\{X(t), t \in (-\infty, +\infty)\}$ 是均方连续的, 其自相关函数 $R_X(\tau)$ 满足狄利克雷条件, 即

$$\int_{-\infty}^{+\infty} |R_X(\tau)|\, \mathrm{d}\tau < \infty. \tag{5.17}$$

则平稳过程 $X(t)$ 的谱密度 $S_X(\omega)$ 和自相关函数 $R_X(\tau)$ 是一对傅里叶变换, 即

$$S_X(\omega) = \int_{-\infty}^{+\infty} R_X(\tau)\, \mathrm{e}^{-\mathrm{i}\omega\tau} \mathrm{d}\tau, \quad R_X(\tau) = \frac{1}{2\pi}\int_{-\infty}^{+\infty} S_X(\omega)\, \mathrm{e}^{\mathrm{i}\omega\tau} \mathrm{d}\omega. \tag{5.18}$$

上面的两个式子统称为**维纳-辛钦公式**.

证明
$$
\begin{aligned}
S_X(\omega) &= \lim_{T\to\infty}\frac{1}{2T}E\left|F(\omega,T)\right|^2 \\
&= \lim_{T\to\infty}\frac{1}{2T}E\left|\int_{-T}^{T}X(t)\mathrm{e}^{-\mathrm{i}\omega t}\mathrm{d}t\right|^2 \\
&= \lim_{T\to+\infty}\frac{1}{2T}E\left[\int_{-T}^{T}X(t_1)\mathrm{e}^{\mathrm{i}\omega t_1}\mathrm{d}t_1\int_{-T}^{T}X(t_2)\mathrm{e}^{-\mathrm{i}\omega t_2}\mathrm{d}t_2\right] \\
&= \lim_{T\to+\infty}\frac{1}{2T}\int_{-T}^{T}\int_{-T}^{T}E\left[X(t_1)X(t_2)\right]\mathrm{e}^{-\mathrm{i}\omega(t_2-t_1)}\mathrm{d}t_1\mathrm{d}t_2 \\
&= \lim_{T\to+\infty}\frac{1}{2T}\int_{-T}^{T}\int_{-T}^{T}R_X(t_2-t_1)\mathrm{e}^{-\mathrm{i}\omega(t_2-t_1)}\mathrm{d}t_1\mathrm{d}t_2 \\
&\xlongequal[\tau_2=t_2-t_1]{\tau_1=t_1+t_2} \lim_{T\to+\infty}\int_{-2T}^{2T}\left(1-\frac{|\tau|}{2T}\right)R_X(\tau)\mathrm{e}^{-\mathrm{i}\omega\tau}\mathrm{d}\tau.
\end{aligned}
$$

令

$$
R_X(\tau,T)=\begin{cases}\left(1-\dfrac{|\tau|}{2T}\right)R_X(\tau), & |\tau|\leqslant 2T,\\ 0, & |\tau|>2T,\end{cases}
$$

显然 $\lim\limits_{T\to\infty}R_X(\tau)=R_X(\tau)$, 故

$$
\begin{aligned}
S_X(\omega) &= \lim_{T\to+\infty}\int_{-2T}^{2T}\left(1-\frac{|\tau|}{2T}\right)R_X(\tau)\mathrm{e}^{-\mathrm{i}\omega\tau}\mathrm{d}\tau \\
&= \int_{-\infty}^{+\infty}\lim_{T\to+\infty}R_X(\tau,T)\mathrm{e}^{-\mathrm{i}\omega\tau}\mathrm{d}\tau \\
&= \int_{-\infty}^{+\infty}R_X(\tau)\mathrm{e}^{-\mathrm{i}\omega\tau}\mathrm{d}\tau.
\end{aligned}
$$

可以看出, $S_X(\omega)$ 是自相关函数 $R_X(\tau)$ 的傅里叶变换, 相应地可以得出自相关函数 $R_X(\tau)$ 是功率谱 $S_X(\omega)$ 的逆傅里叶变换, 即

$$
S_X(\omega)=\int_{-\infty}^{+\infty}R_X(\tau)\mathrm{e}^{-\mathrm{i}\omega\tau}\mathrm{d}\tau,\quad R_X(\tau)=\frac{1}{2\pi}\int_{-\infty}^{+\infty}S_X(\omega)\mathrm{e}^{\mathrm{i}\omega\tau}\mathrm{d}\omega.
$$

性质 5.1.2 设随机过程 $\{X(t),t\in(-\infty,+\infty)\}$ 是均方连续的平稳过程, 其自相关函数 $R_X(\tau)$ 满足狄利克雷条件, 即

$$
\int_{-\infty}^{+\infty}|R_X(\tau)|\,\mathrm{d}\tau<\infty,
$$

则平稳过程 $X(t)$ 的谱密度 $S_X(\omega)$ 是实的、非负的偶函数, 即

$$
S_X(\omega)=\int_{-\infty}^{+\infty}R_X(\tau)\mathrm{e}^{-\mathrm{i}\omega\tau}\mathrm{d}\tau=2\int_{0}^{+\infty}R_X(\tau)\cos\omega\tau\mathrm{d}\tau. \tag{5.19}
$$

自相关函数 $R_X(\tau)$ 是谱密度 $S_X(\omega)$ 的傅里叶逆变换, 即

$$R_X(\tau)=\frac{1}{2\pi}\int_{-\infty}^{+\infty}S_X(\omega)\mathrm{e}^{\mathrm{i}\omega\tau}\mathrm{d}\omega=\frac{1}{\pi}\int_{0}^{+\infty}S_X(\omega)\cos\omega\tau\mathrm{d}\omega. \tag{5.20}$$

相应地, $S_X(0)=\int_{-\infty}^{+\infty}R_X(\tau)\mathrm{d}\tau$, $R_X(0)=\frac{1}{2\pi}\int_{-\infty}^{+\infty}S_X(\omega)\mathrm{d}\omega$.

$R_X(0)=\frac{1}{2\pi}\int_{-\infty}^{+\infty}S_X(\omega)\mathrm{d}\omega$ 表明了谱密度曲线下的总面积等于平稳过程的均方值, 也就是谱密度曲线下的总面积, 为平均功率;

$S_X(0)=\int_{-\infty}^{+\infty}R_X(\tau)\mathrm{d}\tau$ 表明了谱密度的零频率分量等于自相关函数曲线下的总面积.

5.2　平稳过程的谱密度

5.2.1　从平稳过程的自相关函数到平稳过程的谱密度

设平稳过程 $\{X(t),t\in(-\infty,+\infty)\}$ 是均方连续的, 其自相关函数 $R_X(\tau)$、谱密度 $S_X(\omega)$ 满足狄利克雷条件, 即

$$\int_{-\infty}^{+\infty}|R_X(\tau)|\,\mathrm{d}\tau<\infty,\quad \int_{-\infty}^{+\infty}|S_X(\omega)|\,\mathrm{d}\omega<\infty. \tag{5.21}$$

则平稳过程 $X(t)$ 的谱密度 $S_X(\omega)$ 和自相关函数 $R_X(\tau)$ 是一对傅里叶变换, 即

$$S_X(\omega)=\int_{-\infty}^{+\infty}R_X(\tau)\mathrm{e}^{-\mathrm{i}\omega\tau}\mathrm{d}\tau,\quad R_X(\tau)=\frac{1}{2\pi}\int_{-\infty}^{+\infty}S_X(\omega)\mathrm{e}^{\mathrm{i}\omega\tau}\mathrm{d}\omega. \tag{5.22}$$

上面的两个式子统称为**维纳-辛钦公式**. 所以, 已知自相关函数 $R_X(\tau)$, 利用傅里叶变换, 可以求出平稳过程的谱密度 $S_X(\omega)$. 反之, 已知平稳过程的谱密度 $S_X(\omega)$, 利用傅里叶逆变换, 可以求出平稳过程的自相关函数 $R_X(\tau)$.

例 5.2.1　平稳过程 $\{X(t),t\in(-\infty,+\infty)\}$ 的自相关函数 $R_X(\tau)$ 如下:

$$R_X(\tau)=\begin{cases}1-|\tau|, & |\tau|\leqslant 1,\\ 0, & \text{其他},\end{cases}$$

求出平稳过程的谱密度.

解

$$\begin{aligned}S_X(\omega)&=\int_{-\infty}^{+\infty}R_X(\tau)\mathrm{e}^{-\mathrm{i}\omega\tau}\mathrm{d}\tau=2\int_{0}^{+\infty}R_X(\tau)\cos\omega\tau\mathrm{d}\tau\\&=2\int_0^1(1-\tau)\cos\omega\tau\mathrm{d}\tau\\&=2\frac{\sin\omega\tau}{\omega}\bigg|_0^1-2\left[\frac{\tau\sin\omega\tau}{\omega}\bigg|_0^1-\frac{1}{\omega}\int_0^1\sin\omega\tau\mathrm{d}\tau\right],\end{aligned}$$

所以, $S_X(\omega)=\dfrac{2(1-\cos\omega)}{\omega^2}=\dfrac{4\sin^2\dfrac{\omega}{2}}{\omega^2}$. ■

例 5.2.2 平稳过程 $\{X(t),t\in T\}$ 的自相关函数为 $R_X(\tau)=\mathrm{e}^{-2\lambda|\tau|}$, 求出平稳过程的谱密度.

解 $$S_X(\omega)=2\int_0^{+\infty}R_X(\tau)\cos\omega\tau\mathrm{d}\tau=2\int_0^{+\infty}\mathrm{e}^{-2\lambda\tau}\cos\omega\tau\mathrm{d}\tau.$$

$$\begin{aligned}I&=\int_0^{+\infty}\mathrm{e}^{-2\lambda\tau}\cos\omega\tau\mathrm{d}\tau\\&=\frac{1}{\omega}\sin\omega\tau\mathrm{e}^{-2\lambda\tau}\Big|_0^{+\infty}-\frac{1}{\omega}\int_0^{+\infty}(-2\lambda)\mathrm{e}^{-2\lambda\tau}\sin\omega\tau\mathrm{d}\tau\\&=\frac{2\lambda}{\omega}\left(-\frac{\cos\omega\tau}{\omega}\right)\mathrm{e}^{-2\lambda\tau}\Big|_0^{+\infty}+\frac{2\lambda}{\omega}\frac{1}{\omega}\int_0^{+\infty}(-2\lambda)\mathrm{e}^{-2\lambda\tau}\cos\omega\tau\mathrm{d}\tau\\&=\frac{2\lambda}{\omega^2}-\frac{4\lambda^2}{\omega^2}\int_0^{+\infty}\mathrm{e}^{-2\lambda\tau}\cos\omega\tau\mathrm{d}\tau\\&=\frac{2\lambda}{\omega^2}-\frac{4\lambda^2}{\omega^2}I.\end{aligned}$$

所以, $I=\dfrac{2\lambda}{4\lambda^2+\omega^2}$, 所以, $R_X(\tau)=\mathrm{e}^{-2\lambda|\tau|}\leftrightarrow S_X(\omega)=\dfrac{4\lambda}{4\lambda^2+\omega^2}$.

同理, $R_X(\tau)=\mathrm{e}^{-\alpha|\tau|}\leftrightarrow S_X(\omega)=\dfrac{2\alpha}{\alpha^2+\omega^2}$. ■

例 5.2.3 平稳过程 $\{X(t),t\in T\}$ 的自相关函数为 $R_X(\tau)=a^2\mathrm{e}^{-(\omega_0\tau)^2}$, 其中 a,ω_0 均为常数, 求出平稳过程的谱密度.

解 $$\begin{aligned}S_X(\omega)&=\int_{-\infty}^{+\infty}R_X(\tau)\mathrm{e}^{-\mathrm{i}\omega\tau}\mathrm{d}\tau=a^2\int_{-\infty}^{+\infty}\mathrm{e}^{-\omega_0^2\tau^2}\mathrm{e}^{-\mathrm{i}\omega\tau}\mathrm{d}\tau\\&=\frac{a^2}{\omega_0}\mathrm{e}^{-\left(\frac{\omega}{2\omega_0}\right)^2}\cdot2\int_0^{+\infty}\mathrm{e}^{-\left(\omega_0\tau+\frac{\mathrm{i}\omega}{2\omega_0}\right)^2}\mathrm{d}(\omega_0\tau)\\&=\frac{a^2}{\omega_0}\mathrm{e}^{-\left(\frac{\omega}{2\omega_0}\right)^2}\cdot2\int_0^{+\infty}\mathrm{e}^{-\left(\omega_0\tau+\frac{\mathrm{i}\omega}{2\omega_0}\right)^2}\mathrm{d}\left(\omega_0\tau+\frac{\mathrm{i}\omega}{2\omega_0}\right)\\&=\frac{a^2}{\omega_0}\mathrm{e}^{-\left(\frac{\omega}{2\omega_0}\right)^2}\cdot2\int_0^{+\infty}\mathrm{e}^{-\frac{x^2}{2}}\mathrm{d}\left(\frac{x}{\sqrt{2}}\right)\\&=\frac{a^2}{\omega_0}\mathrm{e}^{-\left(\frac{\omega}{2\omega_0}\right)^2}\cdot2\cdot\sqrt{\pi}\int_0^{+\infty}\frac{1}{\sqrt{2\pi}}\mathrm{e}^{-\frac{x^2}{2}}\mathrm{d}x.\end{aligned}$$

因为 $\displaystyle\int_{-\infty}^{+\infty}\frac{1}{\sqrt{2\pi}}\mathrm{e}^{-\frac{x^2}{2}}\mathrm{d}x=2\int_0^{+\infty}\frac{1}{\sqrt{2\pi}}\mathrm{e}^{-\frac{x^2}{2}}\mathrm{d}x=1$, 所以,

$$S_X(\omega)=\frac{a^2\sqrt{\pi}}{\omega_0}\mathrm{e}^{-\left(\frac{\omega}{2\omega_0}\right)^2}.$$ ■

例 5.2.4　平稳过程 $\{X(t), t \in T\}$ 的自相关函数为 $R_X(\tau) = \mathrm{e}^{-a|\tau|}\cos\omega_0\tau$, 其中 a, ω_0 均为常数, 求出平稳过程的谱密度.

解　因为 $S_X(\omega) = \int_{-\infty}^{+\infty} R_X(\tau)\mathrm{e}^{-\mathrm{i}\omega\tau}\mathrm{d}\tau$, 所以

$$
\begin{aligned}
S_X(\omega) &= \int_{-\infty}^{+\infty} \mathrm{e}^{-a|\tau|}\cos\omega_0\tau \cdot \mathrm{e}^{-\mathrm{i}\omega\tau}\mathrm{d}\tau \\
&= \int_{-\infty}^{+\infty} \mathrm{e}^{-a|\tau|}\frac{\mathrm{e}^{\mathrm{i}\omega_0\tau}+\mathrm{e}^{-\mathrm{i}\omega_0\tau}}{2}\mathrm{e}^{-\mathrm{i}\omega\tau}\mathrm{d}\tau \\
&= \frac{1}{2}\left[\int_{-\infty}^{+\infty} \mathrm{e}^{-a|\tau|}\mathrm{e}^{-\mathrm{i}(\omega-\omega_0)\tau}\mathrm{d}\tau + \int_{-\infty}^{+\infty} \mathrm{e}^{-a|\tau|}\mathrm{e}^{-\mathrm{i}(\omega+\omega_0)\tau}\mathrm{d}\tau\right].
\end{aligned}
$$

当自相关函数为 $R(\tau) = \mathrm{e}^{-a|\tau|}$ 时, $S(\omega) = \int_{-\infty}^{+\infty} \mathrm{e}^{-a|\tau|}\mathrm{e}^{-\mathrm{i}\omega\tau}\mathrm{d}\tau = \dfrac{2a}{a^2+\omega^2}$, 所以,

$$
\int_{-\infty}^{+\infty} \mathrm{e}^{-a|\tau|}\mathrm{e}^{-\mathrm{i}(\omega-\omega_0)\tau}\mathrm{d}\tau = S(\omega-\omega_0), \quad \int_{-\infty}^{+\infty} \mathrm{e}^{-a|\tau|}\mathrm{e}^{-\mathrm{i}(\omega+\omega_0)\tau}\mathrm{d}\tau = S(\omega+\omega_0).
$$

所以,

$$
\begin{aligned}
S_X(\omega) &= \frac{1}{2}\left[\frac{2a}{a^2+(\omega-\omega_0)^2} + \frac{2a}{a^2+(\omega+\omega_0)^2}\right] \\
&= a\left[\frac{1}{a^2+(\omega-\omega_0)^2} + \frac{1}{a^2+(\omega+\omega_0)^2}\right].
\end{aligned}
$$

■

例 5.2.5　设二阶矩过程 $\{X(t), t \in (-\infty, +\infty)\}$ 的均值函数为 $M_X(t) = \alpha + \beta t$, 自相关函数为 $R_X(t, t+\tau) = \mathrm{e}^{-\lambda|\tau|}$, $Y(t) = X(t+1) - X(t)$.

(1) 证明 $Y(t)$ 为平稳过程;

(2) 求随机过程 $Y(t)$ 的谱密度函数.

解　(1) $EY(t) = EX(t+1) - EX(t) = \alpha + \beta(t+1) - \alpha - \beta t = \beta$.

$$
\begin{aligned}
E[Y(t)Y(s)] &= EX(t+1)X(s+1) - EX(t+1)X(s) \\
&\quad - EX(t)X(s+1) + EX(t)X(s) \\
&= 2\mathrm{e}^{-\lambda|s-t|} - \mathrm{e}^{-\lambda|t+1-s|} - \mathrm{e}^{-\lambda|t-s-1|} \\
&= R_X(s-t), \\
EY^2(t) &= 2 - 2\mathrm{e}^{-\lambda} < +\infty.
\end{aligned}
$$

所以, $Y(t)$ 为平稳过程.

$$\begin{aligned}
(2)\ S_Y(\omega) =& \int_{-\infty}^{+\infty} (2\mathrm{e}^{-\lambda|\tau|} - \mathrm{e}^{-\lambda|\tau+1|} - \mathrm{e}^{-\lambda|\tau-1|})\mathrm{e}^{-\mathrm{i}\omega\tau}\mathrm{d}\tau \\
=& 2\left(\int_{-\infty}^{0} \mathrm{e}^{\lambda\tau-\mathrm{i}\omega\tau}\mathrm{d}\tau + \int_{0}^{+\infty} \mathrm{e}^{-\lambda\tau-\mathrm{i}\omega\tau}\mathrm{d}\tau\right) \\
&- \left(\int_{-\infty}^{-1} \mathrm{e}^{\lambda\tau+\lambda-\mathrm{i}\omega\tau}\mathrm{d}\tau + \int_{-1}^{+\infty} \mathrm{e}^{-\lambda\tau-\lambda-\mathrm{i}\omega\tau}\mathrm{d}\tau\right) \\
&- \left(\int_{-\infty}^{1} \mathrm{e}^{\lambda\tau-\lambda-\mathrm{i}\omega\tau}\mathrm{d}\tau + \int_{1}^{+\infty} \mathrm{e}^{-\lambda\tau+\lambda-\mathrm{i}\omega\tau}\mathrm{d}\tau\right) \\
=& \frac{4\lambda}{\lambda^2+\omega^2} - \left[\frac{\mathrm{e}^{\lambda}\mathrm{e}^{-(\lambda-\mathrm{i}\omega)}}{\lambda-\mathrm{i}\omega} + \frac{\mathrm{e}^{-\lambda}\mathrm{e}^{(\lambda+\mathrm{i}\omega)}}{\lambda+\mathrm{i}\omega}\right] - \left[\frac{\mathrm{e}^{-\lambda}\mathrm{e}^{(\lambda-\mathrm{i}\omega)}}{\lambda-\mathrm{i}\omega} + \frac{\mathrm{e}^{\lambda}\mathrm{e}^{-(\lambda+\mathrm{i}\omega)}}{\lambda+\mathrm{i}\omega}\right] \\
=& \frac{4\lambda}{\lambda^2+\omega^2} - \frac{2\lambda\mathrm{e}^{\mathrm{i}\omega}}{\lambda^2+\omega^2} - \frac{2\lambda\mathrm{e}^{-\mathrm{i}\omega}}{\lambda^2+\omega^2} \\
=& \frac{4\lambda}{\lambda^2+\omega^2} - \frac{4\lambda\cos\omega}{\lambda^2+\omega^2}.
\end{aligned}$$

由于函数 $f(\tau) = \mathrm{e}^{-\lambda|\tau|}$ 的傅里叶变换为

$$g(\omega) = \int_{-\infty}^{+\infty} \mathrm{e}^{-\lambda|\tau|}\mathrm{e}^{-\mathrm{i}\omega\tau}\mathrm{d}\tau = \frac{2\lambda}{\lambda^2+\omega^2},$$

所以, $\displaystyle\int_{-\infty}^{+\infty} \mathrm{e}^{-\lambda|\tau+1|}\mathrm{e}^{-\mathrm{i}\omega\tau}\mathrm{d}\tau = \mathrm{e}^{\mathrm{i}\omega}\int_{-\infty}^{+\infty} \mathrm{e}^{-\lambda|y|}\mathrm{e}^{-\mathrm{i}\omega y}\mathrm{d}y = \frac{2\lambda\mathrm{e}^{\mathrm{i}\omega}}{\lambda^2+\omega^2}$.

同理, $\displaystyle\int_{-\infty}^{+\infty} \mathrm{e}^{-\lambda|\tau-1|}\mathrm{e}^{-\mathrm{i}\omega\tau}\mathrm{d}\tau = \mathrm{e}^{-\mathrm{i}\omega}\int_{-\infty}^{+\infty} \mathrm{e}^{-\lambda|y|}\mathrm{e}^{-\mathrm{i}\omega y}\mathrm{d}y = \frac{2\lambda\mathrm{e}^{-\mathrm{i}\omega}}{\lambda^2+\omega^2}$.

这样一来, 也可以得到: $S_Y(\omega) = \dfrac{4\lambda}{\lambda^2+\omega^2} - \dfrac{4\lambda\cos\omega}{\lambda^2+\omega^2}$. ■

值得注意的是, 函数 $f(\tau) = \mathrm{e}^{-\lambda|\tau+1|}$, 以及函数 $f(\tau) = \mathrm{e}^{-\lambda|\tau-1|}$ 不是偶函数, 所以不是宽平稳随机过程的自相关函数, 但是函数 $f_0(\tau) = \mathrm{e}^{-\lambda|\tau+1|}$, 以及函数 $f_1(\tau) = \mathrm{e}^{-\lambda|\tau-1|}$ 的傅里叶变换是存在的, 其傅里叶变换为 $S_{f_1}(\omega) = \dfrac{2\lambda\mathrm{e}^{\mathrm{i}\omega}}{\lambda^2+\omega^2}$, $S_{f_2}(\omega) = \dfrac{2\lambda\mathrm{e}^{-\mathrm{i}\omega}}{\lambda^2+\omega^2}$, 这两者也不是谱密度.

5.2.2 从平稳过程谱密度到平稳过程的自相关函数

性质 5.2.1 若 $\{X(t), t \in T\}$ 为实平稳过程, 其自相关函数为 $R_X(\tau)$, 谱密度为 $S_X(\omega)$, 则其自相关函数满足如下性质:

(1) 有界性: $|R_X(\tau)| \leqslant R_X(0)$.

(2) 偶函数: $R_X(\tau) = R_X(-\tau)$.

(3) 非负定性: 对任意数组 $t_1, t_2, \cdots, t_n \in T = (-\infty, +\infty)$ 和任意实数 a_1, a_2,

$\cdots, a_n \in \mathbf{R}$, 满足 $\sum_{i,j=1}^{n} R_X(t_i - t_j) a_i a_j \geqslant 0$.

(4) $\{X(t), t \in T\}$ 的自相关函数为

$$R_X(\tau) = \frac{1}{2\pi} \int_{-\infty}^{+\infty} S_X(\omega) \mathrm{e}^{\mathrm{i}\omega\tau} \mathrm{d}\omega.$$

值得注意的是, 宽平稳随机过程 $\{X(t), t \in (-\infty, +\infty)\}$ 的谱密度 $S_X(\omega)$ 和自相关函数 $R_X(\tau)$ 是一对傅里叶变换, 即

$$S_X(\omega) = \int_{-\infty}^{+\infty} R_X(\tau) \mathrm{e}^{-\mathrm{i}\omega\tau} \mathrm{d}\tau, \quad R_X(\tau) = \frac{1}{2\pi} \int_{-\infty}^{+\infty} S_X(\omega) \mathrm{e}^{\mathrm{i}\omega\tau} \mathrm{d}\omega.$$

一方面, 由于宽平稳随机过程自相关函数是偶函数, 所以, 谱密度 $S_X(\omega)$ 为

$$S_X(\omega) = \int_{-\infty}^{+\infty} R_X(\tau) \mathrm{e}^{-\mathrm{i}\omega\tau} \mathrm{d}\tau = 2\int_{0}^{+\infty} R_X(\tau) \cos\omega\tau \mathrm{d}\tau,$$

所以, $S_X(\omega) = S_X(-\omega)$, $S_X(\omega) \in \mathbf{R}$. 另一方面,

$$S_X(\omega) = \lim_{T\to\infty} \frac{1}{2T} E\left|F_X(\omega, T)\right|^2 = \int_{-\infty}^{+\infty} R_X(\tau) \mathrm{e}^{-\mathrm{i}\omega\tau} \mathrm{d}\tau.$$

所以, 谱密度 $S_X(\omega)$ 是实的、非负的偶函数. 换句话说, 只有取值为实的、非负的偶函数, 方能成为宽平稳随机过程的功率谱函数.

例 5.2.6　下列哪些函数可以作为谱密度? 对于正确的谱密度表达式, 求出其相应的自相关函数.

$$S_1(\omega) = \frac{\omega^2 + 9}{(\omega^2 + 4)(\omega + 1)^2}, \quad S_2(\omega) = \frac{\omega^2 + 4}{\omega^4 - 4\omega^2 + 3},$$
$$S_3(\omega) = \frac{16}{\omega^4 + 13\omega^2 + 36}, \quad S_4(\omega) = \frac{\mathrm{e}^{-\mathrm{i}\omega^2}}{\omega^2 + 6}.$$

解　谱密度 $S_X(\omega)$ 是非负的、实的偶函数. 所以, 上面表达式仅有 $S_3(\omega)$ 是正确的谱密度表达式.

$$\begin{aligned} S_X(\omega) &= \frac{16}{\omega^4 + 13\omega^2 + 36} = \frac{16}{(\omega^2 + 4)(\omega^2 + 9)} \\ &= \frac{16}{5}\left(\frac{1}{\omega^2 + 4} - \frac{1}{\omega^2 + 9}\right) \\ &= \frac{4}{5}\frac{4}{\omega^2 + 4} - \frac{8}{15}\frac{6}{\omega^2 + 9}. \end{aligned}$$

由于, $R_X(\tau)=\mathrm{e}^{-\alpha|\tau|} \leftrightarrow S_X(\omega)=\dfrac{2\alpha}{\alpha^2+\omega^2}$, 所以,

$$R_X(\tau)=\frac{4}{5}\mathrm{e}^{-2|\tau|}-\frac{8}{15}\mathrm{e}^{-3|\tau|}.$$

■

定义 5.2.1 如果随机过程 $\{X(t), t\in(-\infty,+\infty)\}$ 是均方连续的平稳过程, 其自相关函数 $R_X(\tau)$ 满足狄利克雷条件, 则随机过程 $X(t)$ 的**双边谱密度**为 $S_X(\omega)$ 和**单边谱密度** $G_X(\omega)$ 分别为

$$S_X(\omega)=\int_{-\infty}^{+\infty} R_X(\tau)\mathrm{e}^{-\mathrm{i}\omega\tau}\mathrm{d}\tau,$$

$$G_X(\omega)=\begin{cases} 2S_X(\omega), & \omega\geqslant 0,\\ 0, & \omega<0.\end{cases}$$

例 5.2.7 平稳过程 $\{X(t), t\in T\}$ 的谱密度为 $S_X(\omega)=s_0\mathrm{e}^{-c|\omega|}$, 其中 $s_0>0, c>0$ 均为常数, 求出:

(1) 平稳过程的自相关函数;

(2) 单边谱密度;

(3) 平均功率.

解 (1)

$$\begin{aligned}
R_X(\tau)&=\frac{1}{2\pi}\int_{-\infty}^{+\infty} S_X(\omega)\mathrm{e}^{\mathrm{i}\omega\tau}\mathrm{d}\omega\\
&=\frac{1}{2\pi}\int_{-\infty}^{+\infty} s_0\mathrm{e}^{-c|\omega|}\mathrm{e}^{\mathrm{i}\omega\tau}\mathrm{d}\omega\\
&=\frac{s_0}{2\pi}\left(\int_{-\infty}^{0}\mathrm{e}^{c\omega}\mathrm{e}^{\mathrm{i}\omega\tau}\mathrm{d}\omega+\int_{0}^{+\infty}\mathrm{e}^{-c\omega}\mathrm{e}^{\mathrm{i}\omega\tau}\mathrm{d}\omega\right)\\
&=\frac{s_0}{2\pi}\left(\int_{-\infty}^{0}\mathrm{e}^{(c+\mathrm{i}\tau)\omega}\mathrm{d}\omega+\int_{0}^{+\infty}\mathrm{e}^{-(c-\mathrm{i}\tau)\omega}\mathrm{d}\omega\right)\\
&=\frac{s_0}{2\pi}\left(\frac{1}{c+\mathrm{i}\tau}+\frac{1}{c-\mathrm{i}\tau}\right)\\
&=\frac{cs_0}{\pi(c^2+\tau^2)},
\end{aligned}$$

即 $S_X(\omega)=s_0\mathrm{e}^{-c|\omega|} \leftrightarrow R_X(\tau)=\dfrac{cs_0}{\pi(c^2+\tau^2)}$.

(2) $G_X(\omega)=\begin{cases} 2S_X(\omega)=2s_0\mathrm{e}^{-c\omega}, & \omega\geqslant 0,\\ 0, & \omega<0.\end{cases}$

(3) 平均功率 $R_X(0)=\dfrac{1}{2\pi}\displaystyle\int_{-\infty}^{+\infty} S_X(\omega)\mathrm{d}\omega=\dfrac{s_0}{\pi c}$. ■

5.3　δ 函数和谱密度

5.3.1　δ 函数的数学定义

在工程中遇到的平稳过程 $X(t)$, 其自相关函数一般有以下三种情况.

(1) 当 $\tau \to +\infty$ 时, $R_X(\tau) \to 0$; 例如, $R_X(\tau) = \mathrm{e}^{-2\lambda|\tau|}$, $R_X(\tau) = \mathrm{e}^{-a|\tau|} \times \cos\omega_0\tau$, 等等.

(2) 当 $\tau \to +\infty$ 时, $R_X(\tau) \to$ 不为零的常数; 例如, $R_X(\tau) = \dfrac{1}{4} + \mathrm{e}^{-2\lambda|\tau|}$ 等.

(3) 当 $\tau \to +\infty$ 时, $R_X(\tau)$ 呈振荡形式; 例如, $R_X(\tau) = \dfrac{1}{2}\cos\tau$ 等;

当 $\lim\limits_{\tau\to\infty} R_X(\tau) = 0$ 时, 显然 $\displaystyle\int_{-\infty}^{+\infty} |R_X(\tau)|\,\mathrm{d}\tau < \infty$, 自相关函数的傅里叶变换存在, 从而求出平稳过程 $X(t)$ 的功率谱密度 $S_X(\omega)$.

当 $\lim\limits_{\tau\to\infty} R_X(\tau) = c(c \neq 0)$, 或 $R_X(\tau)$ 呈振荡形式时, 通常情形下的傅里叶变换不存在. 此时如果允许谱密度含有 δ 函数, 可求出 $R_X(\tau)$ 的傅里叶变换, 实际问题能得到圆满解决.

同样地, 在工程中遇到的信号的谱密度有可能会出现在所有频率范围内是非零的常数, 或为一个常数与一个实值的、非负的偶函数的和. 例如

$$S_X(\omega) = N_0 + \frac{16}{\omega^4 + 13\omega^2 + 36}, \quad -\infty < \omega < +\infty, \quad N_0 > 0.$$

此时, 通常情形下的傅里叶逆变换不存在. 如果允许自相关函数含有 δ 函数, 可求出 $S_X(\omega)$ 的傅里叶逆变换, 实际问题能得到圆满解决.

定义 5.3.1　δ **函数**是单位冲击函数 $\delta(t)$ 的简称, 它是一种广义函数, 由狄拉克 (Dirac) 提出, 其定义如下:

$$\delta(t) = \begin{cases} \infty, & t = 0, \\ 0, & t \neq 0, \end{cases} \quad 且 \int_{-\infty}^{+\infty} \delta(t)\mathrm{d}t = 1. \tag{5.23}$$

易见, $\delta_a(t) = \begin{cases} \dfrac{1}{a}, & -\dfrac{a}{2} \leqslant t \leqslant \dfrac{a}{2}, \\ 0, & 其他, \end{cases}$ 则 $\lim\limits_{a\to 0}\delta_a(t) = \delta(t)$ 为 δ 函数.

定义 5.3.2　δ 函数常用来表示作用在一点的冲击力或脉冲信号. 当冲击力或脉冲发生在 t_0 时刻时, δ 函数为

$$\delta(t - t_0) = \begin{cases} \infty, & t = t_0, \\ 0, & t \neq t_0, \end{cases} \quad 且 \int_{-\infty}^{+\infty} \delta(t - t_0)\mathrm{d}t = 1. \tag{5.24}$$

性质 5.3.1 对于任意一个在 $\tau=0$ 处连续的函数 $f(\tau)$, 均有下式成立:

$$\int_{-\infty}^{+\infty}\delta(\tau)f(\tau)\mathrm{d}\tau=f(0). \tag{5.25}$$

对于任意一个在 $\tau=\tau_0$ 处连续的函数 $f(\tau)$, 均有下式成立:

$$\int_{-\infty}^{+\infty}\delta(\tau-\tau_0)f(\tau)\mathrm{d}\tau=f(\tau_0). \tag{5.26}$$

特别地, 令 $f(\tau)=\mathrm{e}^{-\mathrm{i}\omega\tau}$, 则

$$\int_{-\infty}^{+\infty}\delta(\tau)\mathrm{e}^{-\mathrm{i}\omega\tau}\mathrm{d}\tau=1. \tag{5.27}$$

由此可得, δ 函数的傅里叶变换和傅里叶逆变换为

$$\int_{-\infty}^{+\infty}\delta(\tau)\mathrm{e}^{-\mathrm{i}\omega\tau}\mathrm{d}\tau=1\leftrightarrow\delta(\tau)=\frac{1}{2\pi}\int_{-\infty}^{+\infty}1\cdot\mathrm{e}^{\mathrm{i}\omega\tau}\mathrm{d}\omega. \tag{5.28}$$

由于积分变量的改变, 并不影响积分, 所以,

$$\int_{-\infty}^{+\infty}\delta(\tau)f(\tau)\mathrm{d}\tau=\int_{-\infty}^{+\infty}\delta(\omega)f(\omega)\mathrm{d}\omega=f(0). \tag{5.29}$$

特别地, 令 $f(\omega)=\mathrm{e}^{\mathrm{i}\omega\tau}$, 则

$$\frac{1}{2\pi}\int_{-\infty}^{+\infty}\delta(\omega)\mathrm{e}^{\mathrm{i}\omega\tau}\mathrm{d}\omega=\frac{1}{2\pi}.$$

所以, 常函数 $f(\tau)=\dfrac{1}{2\pi}$ 的傅里叶变换和傅里叶逆变换为

$$\int_{-\infty}^{+\infty}\frac{1}{2\pi}\mathrm{e}^{-\mathrm{i}\omega\tau}\mathrm{d}\tau=\delta(\omega)\leftrightarrow\frac{1}{2\pi}\int_{-\infty}^{+\infty}\delta(\omega)\mathrm{e}^{\mathrm{i}\omega\tau}\mathrm{d}\omega=f(\tau)=\frac{1}{2\pi}. \tag{5.30}$$

所以, 常函数 $f(\tau)=c$ 的傅里叶变换和傅里叶逆变换为

$$\int_{-\infty}^{+\infty}c\mathrm{e}^{-\mathrm{i}\omega\tau}\mathrm{d}\tau=2\pi c\delta(\omega)\leftrightarrow\frac{1}{2\pi}\int_{-\infty}^{+\infty}[2\pi c\delta(\omega)]\mathrm{e}^{\mathrm{i}\omega\tau}\mathrm{d}\omega=c. \tag{5.31}$$

5.3.2 δ 函数和谱密度

例 5.3.1 平稳过程 $\{X(t),t\in T\}$ 的自相关函数为 $R_X(\tau)=\dfrac{1}{4}\left(1+\dfrac{1}{4}\mathrm{e}^{-2\lambda|\tau|}\right)$, 其中 λ 均为常数, 求出平稳过程的谱密度.

解　常函数 $f(\tau)=c$ 的傅里叶变换为

$$\int_{-\infty}^{+\infty} c\mathrm{e}^{-\mathrm{i}\omega\tau}\mathrm{d}\tau = 2\pi c\delta(\omega),$$

所以,

$$\int_{-\infty}^{+\infty} \frac{1}{4}\mathrm{e}^{-\mathrm{i}\omega\tau}\mathrm{d}\tau = \frac{\pi}{2}\delta(\omega).$$

又因为 $R_X(\tau)=\mathrm{e}^{-\alpha|\tau|} \leftrightarrow S_X(\omega)=\dfrac{2\alpha}{\alpha^2+\omega^2}$, 所以

$$\begin{aligned} S_X(\omega) &= \int_{-\infty}^{+\infty} \frac{1}{4}\left(1+\frac{1}{4}\mathrm{e}^{-2\lambda|\tau|}\right)\mathrm{e}^{-\mathrm{i}\omega\tau}\mathrm{d}\tau \\ &= \frac{\pi}{2}\delta(\omega)+\frac{\lambda}{4(4\lambda^2+\omega^2)}. \end{aligned}$$

■

例 5.3.2　平稳过程 $\{X(t), t\in T\}$ 的自相关函数为 $R_X(\tau)=\dfrac{1}{2}(1+\cos\omega_0\tau)$, 其中 ω_0 为常数, 求出平稳过程的谱密度.

解　常函数 $f(\tau)=c$ 的傅里叶变换为

$$\int_{-\infty}^{+\infty} c\mathrm{e}^{-\mathrm{i}\omega\tau}\mathrm{d}\tau = 2\pi c\delta(\omega),$$

所以,

$$\int_{-\infty}^{+\infty} \frac{1}{2}\mathrm{e}^{-\mathrm{i}\omega\tau}\mathrm{d}\tau = \pi\delta(\omega),$$

$$\begin{aligned} \int_{-\infty}^{+\infty} \frac{1}{2}\cos\omega_0\tau\mathrm{e}^{-\mathrm{i}\omega\tau}\mathrm{d}\tau &= \frac{1}{4}\int_{-\infty}^{+\infty}(\mathrm{e}^{\mathrm{i}\omega_0\tau}+\mathrm{e}^{-\mathrm{i}\omega_0\tau})\mathrm{e}^{-\mathrm{i}\omega\tau}\mathrm{d}\tau \\ &= \frac{1}{4}\int_{-\infty}^{+\infty}\mathrm{e}^{-\mathrm{i}(\omega-\omega_0)\tau}\mathrm{d}\tau+\frac{1}{4}\int_{-\infty}^{+\infty}\mathrm{e}^{-\mathrm{i}(\omega+\omega_0)\tau}\mathrm{d}\tau. \end{aligned}$$

因为 $\displaystyle\int_{-\infty}^{+\infty}\frac{1}{2\pi}\mathrm{e}^{-\mathrm{i}\omega\tau}\mathrm{d}\tau=\delta(\omega)$, 所以,

$$\int_{-\infty}^{+\infty}\frac{1}{2\pi}\mathrm{e}^{-\mathrm{i}(\omega-\omega_0)\tau}\mathrm{d}\tau=\delta(\omega-\omega_0), \quad \int_{-\infty}^{+\infty}\frac{1}{2\pi}\mathrm{e}^{-\mathrm{i}(\omega+\omega_0)\tau}\mathrm{d}\tau=\delta(\omega+\omega_0),$$

所以,

$$\frac{1}{4}\int_{-\infty}^{+\infty}\mathrm{e}^{-\mathrm{i}(\omega-\omega_0)\tau}\mathrm{d}\tau+\frac{1}{4}\int_{-\infty}^{+\infty}\mathrm{e}^{-\mathrm{i}(\omega+\omega_0)\tau}\mathrm{d}\tau=\frac{\pi}{2}\delta(\omega-\omega_0)+\frac{\pi}{2}\delta(\omega+\omega_0),$$

所以, 自相关函数 $R_X(\tau)=\dfrac{1}{2}(1+\cos\omega_0\tau)$ 的谱密度为

$$S_X(\omega)=\frac{\pi}{2}\left[2\delta(\omega)+\delta(\omega-\omega_0)+\delta(\omega+\omega_0)\right]. \qquad \blacksquare$$

定义 5.3.3 设 $\{X(t),t\in T=(-\infty,+\infty)\}$ 为实值平稳过程, 若它的均值为零, 而且谱密度在所有频率范围内为非零的常数, 即

$$S_X(\omega)=N_0,\quad -\infty<\omega<+\infty,\quad N_0>0,$$

则称 $\{X(t),t\in T=(-\infty,+\infty)\}$ 为**白噪声过程** (white noise process).

例 5.3.3 已知 $\{X(t),t\in T=(-\infty,+\infty)\}$ 为白噪声过程, 试求其自相关函数.

解 δ 函数的傅里叶变换和傅里叶逆变换为

$$\int_{-\infty}^{+\infty}\delta(\tau)\mathrm{e}^{-\mathrm{i}\omega\tau}\mathrm{d}\tau=1\leftrightarrow\delta(\tau)=\frac{1}{2\pi}\int_{-\infty}^{+\infty}1\cdot\mathrm{e}^{\mathrm{i}\omega\tau}\mathrm{d}\omega,$$

所以,

$$R_X(\tau)=\frac{1}{2\pi}\int_{-\infty}^{+\infty}S_X(\omega)\mathrm{e}^{\mathrm{i}\omega\tau}\mathrm{d}\omega=\frac{1}{2\pi}\int_{-\infty}^{+\infty}N_0\mathrm{e}^{\mathrm{i}\omega\tau}\mathrm{d}\omega=N_0\delta(\tau). \qquad \blacksquare$$

由例 5.3.3 可知, 针对白噪声过程, $R_X(\tau)=N_0\delta(\tau)$, $R_X(0)=N_0\delta(0)=+\infty$, 这表明白噪声过程的平均功率是无限的, 因此白噪声过程是一个理想的数学模型, 是一个相对的概念.

定义 5.3.4 若零均值的平稳过程 $\{X(t),t\in T=(-\infty,+\infty)\}$ 在有限频率带上 $|\omega|\leqslant\omega_0$ 的功率谱密度为常数, 在此频率带之外为零, 即

$$S_X(\omega)=\begin{cases}N_0, & |\omega|\leqslant\omega_0,\\ 0, & |\omega|>\omega_0,\end{cases}$$

则称此随机过程为**窄带白噪声过程**.

窄带白噪声过程对应的自相关函数为

$$\begin{aligned}R_X(\tau)&=\frac{1}{2\pi}\int_{-\infty}^{+\infty}S_X(\omega)\mathrm{e}^{\mathrm{i}\omega\tau}\mathrm{d}\omega\\&=\frac{1}{2\pi}\int_{-\omega_0}^{\omega_0}N_0\mathrm{e}^{\mathrm{i}\omega\tau}\mathrm{d}\omega=\frac{\omega_0N_0}{\pi}\left(\frac{\sin\omega_0\tau}{\omega_0\tau}\right).\end{aligned}$$

特别地, 当 $\tau=\dfrac{k\pi}{\omega_0},k=\pm1,\pm2,\cdots$ 时, $R_X(\tau)=0$, 此时 $X(t)$ 与 $X(t+\tau)$ 互不相关.

定义 5.3.5　对于平稳序列 $\{X(n), n=0, \pm1, \pm2, \cdots\}$, 若 $\sum\limits_{m=-\infty}^{+\infty} R_X(m)\mathrm{e}^{-\mathrm{i}m\omega}$ 存在, 则其谱密度定义为

$$S_X(\omega) = \sum_{m=-\infty}^{+\infty} R_X(m)\mathrm{e}^{-\mathrm{i}m\omega}.$$

定义 5.3.6　若随机序列 $\{X(n), n = 0, \pm1, \pm2, \cdots\}$ 满足

$$E[X(n)] = 0, \quad D[X(n)] = \sigma^2 < +\infty,$$

$$E[X(n)X(m)] = \begin{cases} \sigma^2, & n = m, \\ 0, & n \neq m, \end{cases} \quad n, m = 0, \pm1, \pm2, \cdots,$$

则称该随机序列称为**白噪声序列** (white noise series).

显然, 白噪声序列为平稳序列, 其自相关函数为

$$R_X(k) = \begin{cases} \sigma^2, & k = 0, \\ 0, & k \neq 0, \end{cases} \quad k = 0, \pm1, \pm2, \cdots,$$

其谱密度为

$$S_X(\omega) = \sum_{m=-\infty}^{+\infty} R_X(m)\mathrm{e}^{-\mathrm{i}m\omega} = \sigma^2.$$

综上可知, 常见的自相关函数与对应的谱密度如表 5.1 所示.

表 5.1　自相关函数与对应的谱密度

自相关函数 $R_X(\tau)$	谱密度 $S_X(\omega)$
$R_X(\tau) = \mathrm{e}^{-\alpha\|\tau\|}$	$S_X(\omega) = \dfrac{2\alpha}{\alpha^2 + \omega^2}$
$R_X(\tau) = a^2\mathrm{e}^{-(\omega_0\tau)^2}$	$S_X(\omega) = \dfrac{a^2\sqrt{\pi}}{\omega_0}\mathrm{e}^{-\left(\frac{\omega}{2\omega_0}\right)^2}$
$R_X(\tau) = 1 - \|\tau\|$	$S_X(\omega) = \dfrac{4}{\omega^2}\sin^2\dfrac{\omega}{2}$
$R_X(\tau) = \begin{cases} \sigma^2, & \tau = 0 \\ 0, & \tau \neq 0 \end{cases}$	$S_X(\omega) = \sigma^2$
$R_X(\tau) = \dfrac{1}{2\pi}$	$S_X(\omega) = \delta(\omega)$
$R_X(\tau) = s_0\delta(\tau)$	$S_X(\omega) = s_0, -\infty < \omega < +\infty$
$R_X(\tau) = \dfrac{\omega_0 N_0}{\pi}\left(\dfrac{\sin\omega_0\tau}{\omega_0\tau}\right)$	$S_X(\omega) = \begin{cases} N_0, & \|\omega\| \leqslant \omega_0, \\ 0, & \|\omega\| > \omega_0, \end{cases}$
$R_X(\tau) = \sum\limits_{k=-\infty}^{+\infty} C_k\overline{C_{k+m}}\sigma^2$	$S_X(\omega) = \left\|\sum\limits_{k=-\infty}^{+\infty} C_k\overline{C_{k+m}}\right\|^2\sigma^2$

5.4 联合平稳过程的互谱密度

定义 5.4.1 设 $R_{XY}(\tau)$ 为联合平稳过程的两个平稳过程 $\{X(t), t\in(-\infty, +\infty)\}$ 和 $\{Y(t), t\in(-\infty, +\infty)\}$ 的互相关函数, 若 $\int_{-\infty}^{+\infty}|R_{XY}(\tau)|\mathrm{d}\tau$ 存在, 则其互谱密度为

$$S_{XY}(\omega)=\int_{-\infty}^{+\infty}R_{XY}(\tau)\mathrm{e}^{-\mathrm{i}\omega\tau}\mathrm{d}\tau.$$

例 5.4.1 已知随机过程 $X(t)=a\sin(\omega_0t+\theta)$ 和 $Y(t)=b\sin(\omega_0t-\phi+\theta)$, 其中 a,b,ω_0,ϕ 是常数, θ 是在 $[0,2\pi]$ 上服从均匀分布的随机变量, 显然, 两个随机过程 $\{X(t), t\in(-\infty,+\infty)\}$ 和 $\{Y(t), t\in(-\infty,+\infty)\}$ 是平稳过程. 试求:

(1) 互相关函数 $R_{XY}(\tau)$, 并说明 $X(t)$ 与 $Y(t)$ 是联合平稳的;

(2) 互谱密度函数.

解 (1) $R_{XY}(t,t+\tau)$

$$\begin{aligned}
&=E[X(t)Y(t+\tau)]\\
&=\int_0^{2\pi}a\sin(\omega_0t+\theta)\cdot b\sin(\omega_0(t+\tau)-\phi+\theta)\cdot\frac{1}{2\pi}\mathrm{d}\theta\\
&=\frac{ab}{2\pi}\int_0^{2\pi}\left(-\frac{1}{2}\right)[\cos(2\omega_0t+\omega_0\tau+2\theta-\phi)-\cos(\omega_0\tau-\phi)]\mathrm{d}\theta\\
&=\frac{1}{2}ab\cos(\omega_0\tau-\phi),
\end{aligned}$$

因此 $X(t)$ 与 $Y(t)$ 是联合平稳的.

$$\begin{aligned}
(2)\ S_{XY}(\omega)&=\int_{-\infty}^{+\infty}R_{XY}(\tau)\mathrm{e}^{-\mathrm{i}\omega\tau}\mathrm{d}\tau\\
&=\frac{1}{2}\int_{-\infty}^{+\infty}ab\cos(\omega_0\tau-\phi)\mathrm{e}^{-\mathrm{i}\omega\tau}\mathrm{d}\tau\\
&=\frac{1}{4}ab\int_{-\infty}^{+\infty}[\mathrm{e}^{-\mathrm{i}\phi}\mathrm{e}^{\mathrm{i}(\omega-\omega_0)\tau}+\mathrm{e}^{-\mathrm{i}\phi}\mathrm{e}^{-\mathrm{i}(\omega+\omega_0)\tau}]\mathrm{d}\tau.
\end{aligned}$$

由于常函数 $f(\tau)=c$ 的傅里叶变换和傅里叶逆变换为

$$\int_{-\infty}^{+\infty}c\mathrm{e}^{-\mathrm{i}\omega\tau}\mathrm{d}\tau=2\pi c\delta(\omega)\leftrightarrow\frac{1}{2\pi}\int_{-\infty}^{+\infty}[2\pi c\delta(\omega)]\mathrm{e}^{\mathrm{i}\omega\tau}\mathrm{d}\omega=c,$$

所以,

$$\int_{-\infty}^{+\infty}\mathrm{e}^{-\mathrm{i}(\omega-\omega_0)\tau}\mathrm{d}\tau=2\pi\delta(\omega-\omega_0),\quad\int_{-\infty}^{+\infty}\mathrm{e}^{-\mathrm{i}(\omega+\omega_0)\tau}\mathrm{d}\tau=2\pi\delta(\omega+\omega_0),$$

所以,

$$S_{XY}(\omega)=\frac{1}{4}ab\left[\mathrm{e}^{-\mathrm{i}\phi}2\pi\delta(\omega-\omega_0)+\mathrm{e}^{\mathrm{i}\phi}2\pi\delta(\omega+\omega_0)\right].$$ ■

性质 5.4.1　假设两个平稳过程 $\{X(t),t\in(-\infty,+\infty)\}$ 和 $\{Y(t),t\in(-\infty,+\infty)\}$ 是联合平稳过程, 而且互谱密度 $S_{XY}(\omega)$ 和互相关函数 $R_{XY}(\tau)$ 都绝对可积, 则

(1) 互谱密度 $S_{XY}(\omega)$ 和互相关函数 $R_{XY}(\tau)$ 构成一对傅里叶变换对:

$$S_{XY}(\omega)=\int_{-\infty}^{+\infty}R_{XY}(\tau)\mathrm{e}^{-\mathrm{i}\omega\tau}\mathrm{d}\tau,\quad R_{XY}(\tau)=\frac{1}{2\pi}\int_{-\infty}^{+\infty}S_{XY}(\omega)\mathrm{e}^{\mathrm{i}\omega\tau}\mathrm{d}\omega;$$

(2) 互谱密度 $S_{XY}(\omega)$ 与互谱密度 $S_{YX}(\omega)$ 共轭对称, 即

$$S_{XY}(\omega)=\overline{S_{YX}(\omega)};$$

(3) $S_{XY}(\omega)=\lim\limits_{T\to\infty}\dfrac{1}{2T}E[F_X(\omega,T)\overline{F_Y(\omega,T)}]$, 其中

$$F_X(\omega,T)=\int_{-T}^{T}X(t)\mathrm{e}^{-\mathrm{i}\omega t}\mathrm{d}t,$$

$$F_Y(\omega,T)=\int_{-T}^{T}Y(t)\mathrm{e}^{-\mathrm{i}\omega t}\mathrm{d}t;$$

(4) $|S_{XY}(\omega)|^2\leqslant S_X(\omega)S_Y(\omega)$;

(5) 如果两个平稳过程都是实值平稳过程, 则互谱密度 $S_{XY}(\omega)$ 的实部为偶函数, 虚部为奇函数.

证明　因为

$$\begin{aligned}|S_{XY}(\omega)|^2&=\left|\lim_{T\to\infty}\frac{1}{2T}E[F_X(\omega,T)\overline{F_Y(\omega,T)}]\right|^2\\&\leqslant\lim_{T\to\infty}\frac{1}{4T^2}\left\{E[F_X(\omega,T)\overline{F_Y(\omega,T)}]\right\}^2\\&\leqslant\lim_{T\to\infty}\frac{1}{4T^2}E\left|F_X(\omega,T)\right|^2E\left|F_Y(\omega,T)\right|^2,\end{aligned}$$

$$\begin{aligned}&\lim_{T\to\infty}\frac{1}{4T^2}E\left|F_X(\omega,T)\right|^2E\left|F_Y(\omega,T)\right|^2\\&=\lim_{T\to\infty}\frac{1}{2T}E\left|F_X(\omega,T)\right|^2\cdot\lim_{T\to\infty}\frac{1}{2T}E\left|F_Y(\omega,T)\right|^2\\&=S_X(\omega)\cdot S_Y(\omega),\end{aligned}$$

所以,

$$|S_{XY}(\omega)|^2\leqslant S_X(\omega)S_Y(\omega),$$

$$
\begin{aligned}
S_{XY}(\omega) &= \int_{-\infty}^{+\infty} R_{XY}(\tau)\mathrm{e}^{-\mathrm{i}\omega\tau}\mathrm{d}\tau \\
&= \int_{-\infty}^{+\infty} R_{XY}(\tau)\cos\omega\tau\mathrm{d}\tau + \mathrm{i}\int_{-\infty}^{+\infty}[-R_{XY}(\tau)]\sin\omega\tau\mathrm{d}\tau.
\end{aligned}
$$

由于 $\cos\omega\tau$ 是偶函数, 所以互谱密度 $S_{XY}(\omega)$ 的实部为

$$
\mathrm{Re}[S_{XY}(\omega)] = \int_{-\infty}^{+\infty} R_{XY}(\tau)\cos(-\omega\tau)\mathrm{d}\tau = \mathrm{Re}[S_{XY}(-\omega)].
$$

由于 $\sin\omega\tau$ 是奇函数, 所以互谱密度 $S_{XY}(\omega)$ 的虚部为

$$
\begin{aligned}
\mathrm{Im}[S_{XY}(\omega)] &= \int_{-\infty}^{+\infty} R_{XY}(\tau)\sin\omega\tau\mathrm{d}\tau \\
&= -\int_{-\infty}^{+\infty} R_{XY}(\tau)\sin(-\omega)\tau\mathrm{d}\tau = -\mathrm{Im}[S_{XY}(-\omega)].
\end{aligned}
$$

所以, 互谱密度 $S_{XY}(\omega)$ 的实部为偶函数, 虚部为奇函数. ■

习　题　5

1. 已知平稳过程 $\{X(t), t\in(-\infty,+\infty)\}$ 的自相关函数如下:

(1) $R_X(\tau)=\mathrm{e}^{-a|\tau|}\cos\omega_0\tau$, 其中 $a>0$;

(2) $R_X(\tau)=\begin{cases}1-\dfrac{|\tau|}{T}, & -T<\tau<T,\\ 0, & \text{其他};\end{cases}$

(3) $R_X(\tau)=4\mathrm{e}^{-|\tau|}\cos\pi\tau+\cos 3\pi\tau$.

试分别求 $X(t)$ 的功率谱密度.

2. 已知平稳过程 $\{X(t), t\in(-\infty,+\infty)\}$ 的功率谱密度如下:

(1) $S_X(\omega)=\begin{cases}1, & |\omega|\leqslant\omega_0,\\ 0, & \text{其他};\end{cases}$

(2) $S_X(\omega)=\begin{cases}1-\dfrac{|\omega|}{\omega_0}, & -\omega_0\leqslant\omega\leqslant\omega_0,\\ 0, & \text{其他};\end{cases}$

(3) $S_X(\omega)=\begin{cases}b^2, & a\leqslant|\omega|\leqslant 2a,\\ 0, & \text{其他};\end{cases}$

(4) $S_X(\omega)=\begin{cases}a^2-\omega^2, & |\omega|\leqslant a,\\ 0, & |\omega|>a.\end{cases}$

试求 $X(t)$ 的自相关函数和均方值.

3. 已知平稳过程 $X(t)$ 的功率谱密度为

$$
S_X(\omega)=\begin{cases}8\delta(\omega)+20\left(1-\dfrac{|\omega|}{10}\right), & |\omega|\leqslant 10,\\ 0, & \text{其他}.\end{cases}
$$

试求:

(1) $X(t)$ 的自相关函数;

(2) $\lim\limits_{\tau\to 0} R_X(\tau)$;

(3) $X(t)$ 的单边功率谱密度.

4. 设平稳过程 $X(t)=a\cos(At+\theta)$, 其中 a 是常数, θ 是在 $(0,2\pi)$ 上均匀分布的随机变量, 随机变量 A 的概率密度为 $f(x)$, 而且 $f(x)$ 为偶函数, 且 A 与 θ 相互独立, 试证 $X(t)$ 的功率谱密度为 $S_X(\omega)=a^2\pi f(\omega)$.

5. 已知平稳过程 $\{X(t),t\in(-\infty,+\infty)\}$ 的相关函数为

$$R_X(\tau)=\mathrm{e}^{-a|\tau|}\sin b|\tau|,$$

试求其功率谱密度.

6. 已知平稳过程 $\{X(t),t\in(-\infty,+\infty)\}$ 的相关函数为

$$R_X(\tau)=\sigma^2\mathrm{e}^{-a|\tau|}\left(\cos\beta\tau+\frac{\alpha}{\beta}\sin\beta|\tau|\right),\quad \alpha>0,\quad \beta>0,$$

试求其功率谱密度.

7. 设 $\{X(t),t\in(-\infty,+\infty)\}$ 为平稳过程, 令 $Y(t)=X(t)-X(t-2a)$, a 为常数, 试证

$$R_Y(\tau)=2R_X(\tau)-R_X(\tau+2a)-R_X(\tau-2a),$$

$$S_Y(\omega)=4S_X(\omega)\sin^2(a\omega).$$

8. 已知平稳过程 $\{X(t),t\in(-\infty,+\infty)\}$ 的功率谱密度如下:

(1) $S_X(\omega)=\dfrac{5}{\omega^4+13\omega^2+36}$;

(2) $S_X(\omega)=\dfrac{\omega^2+4}{\omega^4+10\omega^2+9}$;

(3) $S_X(\omega)=\dfrac{\omega^2+1}{\omega^4+5\omega^2+6}$;

(4) $S_X(\omega)=\dfrac{\omega^4+6}{\omega^4+5\omega^2+6}$;

(5) $S_X(\omega)=\sum\limits_{k=1}^{n}\dfrac{a_k}{\omega^2+b_k^2}$, 其中 $a_k>0,k=0,1,2,\cdots,n$.

试求 $X(t)$ 的自相关函数和均方值.

9. 已知平稳过程 $\{X(t),t\in(-\infty,+\infty)\}$ 的自相关函数为

$$R_X(\tau)=1+2\mathrm{e}^{-|\tau|}+3\mathrm{e}^{-3|\tau|}\cos 2\tau,$$

试求其功率谱密度.

10. 已知平稳过程 $\{X(t),t\in(-\infty,+\infty)\}$ 的自相关函数为

$$R_X(\tau)=2+\frac{1}{2}\mathrm{e}^{-|\tau|}+\frac{1}{2}\mathrm{e}^{-(2\tau)^2},$$

试求其功率谱密度.

11. 已知平稳过程 $\{X(t), t \in (-\infty, +\infty)\}$ 的自相关函数为

$$R_X(\tau) = 1 + 3\mathrm{e}^{-3|\tau|}\cos 2\tau + 3\mathrm{e}^{-\tau^2},$$

试求其功率谱密度.

12. 已知平稳过程 $\{X(t), t \in (-\infty, +\infty)\}$ 的自相关函数为

$$R_X(\tau) = \frac{1}{4}\mathrm{e}^{-|\tau|}\cos(\pi\tau) + \cos(3\pi\tau),$$

试求其功率谱密度.

13. 已知平稳过程 $X(t)$ 的谱密度为

$$S_X(\omega) = \frac{\omega^2 + 4}{\omega^4 + 10\omega^2 + 9}.$$

(1) 试求自相关函数 $R_X(\tau)$;

(2) 此平稳过程 $X(t)$ 均方可微, 记 $X'(t) = \dfrac{\mathrm{d}X(t)}{\mathrm{d}t}$, 试求 $R'_X(t_1, t_2)$.

14. 设 $\{X(t), t \in (-\infty, +\infty)\}$ 为平稳过程, 令 $Y(t) = X(t) + X(t-a)$, a 为常数.

(1) 试证明 $Y(t)$ 是平稳随机过程;

(2) 已知 $X(t)$ 的功率谱密度为 $S_X(\omega)$, 试求 $Y(t)$ 的谱密度函数.

15. 设 $\{X(t), t \in (-\infty, +\infty)\}$ 为平稳过程, 令 $Y(t) = X(t+a) - X(t-a)$, a 为常数.

(1) 试证明 $Y(t)$ 是平稳随机过程;

(2) 已知 $X(t)$ 的功率谱密度为 $S_X(\omega)$, 试求 $Y(t)$ 的谱密度函数.

16. 随机过程 $Y(t) = X\cos(\omega t + \theta)$, 其中 ω 为常数, 随机变量 X 服从瑞利分布,

$$f_X(x) = \begin{cases} \dfrac{x}{\sigma^2}\mathrm{e}^{-\frac{x^2}{2\sigma^2}}, & x > 0, \\ 0, & x \leqslant 0, \end{cases} \qquad \sigma > 0,$$

随机变量 $\theta \sim U(0, 2\pi)$, 且 X 与 θ 相互独立.

(1) 试证明 $Y(t)$ 是平稳随机过程;

(2) 试求 $Y(t)$ 的谱密度函数.

17. 设平稳随机过程 $X(t)$ 的均值函数为 0, 自相关函数 $R_X(s,t) = \mathrm{e}^{-\alpha|s-t|}$, 其中 α 为正的常数. 试求: (1) $X(t)$ 的谱密度函数; (2) $X(t)$ 是否具有均值的遍历性?

18. 已知零均值平稳过程 $\{X(t), t \in (-\infty, +\infty)\}$ 的功率谱密度 $S_X(\omega)$ 存在二阶导数, 试证明 $\dfrac{\mathrm{d}^2 S_X(\omega)}{\mathrm{d}\omega^2}$ 不是功率谱密度.

19. 设随机过程

$$Y(t) = X(t)\cos(\omega_0 t + \theta), \quad -\infty < t < +\infty,$$

其中 $X(t)$ 为平稳过程, θ 为在区间 $(0, 2\pi)$ 上均匀分布的随机变量, ω_0 为常数, 且 $X(t)$ 与 θ 相互独立. 记 $X(t)$ 的自相关函数为 $R_X(\tau)$, 功率谱密度为 $S_X(\omega)$, 试证:

(1) $Y(t)$ 是平稳过程, 且它的自相关函数为 $R_Y(\tau) = \dfrac{1}{2}R_X(\tau)\cos\omega_0\tau$;

(2) $Y(t)$ 的功率谱密度为 $S_Y(\omega) = \dfrac{1}{4}\left[S_X(\omega - \omega_0) + S_X(\omega + \omega_0)\right]$.

20. 设 $X(t)$ 和 $Y(t)$ 是两个不相关的平稳过程, 均值函数 m_X 与 m_Y 均不为零, 定义 $Z(t)=X(t)+Y(t)$, 试求互谱密度 $S_{XY}(\omega)$ 和 $S_{XZ}(\omega)$.

21. 已知平稳过程 $X(t)$ 的谱密度为

$$S_X(\omega)=\frac{3\omega^4+28\omega^2+64}{\omega^4+9\omega^2+20},$$

试求: (1) 自相关函数 $R_X(\tau)$; (2) $R_X(0)$; (3) 单边谱密度.

22. 已知平稳过程 $X(t)$ 的谱密度为

$$S_X(\omega)=\begin{cases} C^2, & \omega_0 \leqslant |\omega| < 2\omega_0, \\ 0, & \text{其他}. \end{cases}$$

试求: (1) 自相关函数 $R_X(\tau)$; (2) $\lim\limits_{\tau\to 0} R_X(\tau)$.

23. 设平稳过程 $X(t)=a\cos(\Omega t+\theta)$, 其中 a 是常数, θ 是在 $(0,2\pi)$ 上均匀分布的随机变量, Ω 是具有概率密度 $f(x)$ 为偶函数的随机变量, 且 θ 与 Ω 相互独立, 试证明 $X(t)$ 的功率谱密度为 $S_X(\omega)=a^2\pi f(\omega)$.

24. 稳过程 $X(t)$ 的功率谱密度为

$$S_X(\omega)=\begin{cases} a^2-\omega^2, & |\omega| \leqslant a, \\ 0, & |\omega| > a, \end{cases}$$

试求: (1) $X(t)$ 的自相关函数; (2) 均方值; (3) $X(t)$ 的单边功率谱密度.

第 6 章　马尔可夫链

马尔可夫过程是一类重要的随机过程, 它是在 20 世纪初由数学家马尔可夫 (A. A. Markov) 首先提出和研究的一类随机过程. 经过世界各国几代数学家的相继努力, 马尔可夫过程至今已成为内容十分丰富、理论上相当完整、应用广泛的一门数学分支.

按照参数空间和状态空间是连续的或离散的, 马尔可夫过程可分为四类:

(1) 参数空间和状态空间都是离散的马尔可夫过程, 称为马尔可夫链 (简称马氏链);

(2) 参数空间是离散的、状态空间是连续的马尔可夫过程;

(3) 参数空间是连续的、状态空间是离散的马尔可夫过程;

(4) 参数空间是连续的、状态空间是连续的马尔可夫过程;

第 6 章和第 7 章都围绕马尔可夫链展开, 本章重在讨论马尔可夫链的统计特征.

6.1　马尔可夫过程

6.1.1　马尔可夫过程的数学定义

如果随机过程在 t_0 时刻所处状态是已知的条件下, 随机过程在 $t > t_0$ 所处状态的条件分布与时刻 t_0 之前所处状态无关, 这种特性被称为“马尔可夫性”, 或“无后效性”, 具有这种特性的随机过程被称为马尔可夫过程.

定义 6.1.1　对于随机过程 $\{X(t), t \in T\}$, 参数空间为 T, 状态空间为 I, 若对任意的 $n \in \mathbf{N}$, 以及 $t_1 < t_2 < \cdots < t_n < t_{n+1}, t_i \in T$, 任意的 $x_1, x_2, \cdots, x_n \in I$, $x \in \mathbf{R}$, 随机变量 $X(t_{n+1})$ 在已知条件 $X(t_1) = x_1, \cdots, X(t_n) = x_n$ 下的条件分布函数, 只与 $X(t_n) = x_n$ 有关, 而与 $X(t_1) = x_1, \cdots, X(t_{n-1}) = x_{n-1}$ 无关, 即条件分布函数满足

$$F(x, t_{n+1}|x_n, x_{n-1}, \cdots, x_2, x_1, t_n, t_{n-1}, \cdots, t_2, t_1) = F(x, t_{n+1}|x_n, t_n), \qquad (6.1)$$

即

$$P(X(t_{n+1}) \leqslant x|X(t_n) = x_n, \cdots, X(t_1) = x_1) = P(X(t_{n+1}) \leqslant x|X(t_n) = x_n),$$

则称此过程为**马尔可夫过程**, 简称为**马氏过程**.

若将时刻 t_n 视作 "现在", 而 $t_{n+1} > t_n$, 则视 t_{n+1} 为 "将来", 时刻 $t_1 < t_2 < \cdots < t_n$ 自然为 "过去", 因此上述定义中的条件可表述为: 在 t_n 时刻随机过程处于 $X(t_n) = x_n$ 的状态条件下, $X(t)$ 的 "将来" 状态只与 "现在" 状态有关, 而与 "过去" 状态无关. 上述定义中的条件, 针对离散型随机变量, 以及连续型随机变量可表述如下.

定义 6.1.2　对于随机过程 $\{X(t), t \in T\}$, 参数空间为 T, 状态空间为 I, 对任意的 $t \in T$, $X(t)$ 是离散型随机变量, 若条件分布律满足

$$P(X(t_{n+1}) = x|X(t_n) = x_n, \cdots, X(t_1) = x_1) = P(X(t_{n+1}) = x|X(t_n) = x_n), \tag{6.2}$$

其中 $t_1 < t_2 < \cdots < t_n < t_{n+1}$, $t_i \in T$, $x_1, x_2, \cdots, x_n, x \in I$, 则称此过程为**马尔可夫过程**, 简称为**马氏过程**.

定义 6.1.3　对于随机过程 $\{X(t), t \in T\}$, 参数空间为 T, 状态空间为 I, 对任意的 $t \in T$, $X(t)$ 是连续型随机变量, 若条件概率密度满足

$$f(x, t|x_1, \cdots, x_n, t_1, \cdots, t_n) = f(x, t|x_n, t_n), \tag{6.3}$$

其中 $t_1 < t_2 < \cdots < t_n < t_{n+1}, t_i \in T$, $x_1, x_2, \cdots, x_n, x \in I$, 则称此过程为**马尔可夫过程**, 简称为**马氏过程**.

"马尔可夫性" 最好用条件分布来表达, 此时, 对任意的 $t \in T$, 不论 $X(t)$ 是连续型随机变量, 还是离散型随机变量, 还是奇异型随机变量, 都是适合的. 即

$$F(x, t_{n+1}|x_n, x_{n-1}, \cdots, x_2, x_1, t_n, t_{n-1}, \cdots, t_2, t_1) = F(x, t_{n+1}|x_n, t_n), \tag{6.4}$$

其中 $t_1 < t_2 < \cdots < t_n < t_{n+1}$, $t_i \in T$, $x_1, x_2, \cdots, x_n \in I$, $x \in \mathbf{R}$, 则称此过程为马尔可夫过程, 简称为马氏过程.

定理 6.1.1　(1) 独立随机过程是马尔可夫过程.

(2) 随机过程 $\{X(t), t \in [a, +\infty)\}$ 是独立增量过程, 而且 $P(X(a) = 0) = 1$, 则随机过程为马尔可夫过程.

证明　(1) 独立随机过程是马尔可夫过程, 证明比较简单.

(2) 随机过程 $\{X(t), t \in [a, +\infty)\}$ 是独立增量过程, $P(X(a) = 0) = 1$, 所以, $\forall a < t_1 < t_2 < \cdots < t_n < t_{n+1}$, 相应的增量 $X(t_1) - X(a)$, $X(t_2) - X(t_1)$, $\cdots, X(t_n) - X(t_{n-1})$, $X(t_{n+1}) - X(t_n)$ 相互独立,

$$\begin{aligned}&P(X(t_{n+1}) \leqslant x|X(t_n) = x_n, X(t_{n-1}) = x_{n-1}, \cdots, X(t_1) = x_1)\\ =&P(X(t_{n+1}) - X(t_n) \leqslant x - x_n|X(t_n) - X(t_{n-1}) = x_n - x_{n-1},\end{aligned}$$

$$X(t_{n-1}) - X(t_{n-2}) = x_{n-1} - x_{n-2}, \cdots, X(t_1) = x_1)$$
$$= P(X(t_{n+1}) - X(t_n) \leqslant x - x_n).$$

$\forall a < t_1 < t_2 < \cdots < t_n < t_{n+1}$, 相应的增量 $X(t_n) - X(a), X(t_{n+1}) - X(t_n)$ 相互独立. 由于 $P(X(a) = 0) = 1$, 所以, $X(t_n)$ 与 $X(t_{n+1}) - X(t_n)$ 相互独立.

$$\begin{aligned} & P(X(t_{n+1}) \leqslant x | X(t_n) = x_n) \\ = & P(X(t_{n+1}) - X(t_n) \leqslant x - x_n | X(t_n) = x_n) \\ = & P(X(t_{n+1}) - X(t_n) \leqslant x - x_n), \end{aligned}$$

所以,

$$\begin{aligned} & P(X(t_{n+1}) \leqslant x | X(t_n) = x_n, X(t_{n-1}) = x_{n-1}, \cdots, X(t_1) = x_1) \\ = & P(X(t_{n+1}) \leqslant x | X(t_n) = x_n). \end{aligned}$$

所以, 随机过程 $\{X(t), t \in [a, +\infty)\}$ 是独立增量过程, 而且 $P(X(a) = 0) = 1$, 则随机过程为马尔可夫过程. ■

6.1.2 马尔可夫过程的分类

马尔可夫过程可分为四类.

(1) 参数空间和状态空间都是离散的马尔可夫过程, 称为马尔可夫链.

例如, 设 $X(n)$ 为第 n 次投掷一个骰子出现朝上的点数, $X(n)$ 的参数空间 $T = \{1, 2, \cdots\}$, 状态空间 $I = \{1, 2, \cdots, 6\}$, 且对于任意的 $n \neq m, n \in T, m \in T$, $X(n)$ 与 $X(m)$ 相互独立. 所以, $\{X(n), n \in T\}$ 是一独立随机过程, 是马尔可夫链.

(2) 参数空间是离散的、状态空间是连续的马尔可夫过程.

例如, 随机序列 $\{X(n), n \in T\}$, 假设任意的 $n \neq m, n \in T$, $m \in T$, $X(n)$ 与 $X(m)$ 相互独立, 且同标准正态分布, 那么, 随机序列 $\{X(n), n \in T\}$ 是参数空间离散的、状态空间连续的马尔可夫过程.

(3) 参数空间是连续的、状态空间是离散的马尔可夫过程.

例如, 泊松过程 $\{N(t), t \in [0, +\infty)\}$, 泊松强度是 λ, 由于泊松过程是独立增量过程, 而且 $P(N(0) = 0) = 1$, 所以泊松过程 $\{N(t), t \in [0, +\infty)\}$ 是参数空间连续的、状态空间离散的马尔可夫过程.

(4) 参数空间是连续的、状态空间是连续的马尔可夫过程.

例如, 标准布朗运动 $\{B(t), t \in [0, +\infty)\}$, 由于标准布朗运动是独立增量过程, 而且 $P(B(0) = 0) = 1$, 所以, 标准布朗运动 $\{B(t), t \in [0, +\infty)\}$ 是参数空间连续的、状态空间连续的马尔可夫过程.

6.1.3　马尔可夫过程的有限维分布族

性质 6.1.1　随机过程 $\{X(t),t\in T\}$ 是马尔可夫过程, 设 $t_1<t_2<\cdots<t_n, t_i\in T$, 则 n(维) 随机变量 $X(t_1),\cdots,X(t_n)$ 的有限维分布函数为

$$F_n(x_1,x_2,\cdots,x_n,t_1,t_2,\cdots,t_n)=F(x_1,t_1)F(x_2,t_2|x_1,t_1)\cdots F(x_n,t_n|x_{n-1},t_{n-1}).$$

若对任意的 $t\in T$, $X(t)$ 是连续型随机变量, 马尔可夫过程的有限维密度函数为

$$f_n(x_1,x_2,\cdots,x_n,t_1,t_2,\cdots,t_n)=f_1(x_1,t_1)f(x_2,t_2|x_1,t_1)\cdots f_n(x_n,t_n|x_{n-1},t_{n-1}).$$

若对任意的 $t\in T$, $X(t)$ 是离散型随机变量, 马氏过程的有限维概率分布为

$$\begin{aligned}&P(X(t_1)=x_1,X(t_2)=x_2,\cdots,X(t_n)=x_n)\\=&P(X(t_1)=x_1)P(X(t_2)=x_2|X(t_1)=x_1)\cdots P(X(t_n)=x_n|X(t_{n-1})=x_{n-1}).\end{aligned}$$

例 6.1.1　设 $\{X(n),n\geqslant 1\}$ 是独立随机序列, $P(X(n)=1)=P(X(n)=0)=\dfrac{1}{2}$, 令 $Y(n)=\left(\displaystyle\sum_{k=1}^{n}X(k)\right)^2$.

(1) 试证 $\{Y(n),n\geqslant 1\}$ 是马尔可夫过程;

(2) 计算 $P(Y(2)=4|X(2)=1)$.

证明　(1) $Y(n)=\left(\displaystyle\sum_{k=1}^{n}X(k)\right)^2=Y(n-1)+2\left|X(n)\right|\sqrt{Y(n-1)}+X^2(n)$.

显然 $Y(n-1),Y(n-2),\cdots,Y(1)$ 与 $X(n)$ 相互独立, $\forall y>0,y_1,\cdots,y_n\in I=[0,+\infty)$,

$$\begin{aligned}&P(Y(n)\leqslant y|Y(n-1)=y_{n-1},\cdots,Y(1)=y_1)\\=&P((X(n)+\sqrt{Y(n-1)})^2\leqslant y|Y(n-1)=y_{n-1},\cdots,Y(1)=y_1)\\=&P\left(\left|X(n)+\sqrt{Y(n-1)}\right|\leqslant\sqrt{y}|Y(n-1)=y_{n-1},\cdots,Y(1)=y_1\right)\\=&P(-\sqrt{y}-\sqrt{y_{n-1}}\leqslant X(n)\leqslant\sqrt{y}-\sqrt{y_{n-1}}|Y(n-1)=y_{n-1},\cdots,Y(1)=y_1)\\=&P(-\sqrt{y}-\sqrt{y_{n-1}}\leqslant X(n)\leqslant\sqrt{y}-\sqrt{y_{n-1}}).\end{aligned}$$

又

$$\begin{aligned}&P(Y(n)\leqslant y|Y(n-1)=y_{n-1})\\=&P(-\sqrt{y}-\sqrt{y_{n-1}}\leqslant X(n)\leqslant\sqrt{y}-\sqrt{y_{n-1}}|Y(n-1)=y_{n-1}),\end{aligned}$$

$$P(Y(n)\leqslant y|Y(n-1)=y_{n-1},\cdots,Y(1)=y_1)=P(Y(n)\leqslant y|Y(n-1)=y_{n-1}),$$

即 $Y(n)$ 为马氏过程.

$$
\begin{aligned}
(2)\ P(Y(2)=4|X(2)=1)&=P((X(1)+X(2))^2=4|X(2)=1)\\
&=P(X(1)=1)=\frac{1}{2}.
\end{aligned}
$$

例 6.1.2 标准布朗运动 $\{B(t),t\in[0,+\infty)\}$, 已知 $\Phi(1)=0.8413$, 求条件概率

$$P(B(1.54)\leqslant 0.8\,|B(0.55)=0.1,\ B(0.98)=1.3, B(1.50)=1).$$

解 布朗运动是独立增量过程, 而且 $P(B(0)=0)=1$, 所以, 布朗运动是马尔可夫过程, 所以,

$$
\begin{aligned}
&P(B(1.54)\leqslant 0.8\,|B(0.55)=0.1,\ B(0.98)=1.3, B(1.50)=1)\\
=&P(B(1.54)\leqslant 0.8|B(1.50)=1)\\
=&P(B(1.54)-B(1.50)\leqslant -0.2\,|B(1.50)-B(0)=1)\\
=&P(B(1.54)-B(1.50)\leqslant -0.2)\\
=&\Phi\left(\frac{-0.2-0}{\sqrt{0.04}}\right)=\Phi(-1)=0.1587.
\end{aligned}
$$

■

6.2 马尔可夫链的一步转移概率

6.2.1 马尔可夫链的定义

定义 6.2.1 随机过程 $\{X(t),t\in T\}$, 其参数空间 T 是离散的, 状态空间 I 是离散的, 满足马尔可夫性, 则称此随机过程为**马尔可夫链**.

马尔可夫链, 其参数空间 T 是离散的, 所以常取参数空间为时间集, 即取 $T=\{0,1,2,\cdots\}$, 其中 $t=0$ 称为初始时刻, 且其状态集 I 为简单计数, 常取作

(1) 整数集: $I=\{0,\pm1,\pm2,\cdots\}$;

(2) 自然数的子集: $I=\{0,1,2,\cdots\}$;

(3) 整数的子集: $I=\{i_0,i_1,i_2,\cdots\}$;

(4) 有限子集: $I=\{i_0,i_1,i_2,\cdots,i_n\}$.

6.2.2 一步转移概率和 m 步转移概率

定义 6.2.2 若随机过程 $\{X(t),t\in T\}$ 是马尔可夫链, 则称马氏链在时刻 k 时所处状态 i, 而下一步将处于状态 j 的条件概率为**一步转移概率**, 记为 $P_{ij}^{(1)}(k)$, 或记为 $P_{ij}(k)$, 即**一步转移概率**为

$$P_{ij}^{(1)}(k)=P(X(k+1)=j|X(k)=i),\quad k\in T,\quad i,j,\in I, \tag{6.5}$$

称马氏链在时刻 k 时所处状态 i, 而下 m 步将处于状态 j 的条件概率为 m **步转移概率**, 记为 $P_{ij}^{(m)}(k)$, 即 m **步转移概率**为

$$P_{ij}^{(m)}(k)=P(X(k+m)=j|X(k)=i),\quad k\in T,\quad i,j\in I,\quad k+m\in T. \tag{6.6}$$

马氏链的 m 步转移概率构成的矩阵, 称为 m **步转移概率矩阵**, 记为 $P^{(m)}(k)$, 即

$$P^{(m)}(k)=\begin{pmatrix} P_{11}^{(m)}(k) & P_{12}^{(m)}(k) & \cdots & P_{1j}^{(m)}(k) & \cdots \\ P_{21}^{(m)}(k) & P_{22}^{(m)}(k) & \cdots & P_{2j}^{(m)}(k) & \cdots \\ \vdots & \vdots & & \vdots & \\ P_{i1}^{(m)}(k) & P_{i2}^{(m)}(k) & \cdots & P_{ij}^{(m)}(k) & \cdots \\ \vdots & \vdots & & \vdots & \end{pmatrix}=\left(P_{ij}^{(m)}(k)\right). \tag{6.7}$$

性质 6.2.1　马氏链的 m 步转移概率具有下述两个性质:

(1) $P_{ij}^{(m)}(k)\geqslant 0,\ \forall i,j\in I,\ \forall m=1,2,\cdots$;

(2) $\sum\limits_{j\in I}P_{ij}^{(m)}(k)=1,\ \forall i\in I$, 换句话说, 就是 m 步转移概率矩阵的每一行的和都等于 1.

定义 6.2.3　随机过程 $\{X(t),t\in T\}$ 是马尔可夫链, 一步转移概率为 $P_{ij}^{(1)}(k)$, 如果一步转移概率与起始时刻 k 无关, 即

$$\begin{aligned} P_{ij}^{(1)}(k)&=P(X(k+1)=j|X(k)=i)\\ &=P(X(s+1)=j|X(s)=i)\\ &=P_{ij}^{(1)}(s)=P_{ij},\quad \forall k\in T,\quad s\in T,\quad i,j\in I, \end{aligned} \tag{6.8}$$

则称马尔可夫链是**齐次的马氏链**.

例 6.2.1　从 $1,2,3,4,5,6$ 这 6 个数中等可能地任意取出一数, 取后还原, 如此不断地连续取下去, 若在前 n 次中所取得的最大数为 j, 则称质点在第 n 步时的位置处于状态 j, 试问这样的质点运动是否构成马氏链? 是否齐次的? 如果是齐次马氏链, 求出一步转移概率矩阵.

解　记第 n 次出现的点数为 $X(n)$, 前 n 次的最大数为 $Y(n)$, 显然,

$$P(X(n)=i)=\frac{1}{6},\quad i=1,2,3,4,5,6,$$

$$Y(n+1)=\max(Y(n),X(n+1)).$$

所以, $\{Y(n),n=1,2,\cdots\}$ 是参数空间离散、状态空间离散的马氏链, 其状态空间

为 $I=\{1,2,3,4,5,6\}$, 而且

$$P(Y(n+1)=j|Y(n)=i)=\begin{cases}0, & j<i,\\ \dfrac{i}{6}, & j=i,\\ \dfrac{1}{6}, & j>i.\end{cases}$$

一步转移概率与起始时刻 k 无关, 是齐次的马氏链, 一步转移概率矩阵为

$$P=\begin{pmatrix}\frac{1}{6} & \frac{1}{6} & \frac{1}{6} & \frac{1}{6} & \frac{1}{6} & \frac{1}{6}\\ 0 & \frac{2}{6} & \frac{1}{6} & \frac{1}{6} & \frac{1}{6} & \frac{1}{6}\\ 0 & 0 & \frac{3}{6} & \frac{1}{6} & \frac{1}{6} & \frac{1}{6}\\ 0 & 0 & 0 & \frac{4}{6} & \frac{1}{6} & \frac{1}{6}\\ 0 & 0 & 0 & 0 & \frac{5}{6} & \frac{1}{6}\\ 0 & 0 & 0 & 0 & 0 & 1\end{pmatrix}.$$ ■

例 6.2.2 无限制地抛一枚硬币, 以 H_n 和 T_n 分别表示前 n 次抛掷中正面和反面出现的次数, 令 $Y(n)=H_n-T_n$, 试问它们是马氏链吗? 如果是, 求其一步转移概率矩阵.

解 记 $X(k)=\begin{cases}1, & \text{第 } k \text{ 次出正面},\\ 0, & \text{第 } k \text{ 次出反面},\end{cases}$ 则 $\{X(k),k\geqslant 1\}$ 独立同分布. 所以正面出现的次数 $H(n)=\sum\limits_{k=1}^{n}X(k)$, $Y_n=H_n-T_n=H_n-(n-H_n)=2H(n)-n$, H_n 为独立增量过程, 所以, $Y(n)=H_n-T_n$ 也为独立增量随机过程, 其状态集为 $I=\{0,\pm1,\pm2,\cdots\}$, 因此, $Y(n)$ 为马氏链, $Y(n)$ 的一步转移概率为

$$\begin{aligned}P_{ij}^{(1)}(n)&=P(Y(n+1)=j|\,Y(n)=i)\\&=P(2H(n+1)=n+1+j\,|2H(n)=n+i)\\&=P\left(H(n+1)=\frac{n+1+j}{2}\,\middle|\,H(n)=\frac{n+i}{2}\right)\\&=P\left(X(n+1)=\frac{n+1+j}{2}-\frac{n+i}{2}\,\middle|\,H(n)=\frac{n+i}{2}\right)\\&=P\left(X(n+1)=\frac{n+1+j}{2}-\frac{n+i}{2}\right)\end{aligned}$$

$$
= \begin{cases} \dfrac{1}{2}, & j = i+1, \\ \dfrac{1}{2}, & j = i-1, \\ 0, & \text{其他}, \end{cases} \quad i \in \{-n, -n+2, -n+4, \cdots, n-2, n\}. \qquad \blacksquare
$$

例 6.2.3　设甲袋内有 6 只黑球, 乙袋内有 4 只白球, 每次从甲、乙两袋内随机地各取出一球并进行交换, 然后再放入袋中, 记 $X(n)$ 为经 n 次交换后甲袋内的白球数. 试问它们是马氏链吗? 如果是, 求其一步转移概率矩阵.

解　令 $Y(n) = \begin{cases} 1, & \text{第 } n \text{ 次甲中取黑, 乙中取白}, \\ -1, & \text{第 } n \text{ 次甲中取白, 乙中取黑}, \\ 0, & \text{第 } n \text{ 次甲、乙中取同色}, \end{cases}$ 则 $X(n) = \sum\limits_{k=1}^{n} Y(k)$,

故 $X(n)$ 是马氏链, 状态集 $I = \{0,1,2,3,4\}$, 其一步转移概率为

$$
P_{ij}(k) = P(X(k+1) = j | X(k) = i) = \begin{cases} \dfrac{10i - 2i^2}{24}, & j = i, \\ \dfrac{24 - 10i + i^2}{24}, & j = i+1, \\ \dfrac{i^2}{24}, & j = i-1, \\ 0, & \text{其他}, \end{cases}
$$

只与 i, j 相关, 与时间 k 无关, 故 $X(n)$ 是齐次马尔可夫链. $\blacksquare$

6.2.3　转移概率图

为了能更加直观形象地表现马氏链的一步状态转移过程及状态转移的概率特征, 通常借助于转移图与标明转移概率的转移概率图.

所谓转移图就是在一个图中, 首先将马氏链的所有状态一一标出, 然后用标有箭头的连线将各个状态连接起来, 箭头所指状态, 就是箭尾所连状态一步到达的状态, 也就是说箭尾所连状态是初始状态, 箭头所指状态是到达状态. 图 6.1 给出了两个转移图. 左侧的状态集为 $I = \{0,1,2,3\}$, 包含 4 个状态, 可以看出, 从状态 0 可以一步到达状态 1, 从状态 1 可以一步到达状态 2, 状态 2 和状态 3 可以相互到达, 状态 3 可以一步到达状态 0. 右侧的状态集为 $I = \{1,2,3\}$, 包含 3 个

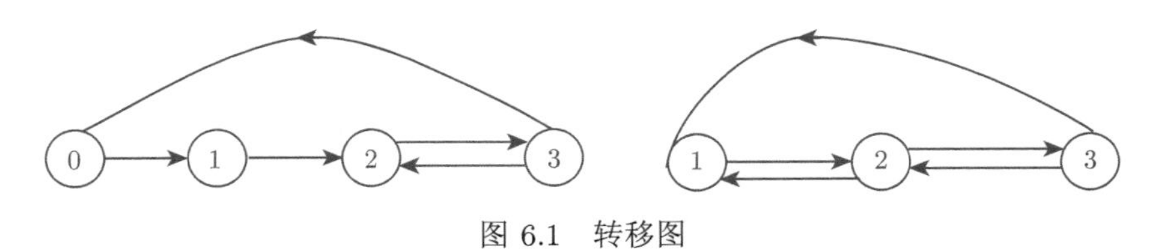

图 6.1　转移图

状态, 可以看出, 状态 1 和状态 2 可以相互到达, 状态 2 和状态 3 可以相互到达, 状态 3 可以一步到达状态 1, 状态 1 一步不能到达状态 3.

如果在状态连线上再标出相应的一步转移概率, 则称为转移概率图, 如图 6.2 所示. 这样一来, 相应的一步概率矩阵可以写出来. 也可以从某一个状态出发, 然后用标有箭头的连线将这个状态与一步所到达的状态连起来, 在连线上标出相应的概率, 紧接着在到达的状态上用标有箭头的连线将该状态与一步所到达的状态连起来, 写上相应的概率, 以此类推, 此时得到的称为链式概率转移图, 如图 6.3 所示.

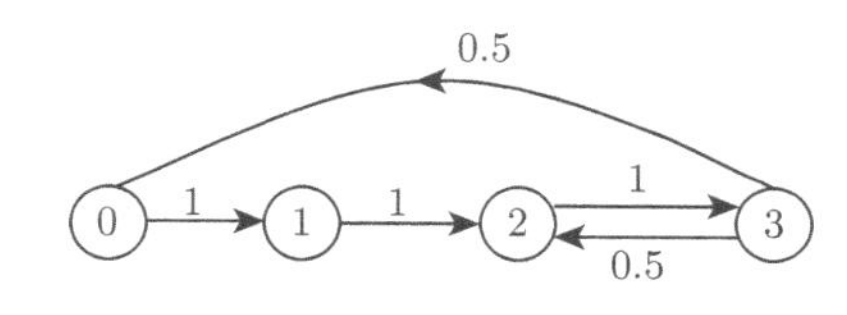

图 6.2 转移概率图

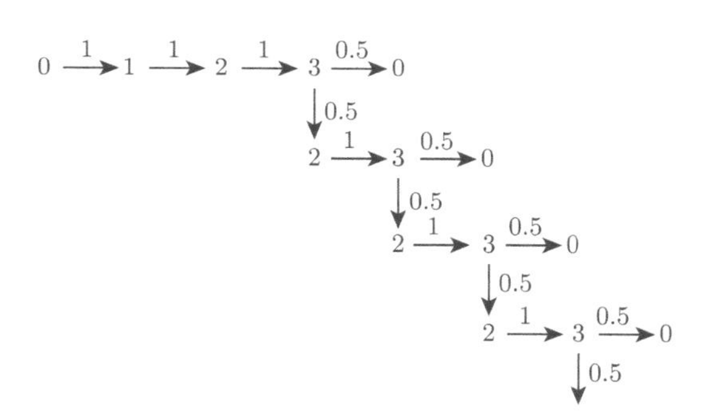

图 6.3 链式概率转移图

6.3 查普曼-柯尔莫哥洛夫方程

6.3.1 查普曼-柯尔莫哥洛夫方程 (C-K 方程)

定理 6.3.1 随机序列 $\{X(n), n=0,1,2\cdots\}$ 为马氏链, 状态空间为 $I=\{0,\pm1,\pm2,\cdots\}$ 或有限子集, 参数空间为 $T=\{0,1,2,\cdots\}$, 则其 n 步转移概率满足下述等式:

$$P_{ij}^{(n)}(r)=\sum_{k\in I}P_{ik}^{(m)}(r)P_{kj}^{(n-m)}(r+m),\quad \forall i,j\in I,\quad 1\leqslant m\leqslant n,\quad r\in T,\tag{6.9}$$

对应的 n 步转移概率矩阵为

$$P^{(n)}(r)=P^{(m)}(r)P^{(n-m)}(r+m).\tag{6.10}$$

定理 6.3.2 随机序列 $\{X(n), n=0,1,2,\cdots\}$ 为齐次的马氏链, 状态空间为 $I=\{0,\pm1,\pm2,\cdots\}$ 或有限子集, 参数空间为 $T=\{0,1,2,\cdots\}$, 则其 n 步转移概率满足下述等式:

$$P_{ij}^{(n)}=\sum_{k\in I}P_{ik}^{(m)}P_{kj}^{(n-m)},\quad 1\leqslant m\leqslant n,\quad \forall i,j\in I, \tag{6.11}$$

对应的 n 步转移概率矩阵为

$$P^{(n)}=P^{(m)}P^{(n-m)}. \tag{6.12}$$

n 步转移概率满足的上述等式, 由科学家查普曼 (Chapman) 和柯尔莫哥洛夫 (Kolmogorov) 研究得出, 称为**查普曼-柯尔莫哥洛夫方程**, 简称 **C-K 方程**.

证明 对于非齐次的马氏链, n 步转移概率计算如下:

$$\begin{aligned}
P_{ij}^{(n)}(r)&=P\{X(r+n)=j\,|X(r)=i\}\\
&=P\left\{(X(r+n)=j)\left[\bigcup_{k\in I}(X(r+m)=k)\right]\middle|X(r)=i\right\}\\
&=P\left\{\bigcup_{k\in I}(X(r+n)=j,X(r+m)=k)\middle|X(r)=i\right\}\\
&=\sum_{k\in I}P\{X(r+n)=j,X(r+m)=k\,|X(r)=i\}\\
&=\sum_{k\in I}P\{X(r+m)=k\,|X(r)=i\}\\
&\quad\ \times P\{X(r+n)=j\,|X(r+m)=k,X(r)=i\}\\
&=\sum_{k\in E}P_{ik}^{(m)}(r)\cdot P_{kj}^{(n-m)}(r+m).
\end{aligned}$$

对于齐次的马氏链, 同理可证

$$P_{ij}^{(n)}=\sum_{k\in I}P_{ik}^{(m)}P_{kj}^{(n-m)},\quad 1\leqslant m\leqslant n,\quad \forall i,j\in I. \qquad \blacksquare$$

推论 6.3.1 随机序列 $\{X(n), n=0,1,2,\cdots\}$ 为齐次马氏链, 则下列等式成立:

$$\begin{aligned}
&P^{(n)}(r)=P^{(m)}(r)P^{(n-m)}(r+m),\quad 1\leqslant m\leqslant n,\\
&P^{(n)}=P^{(m)}\times P^{(n-m)},\quad 1\leqslant m\leqslant n,\\
&P^{(n+m)}=P^{(n)}\times P^{(m)},\quad \forall m\geqslant 1,n\geqslant 1,
\end{aligned}$$

$$P^{(n)} = P \times P^{(n-1)}, \quad \forall n \geqslant 1.$$

C-K 方程和上述等式说明, n 步转移概率完全由一步转移概率确定, n 步转移概率矩阵等于一步转移概率矩阵的 n 次幂.

6.3.2 典型例子

例 6.3.1 甲乙两人进行某种比赛, 设每局比赛甲胜的概率为 p, 乙胜的概率为 q, 和局的概率为 r, $p+q+r=1$. 设每局比赛后, 胜者得 1 分, 负者得 -1 分, 和局不记分, 当两人中有一个人得到 2 分, 比赛结束. 以 $\{X(n), n=1,2,\cdots\}$ 表示比赛至结束局时甲获得的分数, 则 $\{X(n), n=1,2,\cdots\}$ 是一个齐次的马氏链. 试求:

(1) 一步转移概率;

(2) 在甲获得 1 分的情况下, 最多比赛 2 局可以结束的概率.

解 齐次马氏链 $\{X(n), n=1,2,\cdots\}$ 的状态空间为 $I=\{-2,-1,0,1,2\}$, 一步转移概率矩阵为

$$P^{(1)} = P = \begin{array}{c} \\ -2 \\ -1 \\ 0 \\ 1 \\ 2 \end{array} \begin{array}{c} \begin{array}{ccccc} -2 & -1 & 0 & 1 & 2 \end{array} \\ \begin{pmatrix} 1 & 0 & 0 & 0 & 0 \\ q & r & p & 0 & 0 \\ 0 & q & r & p & 0 \\ 0 & 0 & q & r & p \\ 0 & 0 & 0 & 0 & 1 \end{pmatrix} \end{array}.$$

二步转移概率矩阵为

$$P^{(2)} = P \times P = \begin{array}{c} \\ -2 \\ -1 \\ 0 \\ 1 \\ 2 \end{array} \begin{array}{c} \begin{array}{ccccc} -2 & -1 & 0 & 1 & 2 \end{array} \\ \begin{pmatrix} 1 & 0 & 0 & 0 & 0 \\ q+rq & r^2+pq & 2pr & p^2 & 0 \\ q^2 & 2rq & r^2+2pq & 2pr & p^2 \\ 0 & q^2 & 2qr & r^2+pq & p+pr \\ 0 & 0 & 0 & 0 & 1 \end{pmatrix} \end{array}.$$

在甲获得 1 分的情况下, 最多比赛 2 局可以结束的概率为

$$P = P_{12}^{(2)} = p + pr = p(1+r). \qquad \blacksquare$$

例 6.3.2 某计算机机房的一台计算机经常出故障, 研究者每隔 15 分钟观察一次计算机的运行状态, 收集了 24 小时的数据 (共作 97 次观察). 用 1 表示正常状态, 用 0 表示不正常状态, 所得的数据序列如下:

$$1110010011111110011110111111001111111110001101101$$

$$1110110110101111011101111011111100110111111100111$$

设 $X(n)$ 为第 $n(n=1,2,\cdots,97)$ 个时段的计算机状态, 可以认为它是一个马氏链, 状态空间 $I=\{0,1\}$. 96 次状态转移的情况是: 0→0, 8 次; 0→1, 18 次; 1→0, 18 次; 1→1, 52 次.

(1) 利用频率代替概率的思想, 近似计算一步转移概率;

(2) 若计算机在前一段 (15 分钟) 的状态为 0, 问从此时段起此计算机能连续正常工作一小时 (4 个时段) 的概率为多少?

解　(1) 一步转移概率可用频率近似地表示为

$$P_{00}=P(X_{n+1}=0|X_n=0)\approx\frac{8}{8+18}=\frac{8}{26},$$

$$P_{01}=P(X_{n+1}=1|X_n=0)\approx\frac{18}{8+18}=\frac{18}{26},$$

$$P_{10}=P(X_{n+1}=0|X_n=1)\approx\frac{18}{18+52}=\frac{18}{70},$$

$$P_{11}=P(X_{n+1}=1|X_n=1)\approx\frac{52}{18+52}=\frac{52}{70}.$$

(2) 计算机在前一段 (15 分钟) 的状态为 0, 从此时起计算机能连续正常工作一小时 (4 个时段) 的概率为

$$\begin{aligned}&P(X_1=1,X_2=1,X_3=1,X_4=1|X_0=0)\\&=P(X_1=1|X_0=0)P(X_2=1|X_1=1)P(X_3=1|X_2=1)P(X_4=1|X_3=1)\\&=\frac{18}{26}\cdot\frac{52}{70}\cdot\frac{52}{70}\cdot\frac{52}{70}\approx 0.284.\end{aligned}$$

■

6.4　马尔可夫链的分布与数字特征

6.4.1　马尔可夫链的有限维分布族

定义 6.4.1　随机序列 $\{X(n),n=0,1,2,\cdots\}$ 为马氏链, 状态空间为 $I=\{0,\pm1,\pm2,\cdots\}$ 或有限子集, 参数空间为 $T=\{0,1,2,\cdots\}$, 令

$$P_i(n)=P(X(n)=i),\ i\in I;\quad P_i(0)=P(X(0)=i),\ i\in I, \tag{6.13}$$

且对于任意的 $i\in I$, 均有 $P_i(n)\geqslant 0$, $P_i(0)\geqslant 0$, 而且

$$\sum_{i\in I}P_i(n)=1,\quad \sum_{i\in I}P_i(0)=1,$$

称 $\{P_i(n), i \in I, n \geqslant 1\}$ 为马氏链的**绝对分布，或绝对概率**. 称 $\{P_i(0), i \in I\}$ 为马氏链的**初始分布，或初始概率**.

定理 6.4.1 马氏链的绝对分布由其初始分布及相应的转移概率唯一确定.

证明 $P_j(1) = P(X(1) = j) = P\left((X(1) = j) \cdot \left[\bigcup_{i\in I} X(0) = i\right]\right)$

$$
\begin{aligned}
&= P\left(\bigcup_{i\in I}(X(1) = j, X(0) = i)\right)\\
&= \sum_{i\in I} P\left(X(1) = j, X(0) = i\right)\\
&= \sum_{i\in I} P\left(X(0) = i\right) P\left(X(1) = j \,|X\ (0) = i\right)\\
&= \sum_{i\in I} P_i(0) \cdot P_{ij}(0). \qquad (6.14)
\end{aligned}
$$

一般地, 当 $n \geqslant 2$ 时, 绝对分布

$$
\begin{aligned}
P_j(n) = P\left(X(n) = j\right) &= P\left(\bigcup_{i\in I}(X(n) = j, X(0) = i)\right)\\
&= \sum_{i\in I} P\left(X(0) = i\right) P\left(X(n) = j|X(0) = i\right)\\
&= \sum_{i\in I} P_i(0) \cdot P_{ij}^{(n)}(0). \qquad (6.15)
\end{aligned}
$$

马氏链的绝对分布由其初始分布 $P_i(0)$ 及相应的转移概率 $P_{ij}^{(n)}(0)$ 唯一确定. ■

推论 6.4.1 马氏链的绝对概率由其初始分布及一步转移概率唯一确定.

定理 6.4.2 马氏链的有限维概率分布由其初始分布及一步转移概率唯一确定.

证明 $\forall n_1 < n_2 < \cdots < n_k, n_j \in T$, $\forall i_1, i_2, \cdots, i_k \in I$,

$$
\begin{aligned}
&P\left(X(n_1) = i_1, X(n_2) = i_2, \cdots, X(n_k) = i_k\right)\\
=&P\left(X(n_1) = i_1\right) P\left(X(n_2) = i_2 \,|X\ (n_1) = i_1\right)\\
&\times P\left(X(n_3) = i_3 \,|X\ (n_2) = i_2, X(n_1) = i_1\right)\\
&\times \cdots \times P\left(X(n_k) = i_k \,|X(n_{k-1}) = i_{k-1}, \cdots, X(n_1) = i_1\right)\\
=&P\left(X(n_1) = i_1\right) P\left(X(n_2) = i_2 \,|X(n_1) = i_1\right) P\left(X(n_3) = i_3 \,|X(n_2) = i_2\right)\\
&\times \cdots \times P\left(X(n_k) = i_k \,|X(n_{k-1}) = i_{k-1}\right)\\
=&P_{i_1}(n_1) P_{i_1 i_2}^{(n_2 - n_1)}(n_1) P_{i_2 i_3}^{(n_3 - n_2)}(n_2) \cdots P_{i_{k-1} i_k}^{(n_k - n_{k-1})}(n_{k-1}).
\end{aligned}
$$

$$P_{i_1}(n_1) = P\left(X(n_1) = i_1\right) = \sum_{i \in I} P_i(0) \cdot P_{ii_1}^{(n_1)}(0)$$

$$P_{ij}^{(n)}(r) = \sum_{k \in I} P_{ik}^{(m)}(r) P_{kj}^{(n-m)}(r+m) = \sum_{k \in I} P_{ik}^{(1)}(r) P_{kj}^{(n-1)}(r+m). \tag{6.16}$$

所以, 马氏链的有限维概率分布由其初始分布及一步转移概率唯一确定. ■

例 6.4.1 马氏链 $\{X(n), n = 0, 1, 2, \cdots\}$, 状态空间为 $I = \{0, 1, 2\}$, 初始分布为

$$P_i(0) = P\{X_0 = i\} = \frac{1}{3}, \quad i = 0, 1, 2,$$

一步转移概率矩阵为

$$P = \begin{array}{c} \\ 0 \\ 1 \\ 2 \end{array} \begin{array}{c} \begin{array}{ccc} 0 & 1 & 2 \end{array} \\ \begin{pmatrix} \frac{3}{4} & \frac{1}{4} & 0 \\ \frac{1}{4} & \frac{1}{2} & \frac{1}{4} \\ 0 & \frac{3}{4} & \frac{1}{4} \end{pmatrix} \end{array}$$

试求: (1) $P\left(X_0 = 0, X_2 = 1, X_4 = 1\right)$;

(2) $P\left(X_2 = 1, X_4 = 1, X_5 = 0 | X_0 = 0\right)$;

(3) $P\left(X_2 = 1, X_4 = 1, X_5 = 0\right)$;

(4) $P\left(X_0 = 0, X_4 = 1 | X_2 = 1\right)$.

解 (1) 根据 C-K 方程, 得到两步概率矩阵如下:

$$P^{(2)} = P^2 = \begin{pmatrix} \frac{5}{8} & \frac{5}{16} & \frac{1}{16} \\ \frac{5}{16} & \frac{1}{2} & \frac{3}{16} \\ \frac{3}{16} & \frac{9}{16} & \frac{1}{4} \end{pmatrix},$$

$$P\left(X_0 = 0, X_2 = 1, X_4 = 1\right) = P\left(X_0 = 0\right) P_{01}^{(2)} P_{11}^{(2)} = \frac{1}{3} \times \frac{5}{16} \times \frac{1}{2} = \frac{5}{96}.$$

(2) $P\left(X_2 = 1, X_4 = 1, X_5 = 0 | X_0 = 0\right)$

$$= P_{01}^{(2)} P_{11}^{(2)} P_{10}^{(1)} = \frac{5}{16} \times \frac{1}{2} \times \frac{1}{4} = \frac{5}{128}.$$

(3) $\qquad P\left(X_2 = 1, X_4 = 1, X_5 = 0\right) = P\left(X_2 = 1\right) P_{11}^{(2)} P_{10}^{(1)}.$

由于

$$P(X_2 = 1) = P(X_0 = 0) P_{01}^{(2)} + P(X_0 = 1) P_{11}^{(2)} + P(X_0 = 2) P_{21}^{(2)}$$

$$=\frac{1}{3}\left(\frac{5}{16}+\frac{1}{2}+\frac{9}{16}\right),$$

所以,

$$P\left(X_2=1,X_4=1,X_5=0\right)=P\left(X_2=1\right)P_{11}^{(2)}P_{10}^{(2)}$$
$$=\frac{1}{3}\left(\frac{5}{16}+\frac{1}{2}+\frac{9}{16}\right)\times\frac{1}{2}\times\frac{1}{4}=\frac{11}{192}.$$

(4) $P\left(X_0=0,X_4=1|X_2=1\right)=\dfrac{P\left(X_0=0,X_4=1,X_2=1\right)}{P(X_2=1)}$,

$$P\left(X_0=0,X_2=1,X_4=1\right)=P\left(X_0=0\right)P_{01}^{(2)}P_{11}^{(2)}=\frac{1}{3}\times\frac{5}{16}\times\frac{1}{2}=\frac{5}{96},$$

$$P(X_2=1)=P(X_0=0)P_{01}^{(2)}+P(X_0=1)P_{11}^{(2)}+P(X_0=2)P_{21}^{(2)}$$
$$=\frac{1}{3}\left(\frac{5}{16}+\frac{1}{2}+\frac{9}{16}\right)=\frac{11}{24},$$

$$P\left(X_0=0,X_4=1|X_2=1\right)=\frac{\frac{5}{96}}{\frac{11}{24}}=\frac{5}{44}.$$ ■

6.4.2 马尔可夫链的数字特征

推论 6.4.2 马氏链的数字特征由其初始分布及一步转移概率唯一确定.

例 6.4.2 已知马氏链 $\{X(n),n=0,1,2,\cdots\}$, 状态空间为 $I=\{0,1,2\}$, 初始分布为 $P_i\left(0\right)=P\left(X_0=i\right)=\dfrac{1}{3}$, $i=0,1,2$, 一步转移概率矩阵为

$$P=\begin{array}{c} \\ 0 \\ 1 \\ 2 \end{array}\begin{array}{c} \begin{array}{ccc} 0 & 1 & 2 \end{array} \\ \begin{pmatrix} \frac{3}{4} & \frac{1}{4} & 0 \\ \frac{1}{4} & \frac{1}{2} & \frac{1}{4} \\ 0 & \frac{3}{4} & \frac{1}{4} \end{pmatrix} \end{array}.$$

试求: (1) $E\left(X_1|X_0=1\right)$; (2) $E(X_0|X_1=1)$; (3) $E(X_{n+2}|X_n=1)$; (4) $\mathrm{Cov}(X_0,X_1)$.

解 (1) $E\left(X_1|X_0=1\right)$

$$=0\times P\left(X_1=0|X_0=1\right)+1\times P\left(X_1=1|X_0=1\right)$$
$$+2\times P\left(X_1=2|X_0=1\right)$$
$$=\frac{1}{2}+2\times\frac{1}{4}=1.$$

$$
\begin{aligned}
(2)\ P(X_1=1)=&P(X_0=0)P(X_1=1|X_0=0)\\
&+P(X_0=1)P(X_1=1|X_0=1)\\
&+P(X_0=2)P(X_1=1|X_0=2)\\
=&\frac{1}{3}\left(\frac{1}{4}+\frac{1}{2}+\frac{3}{4}\right)=\frac{1}{2}.
\end{aligned}
$$

$$
\begin{aligned}
P\left(X_0=1|X_1=1\right)&=\frac{P\left(X_0=1,X_1=1\right)}{P(X_1=1)}=\frac{P(X_0=1)P(X_1=1|X_0=1)}{P(X_1=1)}\\
&=\frac{\frac{1}{3}\times\frac{1}{2}}{\frac{1}{2}}=\frac{1}{3}.
\end{aligned}
$$

$$
\begin{aligned}
P\left(X_0=2|X_1=1\right)&=\frac{P\left(X_0=2,X_1=1\right)}{P(X_1=1)}=\frac{P(X_0=2)P(X_1=1|X_0=2)}{P(X_1=1)}\\
&=\frac{\frac{1}{3}\times\frac{3}{4}}{\frac{1}{2}}=\frac{1}{2}.
\end{aligned}
$$

$$
\begin{aligned}
E\left(X_0|X_1=1\right)&=0\times P\left(X_0=0|X_1=1\right)+1\times P\left(X_0=1|X_0=1\right)\\
&\quad+2\times P\left(X_0=2|X_1=1\right)\\
&=\frac{1}{3}+1=\frac{4}{3}.
\end{aligned}
$$

(3) 因为 $P^{(2)}=P^2=\begin{pmatrix}\frac{5}{8}&\frac{5}{16}&\frac{1}{16}\\\frac{5}{16}&\frac{1}{2}&\frac{3}{16}\\\frac{3}{16}&\frac{9}{16}&\frac{1}{4}\end{pmatrix}$, 所以

$$
\begin{aligned}
&E(X(n+2)|X(n)=1)\\
=&0\times P\left(X_2=0|X_0=1\right)+1\times P\left(X_2=1|X_0=1\right)\\
&+2\times P\left(X_2=2|X_0=1\right)\\
=&1\times\frac{1}{2}+2\times\frac{3}{16}=\frac{7}{8}.
\end{aligned}
$$

(4) $E(X_0X_1)$

$$
\begin{aligned}
=&0+1\times P(X_0=1,X_1=1)+2\times P(X_0=2,X_1=1)\\
&+2\times P(X_0=1,X_1=2)+4\times P(X_0=2,X_1=2)
\end{aligned}
$$

$$= 1 \times P(X_1 = 1|X_0 = 1)P(X_0 = 1) + 2 \times P(X_1 = 1|X_0 = 2)P(X_0 = 2)$$
$$+ 2 \times P(X_1 = 2|X_0 = 1)P(X_0 = 1) + 4 \times P(X_1 = 2|X_0 = 2)P(X_0 = 2)$$
$$= 1 \times \frac{1}{3} \times \frac{1}{2} + 2 \times \frac{1}{3} \times \frac{3}{4} + 2 \times \frac{1}{3} \times \frac{1}{4} + 4 \times \frac{1}{3} \times \frac{1}{4} = \frac{7}{6}.$$

$$E(X_0) = 0 + 1 \times P(X_0 = 1) + 2 \times P(X_0 = 2) = \frac{1}{3} + \frac{2}{3} = 1.$$

$$\begin{aligned} P(X_1 = 1) &= P(X_0 = 0)P(X_1 = 1|X_0 = 0) + P(X_0 = 1)P(X_1 = 1|X_0 = 1) \\ &\quad + P(X_0 = 2)P(X_1 = 1|X_0 = 2) \\ &= \frac{1}{3}\left(\frac{1}{4} + \frac{1}{2} + \frac{3}{4}\right) = \frac{1}{2}. \end{aligned}$$

$$\begin{aligned} P(X_1 = 2) &= P(X_0 = 0)P(X_1 = 2|X_0 = 0) + P(X_0 = 1)P(X_1 = 2|X_0 = 1) \\ &\quad + P(X_0 = 2)P(X_1 = 2|X_0 = 2) \\ &= \frac{1}{3}\left(0 + \frac{1}{4} + \frac{1}{4}\right) = \frac{1}{6}. \end{aligned}$$

$$E(X_1) = 0 + 1 \times P(X_1 = 1) + 2 \times P(X_1 = 2) = 1 \times \frac{1}{2} + 2 \times \frac{1}{6} = \frac{5}{6}.$$

$$\mathrm{Cov}(X_0, X_1) = E(X_0X_1) - E(X_0)E(X_1) = \frac{7}{6} - \frac{5}{6} = \frac{1}{3}.$$ ■

习 题 6

1. 证明布朗运动是马尔可夫过程.

2. 已知标准布朗运动 $\{B(t), t \in [0, +\infty)\}$, 试求下列概率:

(1) $P(B(2) \leqslant 0.8\,|B(0.5) = 0.1, B(0.8) = 1.3, B(1) = 0.8)$.

(2) $P(B(2) \leqslant 0.8\,|B(1) = -0.2)$.

(3) 如果 (X, Y) 服从二维正态分布 $N(\mu_1, \mu_2, \sigma_1^2, \sigma_2^2, \rho)$, 那么, 条件分布也是正态分布, 即

$$X|Y = y \sim N\left(\mu_1 + \rho\sigma_1\frac{y - \mu_2}{\sigma_2}, \sigma_1^2(1 - \rho^2)\right),$$
$$Y|X = x \sim N\left(\mu_2 + \rho\sigma_2\frac{x - \mu_1}{\sigma_1}, \sigma_2^2(1 - \rho^2)\right).$$

利用上述性质, 用标准正态分布函数表示 $P(B(1) \leqslant y\,|B(2) = x)$.

(4) 利用上述性质, 用标准正态分布函数表示 $P(B(3) \leqslant y\,|B(1) = x_1, B(1) = x_2)$.

3. 设 $\{N(t), t \geqslant 0\}$ 是强度为 λ 的泊松过程, 泊松过程为马氏过程. 试求下列概率:

(1) $P(N(4) \geqslant 2\,|N(2) = 2)$;

(2) $P(N(1) = 1\,|N(0) = 1, N(2) = 2)$;

(3) $P(N(4) = 3, N(1) = 1\,|N(3) = 2, N(2) = 2)$;

(4) $P(N(2) \leqslant 6 \mid N(0.5) = 2,\ N(0.8) = 3, N(1) = 4)$.

4. 设 $\{X(n), n \geqslant 1\}$ 是独立随机序列, 令 $Y(n) = \alpha Y(n-1) + X(n)$, 其中 α 为常数, $Y(0) \equiv 0$, 试证 $\{Y(n), n \geqslant 1\}$ 为马尔可夫过程.

5. 设 $\{N(t), t \geqslant 0\}$ 是强度为 λ 的泊松过程, 令 $X(t) = X(0)(-1)^{N(t)}, t \geqslant 0$, 其中 $X(0)$ 为随机变量, 其概率分布为 $P(X(0) = -1) = P(X(0) = 1) = \dfrac{1}{2}$, 此随机过程 $\{X(t), t \geqslant 0\}$ 是否为马氏过程? 说明理由.

6. 设 $\{N(t), t \geqslant 0\}$ 是强度为 λ 的泊松过程, $X(n)$ 是相互独立且同分布取整数值的随机变量序列, 令 $Y(t) = \sum\limits_{n=1}^{N(t)} X(n)$, 试证 $\{Y(t), t \geqslant 0\}$ 为一马尔可夫过程.

7. 设 $X(1)$, $X(2)$, $\cdots$ 是一个独立同分布的随机变量序列, 其分布律为

$X(n)$	-1	1
p_i	$1-p$	p

其中 $0 < p < 1$, $n \geqslant 1$, 令 $Y(n) = \sum\limits_{k=1}^{n} X(k) (n \geqslant 1)$, 试求下列概率:

(1) $P(X(1) \geqslant 0, Y(2) \geqslant 0, Y(3) \geqslant 0, Y(4) \geqslant 0)$;

(2) $P(Y(1) \neq 0, Y(2) \neq 0, Y(3) \neq 0, Y(4) \neq 0)$;

(3) $P(Y(1) \leqslant 2, Y(2) \leqslant 2, Y(3) \leqslant 2, Y(4) \leqslant 2)$;

(4) $P(|Y(1)| \leqslant 2, |Y(2)| \leqslant 2, |Y(3)| \leqslant 2, |Y(4)| \leqslant 2)$.

8. 一质点在圆周上做随机游动, 圆周上共有 N 格, 质点以概率 p 顺时针游动一格, 以概率 $q = 1-p$ 逆时针移动一格. 试用马氏链描述游动过程, 并确定状态空间及转移概率矩阵.

9. 设甲、乙两个轮流投篮, 甲、乙的命中率各为 $\dfrac{1}{2}$, 各次投篮的结果相互独立, 规定每次谁投中对方就输给他 0.1 元, 如果投不中他输给对方 0.1 元. 甲开始时有 a 元, 乙有 b 元, 令 $X(n)$ 表示第 n 次投篮后甲的钱数.

(1) 如果比赛进行到其中一人输光为止, 试证 $\{X(n), n \geqslant 1\}$ 是齐次马尔可夫链, 指出其状态空间, 并求其一步转移概率;

(2) 假定不论何时当其中有一人输光时, 另一人就给对方 0.1 元, 使得比赛能不停止地进行下去, 试写出 $\{X(n), n \geqslant 1\}$ 的状态空间, 并求其一步转移概率.

10. 设甲袋内有 5 只黑球, 乙袋内有 3 只白球, 每次从甲、乙两袋内随机地各取出一球并进行交换, 然后再放入袋中, 记 $\{X(n), n \geqslant 1\}$ 为经 n 次交换后甲袋内的白球数. 试证 $\{X(n), n \geqslant 1\}$ 是齐次马尔可夫链. 求一步转移概率.

11. 设口袋里装有 r 只红球和 b 只白球, 每一次从袋子任取一只球, 观察其颜色后放回袋子, 同时再放入颜色相同的球 a 只, 如此不断取放, 令 $X(n) = i$ 表示第 n 次取放后袋子里有 i 只红球, 显然 $\{X(n), n \geqslant 1\}$ 是一个马尔可夫链, 试求该马尔可夫链的一步转移概率和

$$P(X(3) = r + a | X(1) = r).$$

12. 从 11,12, 13, 14, 15, 16, 15, 12 这 8 个数中等可能地任意取出一数, 取后还原, 如此不断地连续取下去, 如在前 n 次中所取得的最大数为 j, 则称质点在第 n 步时的位置处于状态 j, 试问这样的质点运动是否构成马氏链? 是否齐次的? 如果是齐次马氏链, 求出一步转移概率矩阵.

13. 一只老鼠放在迷宫内 (图 6.4), 每隔单位时间老鼠在迷宫中移动一次, 随机地通过格子, 也就是说如果有 R 条通路供离开, 那么选取其中任一条通路的概率为 $\frac{1}{R}$, 试用马氏链描述老鼠的移动, 给出它的状态空间和一步转移概率矩阵.

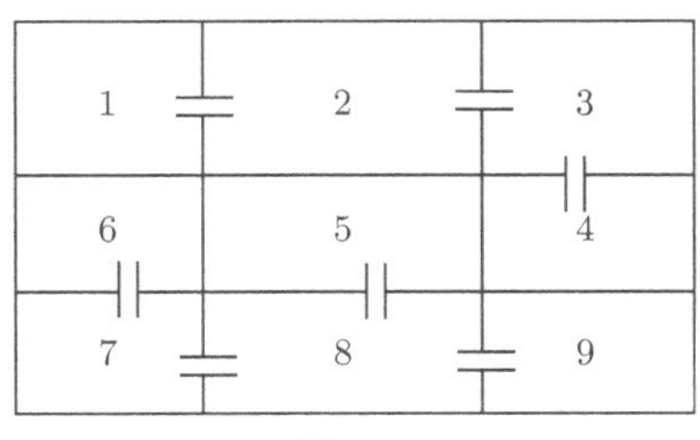

图 6.4

14. 设 $\{X(n), n \geqslant 0\}$ 为齐次马氏链, 状态空间 $E=\{0,1,2\}$, 其一步转移概率矩阵为

$$P=\begin{pmatrix} 0 & 1 & 0 \\ 1-p & 0 & p \\ 0 & 1 & 0 \end{pmatrix}.$$

(1) 试求二步转移概率矩阵 $P^{(2)}$, 并证明 $P^{(2)}=P^{(4)}$;

(2) 试求 n 步转移概率矩阵 $P^{(n)}, n \geqslant 1$.

15. 设齐次马氏链 $\{X(n), n \geqslant 0\}$ 的状态空间为 $E=\{1,2,3,4\}$, 一步转移概率矩阵为

$$P=\begin{pmatrix} 0 & 1 & 0 & 0 \\ \frac{1}{2} & \frac{1}{2} & 0 & 0 \\ 0 & \frac{1}{2} & \frac{1}{2} & 0 \\ 0 & 0 & 1 & 0 \end{pmatrix}.$$

试求: (1) 二步转移概率矩阵; (2) $P_{32}^{(2)}$ 及 $P_{34}^{(3)}$.

16. 设 $\{X(n), n \geqslant 0\}$ 为一齐次马氏链, 其状态空间 $E=\{0,1,2\}$, 它的初始状态的概率分布为 $P(X(0)=0)=P(X(0)=2)=\frac{1}{4}, P(X(0)=1)=\frac{1}{2}$, 它的一步转移概率矩阵为

$$P=\begin{pmatrix} \frac{1}{4} & \frac{3}{4} & 0 \\ \frac{1}{3} & \frac{1}{3} & \frac{1}{3} \\ 0 & \frac{1}{4} & \frac{3}{4} \end{pmatrix}.$$

计算: (1) 概率 $P(X(0)=0, X(1)=1, X(2)=1)$;

(2) $E[X(0)|X(1)=1]$;

(3) $E[X(n+2)|X(n)=1]$;

(4) $P_{01}^{(2)}$ 及 $P_{12}^{(3)}$;

(5) $E[X(2)|X(1)=1]$.

17. 设 $\{X(n), n \geqslant 0\}$ 为一齐次马氏链, 其状态空间 $E=\{0,1\}$, 它的初始状态的概率分布为 $P(X(0)=0)=\dfrac{1}{4}, P(X(0)=1)=\dfrac{3}{4}$, 它的一步转移概率矩阵为

$$P=\begin{pmatrix} \dfrac{1}{4} & \dfrac{3}{4} \\ \dfrac{2}{3} & \dfrac{1}{3} \end{pmatrix}.$$

计算: (1) 概率 $P(X(0)=0, X(1)=1, X(2)=1)$;

(2) $E[X(0)|X(1)=1]$;

(3) $\mathrm{Cov}(X(0), X(1))$.

18. 设 $\{X(n), n \geqslant 0\}$ 是一齐次马尔可夫链, 状态空间 $E=\{0,1,2\}$, 其初始状态的概率分布为 $P(X(0)=0)=\dfrac{1}{6}$, $P(X(0)=1)=\dfrac{2}{3}, P(X(0)=2)=\dfrac{1}{6}$, 一步转移概率矩阵为

$$P=\begin{pmatrix} \dfrac{1}{2} & \dfrac{1}{3} & \dfrac{1}{6} \\ \dfrac{1}{3} & \dfrac{2}{3} & 0 \\ 0 & \dfrac{1}{2} & \dfrac{1}{2} \end{pmatrix}.$$

计算: (1) 概率 $P(X(0)=1, X(1)=0|X(2)=2)$;

(2) $E(X(0)|X(1)=1)$;

(3) $P(X(0)+X(1)=2)$.

19. 设 $\{X(n), n \geqslant 0\}$ 是一齐次马尔可夫链, 状态空间 $E=\{0,1,2\}$, 其初始分布 $P_0(0)=\dfrac{1}{3}$, $P_1(0)=\dfrac{1}{6}$, $P_2(0)=\dfrac{1}{2}$, 一步转移概率矩阵为

$$P=\begin{pmatrix} 0 & \dfrac{2}{5} & \dfrac{3}{5} \\ \dfrac{1}{2} & \dfrac{1}{3} & \dfrac{1}{6} \\ \dfrac{1}{4} & \dfrac{1}{2} & \dfrac{1}{4} \end{pmatrix}.$$

计算: (1) 概率 $P(X(0)=1, X(1)=1, X(2)=2)$;

(2) 二步转移概率矩阵;

(3) 绝对概率 $P(X(2)=i)$, $i=0,1,2$.

20. 设有四个状态 $E=\{1,2,3,4\}$ 的齐次马尔可夫链的一步转移矩阵为

$$P=\begin{pmatrix} \dfrac{1}{2} & \dfrac{1}{4} & \dfrac{1}{4} & 0 \\ \dfrac{1}{3} & 0 & \dfrac{1}{2} & \dfrac{1}{6} \\ \dfrac{2}{5} & \dfrac{1}{5} & 0 & \dfrac{2}{5} \\ \dfrac{1}{3} & 0 & \dfrac{1}{3} & \dfrac{1}{3} \end{pmatrix},$$

其初始分布 $P_1(0)=\dfrac{1}{6}, P_2(0)=\dfrac{1}{4}, P_3(0)=\dfrac{1}{3}, P_4(0)=\dfrac{1}{4}$. 计算:

(1) 概率 $P\left(X(0)=1, X(1)=1, X(2)=2\right)$;

(2) 二步转移概率矩阵;

(3) 绝对概率 $P\left(X(2)=1\right)$;

(4) $P\left(X(0)=1, X(1)=1 | X(2)=1\right)$.

第 7 章　马尔可夫链的状态分类和性质

本章给出马尔可夫链各种状态的定义及状态空间的划分, 研究各种状态的性质、n 步转移概率的渐近性与状态之间的关系, 以及马尔可夫链的平稳分布. 本章所讨论的马尔可夫链均为齐次马尔可夫链.

7.1　常返态和瞬时态

7.1.1　首达时间和首达概率

定义 7.1.1　设 $\{X(n), n=0,1,2,\cdots\}$ 是马尔可夫链, 那么, 从状态 i 出发, 首次到达状态 j 的时刻, 记为 T_{ij}, 即

$$T_{ij}=\min\{n: X_0=i, X_n=j, n\geqslant 1\}, \tag{7.1}$$

称为从状态 i 出发首次进入状态 j 的时间, 或称为从状态 i 到状态 j 的**首达时间.** 如果这样的 n 不存在, 规定 $T_{ij}=+\infty$.

显然, 从状态 i 到状态 j 的首达时间 T_{ij} 是一个离散型随机变量, 它的取值是自状态 i 到状态 j 的最小正整数, 即

$$\{T_{ij}=n\}\Leftrightarrow\{X_0=i, X_1\neq j, X_2\neq j,\cdots, X_{n-1}\neq j, X_n=j\}. \tag{7.2}$$

定义 7.1.2　设 $\{X(n), n=0,1,2,\cdots\}$ 是马尔可夫链, 从状态 i 到状态 j 的首达时间为 T_{ij}, 则马尔可夫链从状态 i 出发, 首次到达状态 j 的概率为

$$f_{ij}^{(n)}=P(T_{ij}=n|X_0=i). \tag{7.3}$$

规定 $f_{ij}^{(0)}=0$, 称 $\{f_{ij}^{(n)}, n=0,1,2,\cdots\}$ 为从状态 i 出发首次进入状态 j 的概率, 或称为从状态 i 到状态 j 的**首达概率.**

显然:

$$\begin{aligned}
P(T_{ij}=n)&=P(X_0=i, X_1\neq j, X_2\neq j,\cdots, X_{n-1}\neq j, X_n=j)\\
&=P(X_0=i)P(X_1\neq j, X_2\neq j,\cdots, X_{n-1}\neq j, X_n=j|X_0=i)\\
&=P(X_0=i)P(T_{ij}=n|X_0=i)\\
&=f_{ij}^{(n)}P(X_0=i).
\end{aligned} \tag{7.4}$$

例 7.1.1 设 $\{X(n), n=0,1,2,\cdots\}$ 是具有三个状态 0, 1, 2 的齐次马尔可夫链, 初始分布为 $P_i(0)=P(X_0=i)=\dfrac{1}{3}, i=0,1,2$, 一步转移概率矩阵为

$$P=\begin{matrix} & \begin{matrix}0 & 1 & 2\end{matrix} \\ \begin{matrix}0\\1\\2\end{matrix} & \begin{pmatrix} \frac{3}{4} & \frac{1}{4} & 0 \\ \frac{1}{4} & \frac{1}{2} & \frac{1}{4} \\ 0 & \frac{3}{4} & \frac{1}{4} \end{pmatrix}\end{matrix}.$$

试求: (1) $P(T_{01}=2)$; (2) 首达概率 $f_{01}^{(2)}$; (3) 首达概率 $f_{00}^{(4)}$.

解 (1)
$$\begin{aligned} P(T_{01}=2) &= \sum_{j\neq 1} P(X_0=0, X_1=j, X_2=1) \\ &= \sum_{j\neq 1} P(X_0=0)P(X_1=j|X_0=0)P(X_2=1|X_1=j) \\ &= P(X_0=0)P(X_1=0|X_0=0)P(X_2=1|X_1=0) \\ &\quad + P(X_0=0)P(X_1=2|X_0=0)P(X_2=1|X_1=2) \\ &= \frac{1}{3}\times\frac{3}{4}\times\frac{1}{4}+\frac{1}{3}\times 0\times\frac{3}{4}=\frac{1}{16}. \end{aligned}$$

(2)
$$\begin{aligned} f_{01}^{(2)} &= P(T_{01}=2|X(0)=0)=P(X_1\neq 1, X_2=1|X_0=0) \\ &= P(X_1=0|X_0=0)P(X_2=1|X_1=0) \\ &\quad + P(X_1=2|X_0=0)P(X_2=1|X_1=2) \\ &= \frac{3}{4}\times\frac{1}{4}+0\times\frac{3}{4}=\frac{3}{16}. \end{aligned}$$

(3)
$$\begin{aligned} f_{00}^{(4)} &= P(T_{00}=4|X(0)=0) \\ &= P(X_1\neq 0, X_2\neq 0, X_3\neq 0, X_4=0|X_0=0) \\ &= P_{01}P_{11}P_{11}P_{10}+P_{01}P_{12}P_{21}P_{10} \\ &= \frac{1}{4}\times\frac{1}{2}\times\frac{1}{2}\times\frac{1}{4}+\frac{1}{4}\times\frac{1}{4}\times\frac{3}{4}\times\frac{1}{4} \\ &= \frac{7}{256}. \end{aligned}$$ ■

定理 7.1.1 设 $\{X(n), n=0,1,2,\cdots\}$ 是齐次的马尔可夫链, 从状态 i 到状态 j 的首达概率为 $f_{ij}^{(n)}$, 规定 $f_{ij}^{(0)}=0$, 规定 $P_{ij}^{(0)}=\begin{cases}0, & i\neq j,\\ 1, & i=j,\end{cases}$ 则从状态 i 出

发, 到达状态 j 的 n 步转移概率 $P_{ij}^{(n)}$ 满足

$$P_{ij}^{(n)}=\sum_{m=0}^{n}f_{ij}^{(m)}P_{jj}^{(n-m)}=\sum_{k=0}^{n}f_{ij}^{(n-k)}P_{jj}^{(k)},\quad \forall n\geqslant 1. \tag{7.5}$$

证明　假设系统状态 i 经 n 步能转移到状态 j, 那么, 从状态 i 到状态 j 的首达时间 $T_{ij}\leqslant n$, 由条件概率及马尔可夫性得

$$\begin{aligned}
P_{ij}^{(n)}&=P(X_n=j|X_0=i)\\
&=P\left(\bigcup_{m=1}^{n}T_{ij}=m,X_n=j|X_0=i\right)\\
&=\sum_{m=1}^{n}P(T_{ij}=m,X_n=j|X_0=i)\\
&=\sum_{m=1}^{n}P(T_{ij}=m|X_0=i)P(X_n=j|X_0=i,T_{ij}=m)\\
&=\sum_{m=1}^{n}P(T_{ij}=m|X_0=i)\cdot P(X_n=j|X_0=i,\\
&\quad X_1\neq j,\cdots,X_{m-1}\neq j,X_m=j)\\
&=\sum_{m=1}^{n}P(T_{ij}=m|X_0=i)P(X_n=j|X_m=j)\\
&=\sum_{m=1}^{n}f_{ij}^{(m)}P_{jj}^{(n-m)}\\
&=\sum_{m=0}^{n}f_{ij}^{(m)}P_{jj}^{(n-m)},\quad \forall n\geqslant 1\\
&=\sum_{k=0}^{n}f_{ij}^{(n-k)}P_{jj}^{(k)},\quad \forall n\geqslant 1.
\end{aligned}$$

■

定理 7.1.2　设 $\{X(n),n=0,1,2,\cdots\}$ 是齐次的马尔可夫链, 从状态 i 出发, 到达状态 j 的 n 步转移概率为 $P_{ij}^{(n)}$, 从状态 i 到状态 j 的首达概率为 $f_{ij}^{(n)}$, 则

$$f_{ij}^{(n)}=\begin{cases}\displaystyle\sum_{k\neq j}P_{ik}f_{kj}^{(n-1)}, & n>1,\\ P_{ij}^{(1)}=P_{ij}, & n=1.\end{cases} \tag{7.6}$$

证明　当 $n=1$ 时,

$$f_{ij}^{(1)}=P(T_{ij}=1|X_0=i)$$

$$= P(X_1 = j|X_0 = i) = P_{ij}^{(1)} = P_{ij}.$$

当 $n > 1$ 时,

$$\begin{aligned}
f_{ij}^{(n)} &= P(T_{ij} = n|X_0 = i) \\
&= P\left(\bigcup_{k\in I} X_1 = k, T_{ij} = n|X_0 = i\right) \\
&= \sum_{k\in I} P(X_1 = k|X_0 = i)P(T_{ij} = n|X_0 = i, X_1 = k) \\
&= \sum_{k\in I} P(X_1 = k|X_0 = i)P(X_1 \neq j, \cdots, X_{n-1} \neq j, X_n = j|X_0 = i, X_1 = k) \\
&= \sum_{k\neq j} P(X_1 = k|X_0 = i)P(X_1 = k, \cdots, X_{n-1} \neq j, X_n = j|X_0 = i) \\
&= \sum_{k\neq j} P(X_1 = k|X_0 = i)P(T_{ij} = n|X_0 = i) \\
&= \sum_{k\neq j} P_{ik}^{(1)} f_{kj}^{(n-1)} = \sum_{k\neq j} P_{ik} f_{kj}^{(n-1)}, \quad n > 1.
\end{aligned}$$

■

7.1.2 瞬时态和常返态

定义 7.1.3 设 $\{X(n), n = 0, 1, 2, \cdots\}$ 是马尔可夫链, 从状态 i 出发最终到达状态 j 的概率为

$$f_{ij} = P(T_{ij} \leqslant +\infty|X_0 = i) = \sum_{n=1}^{+\infty} f_{ij}^{(n)} = \sum_{n=0}^{+\infty} f_{ij}^{(n)}. \tag{7.7}$$

值得注意的是, $0 \leqslant f_{ij}^{(n)} < f_{ij} \leqslant 1$, 当且仅当, $f_{ij} = 1$ 时, $\{f_{ij}^{(n)}, n = 1, 2, \cdots\}$ 构成一个分布.

定义 7.1.4 设 $\{X(n), n = 0, 1, 2, \cdots\}$ 是马尔可夫链, 状态 i 的首达时间为 T_{ii}, 首达概率为 $f_{ii}^{(n)}$, 从状态 i 出发最终到达状态 i 的概率为 f_{ii}, 即

$$T_{ii} = \min\{n : X_0 = i, X_n = i, n \geqslant 1\},$$

$$f_{ii}^{(n)} = P(T_{ii} = n|X_0 = i),$$

$$f_{ii} = P(T_{ii} < +\infty|X_0 = i) = \sum_{n=1}^{+\infty} f_{ii}^{(n)} = \sum_{n=0}^{+\infty} f_{ii}^{(n)}. \tag{7.8}$$

如果 $f_{ii} = 1$, 状态 i 称为**常返态**. 如果 $f_{ii} < 1$, 状态 i 称为**瞬时态**, 也称**非常返态**.

例 7.1.2 设 $\{X(n), n = 0, 1, 2, \cdots\}$是齐次马尔可夫链, 状态空间为 $I =$

$\{1,2,3,4\}$, 一步转移概率矩阵为 $P=\begin{pmatrix} \frac{1}{3} & 0 & \frac{1}{3} & \frac{1}{3} \\ 0 & \frac{1}{2} & \frac{1}{2} & 0 \\ 0 & 1 & 0 & 0 \\ 0 & 0 & 0 & 1 \end{pmatrix}$, 证明:

(1) 状态 1 是瞬时态;

(2) 状态 3 是常返态.

证明　(1) 因为

$$\begin{aligned} f_{11}^{(1)} &= P(T_{11}=1|X_0=1)=P(X_1=1|X_0=1)=\frac{1}{3}, \\ f_{11}^{(2)} &= P(T_{11}=2|X_0=1)=P(X_2=1,X_1\neq 1|X_0=1) \\ &= P_{12}P_{21}+P_{13}P_{31}+P_{14}P_{41}=0, \\ f_{11}^{(n)} &= 0, \quad n\geqslant 2, \end{aligned}$$

所以, $f_{11}=\sum\limits_{n=1}^{+\infty}f_{11}^{(n)}=\frac{1}{3}$. 状态 1 是瞬时态.

(2) 因为

$$\begin{aligned} f_{33}^{(1)} &= P(T_{33}=1|X_0=3)=P(X_1=3|X_0=3)=0, \\ f_{33}^{(2)} &= P(T_{33}=2|X_0=3)=P(X_2=3,X_1\neq 3|X_0=3)=P_{32}\cdot P_{23}=\frac{1}{2}, \\ f_{33}^{(3)} &= P(T_{33}=3|X_0=3)=P(X_3=3,X_2\neq 3,X_1\neq 3|X_0=3) \\ &= P_{32}P_{22}P_{23}=\frac{1}{4}, \\ f_{33}^{(4)} &= P(T_{33}=4|X_0=3)=P_{32}P_{22}P_{22}P_{23}=\frac{1}{8}, \end{aligned}$$

所以,

$$f_{33}^{(n)}=P(T_{33}=n|X_0=3)=P_{32}(P_{22})^{n-2}P_{23}=\frac{1}{2^{n-1}}, \quad n\geqslant 2,$$

所以, $f_{33}=\sum\limits_{n=1}^{+\infty}f_{33}^{(n)}=\sum\limits_{n=2}^{+\infty}\frac{1}{2^{n-1}}=1$. 状态 3 是常返态. ■

定理 7.1.3　设 $\{X(n),n=0,1,2,\cdots\}$是齐次马尔可夫链, 规定 $f_{ij}^{(0)}=0$, 规定 $P_{ij}^{(0)}=\begin{cases} 0, & i\neq j, \\ 1, & i=j, \end{cases}$ 状态 i 是常返态的充分必要条件是 $\sum\limits_{n=0}^{\infty}p_{ii}^{(n)}=\infty$;

状态 i 是瞬时态的充分必要条件是 $\sum\limits_{n=0}^{\infty} P_{ii}^{(n)} = \dfrac{1}{1-f_{ii}}$, 即

$$f_{ii}=1 \Leftrightarrow \sum_{n=0}^{\infty} P_{ii}^{(n)} = \infty, \tag{7.9}$$

$$f_{ii}<1 \Leftrightarrow \sum_{n=0}^{\infty} P_{ii}^{(n)} = \frac{1}{1-f_{ii}}. \tag{7.10}$$

证明 由定理 7.1.1 知

$$\begin{aligned}\sum_{n=0}^{\infty} P_{ii}^{(n)} &= P_{ii}^{(0)} + \sum_{n=1}^{\infty} P_{ii}^{(n)} = 1 + \sum_{n=1}^{+\infty}\sum_{m=0}^{n} f_{ii}^{(m)} P_{ii}^{(n-m)} \\ &= 1 + \sum_{l=1}^{+\infty}\sum_{n=l}^{n} f_{ii}^{(l)} P_{ii}^{(n-l)} = 1 + \sum_{l=1}^{+\infty} f_{ii}^{(l)} \sum_{n=l}^{+\infty} P_{ii}^{(n-l)} \\ &= 1 + f_{ii}\sum_{m=0}^{+\infty} P_{ii}^{(m)}.\end{aligned}$$

由于 $f_{ii} = P(T_{ii} < +\infty | X_0 = i) = \sum\limits_{n=1}^{+\infty} f_{ii}^{(n)} = \sum\limits_{n=0}^{+\infty} f_{ii}^{(n)}$, 显然,

$$0 \leqslant f_{ii}^{(n)} < f_{ii} \leqslant 1.$$

所以,

$$f_{ii}=1 \Leftrightarrow \sum_{n=1}^{\infty} P_{ii}^{(n)} = \infty,$$

$$f_{ii}<1 \Leftrightarrow \sum_{n=0}^{\infty} P_{ii}^{(n)} = \frac{1}{1-f_{ii}}.$$

上述定理的证明并不严格. 严格数学上的证明参见文献 [3]. ■

推论 7.1.1 设 $\{X(n), n=0,1,2,\cdots\}$ 是齐次马尔可夫链, 规定 $f_{ij}^{(0)}=0$, 规定

$$P_{ij}^{(0)} = \begin{cases} 0, & i \neq j, \\ 1, & i = j, \end{cases}$$

状态 i 是瞬时态, 则

$$\sum_{n=0}^{\infty} P_{ii}^{(n)} = \frac{1}{1-f_{ii}} = \sum_{n=0}^{\infty} (f_{ii})^n, \quad \lim_{n\to+\infty} P_{ii}^{(n)} = 0. \tag{7.11}$$

定理 7.1.4　设 $\{X(n), n=0,1,2,\cdots\}$ 是齐次马尔可夫链, 则

$$f_{ii}=1 \Leftrightarrow \sum_{n=1}^{\infty} P_{ii}^{(n)}=\infty, \tag{7.12}$$

$$f_{ii}<1 \Leftrightarrow \sum_{n=1}^{\infty} P_{ii}^{(n)}=\frac{f_{ii}}{1-f_{ii}}. \tag{7.13}$$

证明　记 K_i 为从状态 i 出发到达状态 i 的次数, 则

$$\begin{aligned}
&P(K_i=1|X(0)=i)\\
=&\sum_{n=1}^{+\infty} P\left(X_n=i, \bigcap_{0<m<n} X_m \neq i|X_0=i\right)\\
=&\sum_{n=1}^{+\infty} P(T_{ii}=n|X_0=i)=f_{ii}.\\
&P(K_i=2|X(0)=i)\\
=&\sum_{s=n+1}^{+\infty}\sum_{n=1}^{+\infty} P\left(X_s=i, \bigcap_{n<k<s} X_k \neq i, X_n=i, \bigcap_{0<m<n} X_m \neq i|X_0=i\right)\\
=&\sum_{s=n+1}^{+\infty}\sum_{n=1}^{+\infty} P\left(X_n=i, \bigcap_{0<m<n} X_m \neq i|X_0=i\right)\\
&\times P\left(X_s=i, \bigcap_{n<k<s} X_k \neq i|X_0=i, \bigcap_{0<m<n} X_m \neq i, X_n=i\right)\\
=&\sum_{s=n+1}^{+\infty}\sum_{n=1}^{+\infty} P(T_{ii}=n|X_0=i) P\left(X_s=i, \bigcap_{n<k<s} X_k \neq i|X_n=i\right).
\end{aligned}$$

对于齐次马尔可夫链, 其条件概率由起始状态、到达状态和相应的步长决定, 与起始时刻没有关系, 所以,

$$\text{上式}=\sum_{n=1}^{+\infty} P(T_{ii}=n|X_0=i)\sum_{k=1}^{+\infty} P(T_{ii}=k|X_0=i)=(f_{ii})^2.$$

同理, 可知

$$\begin{aligned}
&P(K_i=m|X(0)=i)=(f_{ii})^m,\\
&P(K_i \geqslant 1|X(0)=i)=\sum_{m=1}^{+\infty}(f_{ii})^m=\begin{cases}\dfrac{f_{ii}}{1-f_{ii}}, & f_{ii}<1,\\ +\infty, & f_{ii}=1.\end{cases}
\end{aligned}$$

令 $I_n = \begin{cases} 1, & X_n = i, \\ 0, & X_n \neq i, \end{cases}$ 则

$$\sum_{n=1}^{\infty} P_{ii}^{(n)} = \sum_{n=1}^{\infty} P(X_n = i | X_0 = i) = \sum_{n=1}^{\infty} E(I_n | X_0 = i)$$
$$= E\left(\sum_{n=1}^{\infty} I_n | X_0 = i\right) = P(K_i \geqslant 1 | X(0) = i).$$

所以,

$$\sum_{n=1}^{\infty} P_{ii}^{(n)} = P(K_i \geqslant 1 | X(0) = i) = \sum_{m=1}^{+\infty} (f_{ii})^m = \begin{cases} \dfrac{f_{ii}}{1 - f_{ii}}, & f_{ii} < 1, \\ +\infty, & f_{ii} = 1, \end{cases}$$

$$f_{ii} = 1 \Leftrightarrow \sum_{n=1}^{\infty} P_{ii}^{(n)} = \infty,$$

$$f_{ii} < 1 \Leftrightarrow \sum_{n=1}^{\infty} P_{ii}^{(n)} = \frac{f_{ii}}{1 - f_{ii}}.$$ ■

定理 7.1.3 和定理 7.1.4 的结果是非常相似的, 好像可以互相推导, 实际上并不是的. 定理 7.1.3 是基于 $P_{ij}^{(n)} = \sum_{m=0}^{n} f_{ij}^{(m)} P_{jj}^{(n-m)}$, 并巧妙地应用了 $P_{ii}^{(0)} = 1$, 来证明的.

定理 7.1.4 是借助从状态 i 出发到达状态 i 的次数这一随机变量, 来展开证明的. 定理 7.1.4 更能体现出 “常返” 和 “瞬时” 的概念. 所谓 “常返”, 就意味着无穷多次返回的特性, “瞬时” 意味着以概率 1 有限次地返回.

例 7.1.3 设 $\{X(n), n = 0, 1, 2, \cdots\}$是齐次马尔可夫链, 状态空间为 $I = \{0, 1\}$, 一步转移概率矩阵为 $P = \begin{pmatrix} p & q \\ q & p \end{pmatrix}$, 其中 $q = 1 - p, 0 < p < 1$.

(1) 求 $P^{(n)}$;

(2) 讨论状态是否为常返态.

解 (1) $P = \begin{pmatrix} p & q \\ q & p \end{pmatrix}$ 的特征值为

$$\lambda_1 = 1, \quad \lambda_2 = p - q,$$

λ_1, λ_2 对应的特征向量为

$$X_1 = \begin{pmatrix} 1 \\ 1 \end{pmatrix}, \quad X_2 = \begin{pmatrix} -1 \\ 1 \end{pmatrix}.$$

令 $\Lambda = \begin{pmatrix} 1 & 0 \\ 0 & p-q \end{pmatrix}, H = (X_1, X_2) = \begin{pmatrix} 1 & -1 \\ 1 & 1 \end{pmatrix}$, 则 $H^{-1} = \dfrac{1}{2}\begin{pmatrix} 1 & 1 \\ -1 & 1 \end{pmatrix}$.
因此

$$P(n) = P^n = H\Lambda^n H^{-1} = \begin{pmatrix} \frac{1}{2} + \frac{1}{2}(p-q)^n & \frac{1}{2} - \frac{1}{2}(p-q)^n \\ \frac{1}{2} - \frac{1}{2}(p-q)^n & \frac{1}{2} + \frac{1}{2}(p-q)^n \end{pmatrix}.$$

(2) $P_{00}^{(n)} = P_{11}^{(n)} = \dfrac{1}{2} + \dfrac{1}{2}(p-q)^n = \dfrac{1}{2} + \dfrac{1}{2}(2p-1)^n, \quad n \geqslant 1.$

由于 $0 < p < 1$, 所以 $\lim\limits_{n\to+\infty} P_{00}^{(n)} = \lim\limits_{n\to+\infty} P_{11}^{(n)} = \dfrac{1}{2}$, 于是

$$\sum_{n=1}^{+\infty} P_{00}^{(n)} = \sum_{n=1}^{+\infty} \frac{1}{2} + \frac{1}{2}(2p-1)^n = +\infty,$$

因此状态 0 是常返态的, 状态 1 也是常返态的. ■

7.1.3 正常返和零常返

定义 7.1.5 设 $\{X(n), n = 0, 1, 2, \cdots\}$ 是马尔可夫链, 状态 i 是常返态, 其首达时间为 T_{ii}, 首达概率为 $f_{ii}^{(n)}$, 此时 $\{f_{ii}^{(n)}, n = 0, 1, 2, \cdots\}$ 构成一个分布就可以定义其条件期望为平均返回, 即

$$\mu_i = E(T_{ii} = n | X(0) = i) = \sum_{n=0}^{+\infty} n f_{ii}^{(n)} \tag{7.14}$$

为常返态的平均返回的时间. 注意, 如果状态 i 是瞬时态, 那么, 首达概率 $\{f_{ii}^{(n)}, n = 0, 1, 2, \cdots\}$ 不能构成一个分布, 虽然可以求出级数$\sum\limits_{n=0}^{+\infty} n f_{ii}^{(n)}$, 但是不具有统计意义, 所以对于瞬时态, 没有平均返回的时间这一概念.

定义 7.1.6 设 $\{X(n), n = 0, 1, 2, \cdots\}$ 是马尔可夫链, 状态 i 是常返态, 而且 $\mu_i = +\infty$, 那么, 称状态 i 是**零常返**, 当且仅当 $\mu_i < +\infty$, 此时的常返态, 被称为**正常返**.

例 7.1.4 设 $\{X(n), n = 0, 1, 2, \cdots\}$是齐次马尔可夫链, 状态空间为 $I = \{1, 2, 3, 4\}$, 一步转移概率矩阵为 $P = \begin{pmatrix} \frac{1}{2} & \frac{1}{2} & 0 & 0 \\ 1 & 0 & 0 & 0 \\ 0 & \frac{1}{3} & \frac{2}{3} & 0 \\ \frac{1}{2} & 0 & \frac{1}{2} & 0 \end{pmatrix}$. 分析各个状态是常返

态还是瞬时态. 针对常返态, 分析是否为正常返.

解 因为

$$f_{11}^{(1)}=P(T_{11}=1|X_0=1)=P(X_1=1|X_0=1)=\frac{1}{2},$$

$$f_{11}^{(2)}=P(T_{11}=2|X_0=1)=P(X_2=1,X_1\neq 1|X_0=1)=P_{12}P_{21}=\frac{1}{2},$$

$$f_{11}^{(n)}=0,\ n\geqslant 3,\quad \mu_1=\sum_{n=0}^{+\infty}nf_{11}^{(n)}=1\times\frac{1}{2}+2\times\frac{1}{2}=\frac{3}{2},$$

所以, 状态 1 是常返态, 而且 1 是正常返态.

因为

$$f_{22}^{(1)}=P(T_{22}=1|X_0=2)=P(X_1=2|X_0=2)=0,$$

$$f_{22}^{(2)}=P(T_{22}=2|X_0=2)=P(X_2=2,X_1\neq 2|X_0=2)=P_{21}P_{12}=\frac{1}{2},$$

$$f_{22}^{(3)}=P(T_{22}=3|X_0=2)=P_{21}P_{11}P_{12}=\left(\frac{1}{2}\right)^2,$$

$$f_{22}^{(n)}=P(T_{22}=n|X_0=2)=P_{21}(P_{11})^{n-2}P_{12}=\left(\frac{1}{2}\right)^{n-1},\quad n\geqslant 2,$$

$$f_{22}=\sum_{n=0}^{+\infty}f_{22}^{(n)}=\sum_{n=2}^{+\infty}\left(\frac{1}{2}\right)^{n-1}=\frac{\frac{1}{2}}{1-\frac{1}{2}}=1,$$

$$\begin{aligned}\mu_2&=\sum_{n=0}^{+\infty}nf_{22}^{(n)}=\sum_{n=2}^{+\infty}n\left(\frac{1}{2}\right)^{n-1}=\sum_{n=2}^{+\infty}(x^n)'\Big|_{x=\frac{1}{2}}\\&=\left(\sum_{n=2}^{+\infty}x^n\right)'\Bigg|_{x=\frac{1}{2}}=\left(\frac{x^2}{1-x}\right)'\Bigg|_{x=\frac{1}{2}}=3<+\infty,\end{aligned}$$

所以, 状态 2 是常返态, 而且 2 是正常返态.

因为

$$f_{33}^{(1)}=P(T_{33}=1|X_0=3)=P(X_1=3|X_0=3)=\frac{2}{3},$$

$$f_{33}^{(2)}=P(T_{33}=2|X_0=3)=P_{32}P_{23}=0,\quad f_{33}^{(n)}=0,\ n\geqslant 2,$$

$$f_{33}=\sum_{n=0}^{+\infty}f_{33}^{(n)}=\frac{2}{3},$$

所以, 状态 3 是瞬时态, 显然 $\sum_{n=0}^{+\infty} n f_{33}^{(n)} = \frac{2}{3}$, 但是它不具有统计意义.

因为

$$
\begin{aligned}
&f_{44}^{(1)} = P(T_{44} = 1 | X_0 = 4) = P(X_1 = 4 | X_0 = 4) = 0, \\
&f_{44}^{(n)} = 0, \quad n \geqslant 1, \\
&f_{44} = \sum_{n=0}^{+\infty} f_{44}^{(n)} = 0,
\end{aligned}
$$

所以, 状态 4 是瞬时态. ■

7.2 周 期 态

7.2.1 周期态的定义

定义 7.2.1 设 $\{X(n), n = 0, 1, 2, \cdots\}$ 是马尔可夫链, 状态 i 的首达时间为 T_{ii}, 首达概率为 $f_{ii}^{(n)}$, 如果 $\{n, n \geqslant 1, f_{ii}^{(n)} > 0\}$ 为非空集合, 那么, 称使 $f_{ii}^{(n)} > 0$ 的所有正整数 $n(n \geqslant 1)$ 的最大公约数, 为**状态 i 的周期**, 最大公约数记为 $h(i)$ 或 h_i, 用 Gcd(greatest common divisor) 表示求最大公约数, 则

$$
h_i = \operatorname{Gcd}\{n : n \geqslant 1, f_{ii}^{(n)} > 0\}, \tag{7.15}
$$

若 $h_i > 1$, 称状态 i 是**周期态**. 若 $h_i = 1$, 称状态 i 是**非周期的**.

定理 7.2.1 设 $\{X(n), n = 0, 1, 2, \cdots\}$ 是马尔可夫链, 状态 i 的首达时间为 T_{ii}, 首达概率为 $f_{ii}^{(n)}$, n 步转移概率为 $P_{ij}^{(n)}$, $\{n, n \geqslant 1, f_{ii}^{(n)} > 0\}$ 为非空集合, 同时 $\{n, n \geqslant 1, P_{ii}^{(n)} > 0\}$ 为非空集合, 使 $P_{ii}^{(n)} > 0$ 的所有正整数 $n(n \geqslant 1)$ 的最大公约数记为 $d(i)$ 或 d_i, 使 $f_{ii}^{(n)} > 0$ 的所有正整数 $n(n \geqslant 1)$ 的最大公约数记为 $h(i)$ 或 h_i, 即

$$
h_i = \operatorname{Gcd}\{n : n \geqslant 1, f_{ii}^{(n)} > 0\}, \quad d_i = \operatorname{Gcd}\{n : n \geqslant 1, P_{ii}^{(n)} > 0\},
$$

那么, (1) 若 $P_{ii}^{(n)} > 0$, 则存在 $m \geqslant 1$, 使得 $n = md_i$;

(2) 若 $f_{ii}^{(n)} > 0$, 则存在 $m \geqslant 1$, 使得 $n = mh_i$;

(3) 若 d_i 和 h_i 中一个存在, 则另一个也存在, 并且相等.

证明 根据定理 7.1.1 知

$$
P_{ii}^{(n)} = \sum_{m=0}^{n} f_{ii}^{(m)} P_{ii}^{(n-m)} = \sum_{k=0}^{n} f_{ii}^{(n-k)} P_{ii}^{(k)}, \quad n \geqslant 1.
$$

根据定理 7.1.2 知

$$f_{ii}^{(n)} = \begin{cases} \sum\limits_{k\neq i} P_{ik} f_{ki}^{(n-1)}, & n > 1, \\ P_{ii}^{(1)} = P_{ii}, & n = 1. \end{cases}$$

再利用反证法, 即可得证上述命题. 详细证明参见 [3,4]. ■

从定理 7.2.1 可以得到周期态的另一等价定义.

定义 7.2.2 (定义 7.2.1 的等价定义) 设 $\{X(n), n = 0, 1, 2, \cdots\}$ 是马尔可夫链, 状态 i 的首达时间为 T_{ii}, n 步转移概率为 $P_{ij}^{(n)}$, 如果 $\{n, n \geqslant 1, P_{ii}^{(n)} > 0\} \neq \varnothing$, 称使 $P_{ii}^{(n)} > 0$ 的所有正整数 $n(n \geqslant 1)$ 的最大公约数为**状态 i 的周期**, 最大公约数记为 $h(i)$ 或 h_i, 用 Gcd(greatest common divisor) 表示求最大公约数, 则

$$h_i = \mathrm{Gcd}\{n : n \geqslant 1, P_{ii}^{(n)} > 0\}. \tag{7.16}$$

若 $h_i > 1$, 称状态 i 是**周期态**. 若 $h_i = 1$, 称状态 i 是非周期的.

7.2.2 典型例子

推论 7.2.1 (1) 设 $\{X(n), n = 0, 1, 2, \cdots\}$ 是马尔可夫链, 状态 i 的周期是 d_i, 如果 n 不能被周期 d_i 整除, 则 $P_{ii}^{(n)} = 0$.

(2) 设 $\{X(n), n = 0, 1, 2, \cdots\}$ 是马尔可夫链, 状态 i 的周期是 d_i, 则存在正整数 N, 使得对所有的 $n \geqslant N$ 恒有 $P_{ii}^{(nd_i)} > 0$.

(3) 设 $\{X(n), n = 0, 1, 2, \cdots\}$ 是马尔可夫链, 状态 i 的周期是 d_i, 如果 $P_{ji}^{(m)} > 0$, 则存在正整数 N, 使得对所有的 $n \geqslant N$ 恒有 $P_{ji}^{(m+nd_i)} > 0$.

例 7.2.1 设 $\{X(n), n = 0, 1, 2, \cdots\}$是齐次马尔可夫链, 状态空间为 $I = \{0, 1, 2, 3\}$, 一步转移概率为 $P = \begin{pmatrix} 0 & 1 & 0 & 0 \\ 0 & 0 & 1 & 0 \\ 0 & 0 & 0 & 1 \\ \frac{1}{2} & 0 & \frac{1}{2} & 0 \end{pmatrix}$, 试求状态 0 的周期.

解 状态概率转移图, 以及链式概率转移图如图 7.1 和图 7.2 所示.

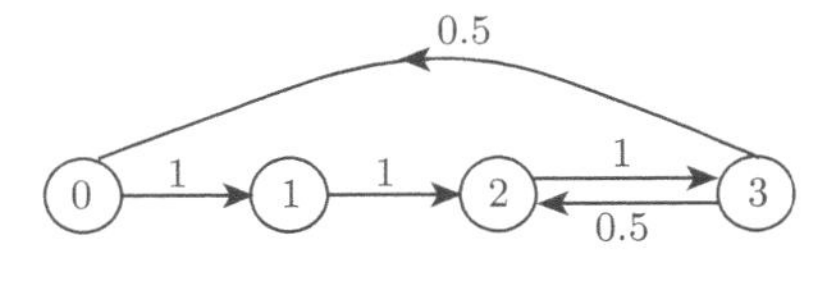

图 7.1 状态概率转移图

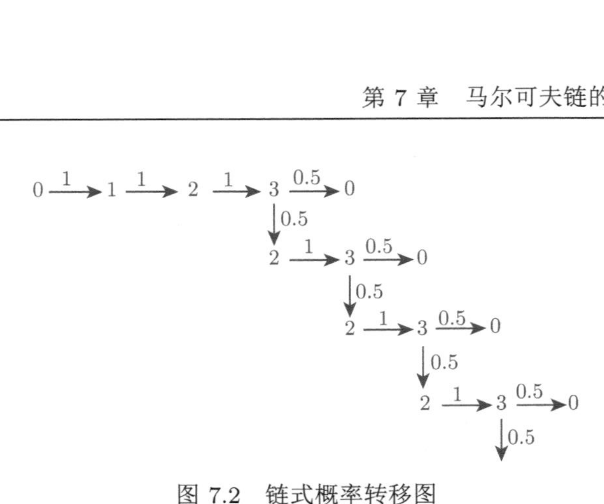

图 7.2　链式概率转移图

因此, $P_{00}^{(1)}=0, P_{00}^{(2)}=0, P_{00}^{(3)}=0, P_{00}^{(4)}=\dfrac{1}{2}, P_{00}^{(5)}=0, P_{00}^{(6)}=\dfrac{1}{4}$. 用数学归纳法可以得出

$$P_{00}^{(2n-1)}=0,\ n\geqslant 1,\quad P_{00}^{(2n)}=\frac{1}{2^{n-1}},\ n\geqslant 2.\quad \text{(详细过程略)}$$

显然,

$$h_0=\mathrm{Gcd}\{n:n\geqslant 1, P_{00}^{(n)}>0\}=2,$$

所以, 状态 0 的周期为 2. ■

值得注意的是, 状态 i 的周期是 d_i, 并不意味着 $P_{ii}^{(d_i)}>0$, 如例 7.2.1. 但一定意味着存在正整数 N, 使得对所有的 $n\geqslant N$ 恒有 $P_{ii}^{(nd_i)}>0$.

推论 7.2.2　(1) 设 $\{X(n), n=0,1,2,\cdots\}$ 是马尔可夫链, 若存在正整数 n, 使得 $P_{ii}^{(n)}>0$, $P_{ii}^{(n+1)}>0$, 那么, 状态 i 的周期 $d_i=1$, 是非周期的.

(2) 设 $\{X(n), n=0,1,2,\cdots\}$ 是马尔可夫链, 若存在正整数 m, m 步转移概率矩阵 $P^{(m)}$ 的第 j 列元素全部都大于零, 那么, 状态 j 的周期 $d_i=1$, 是非周期的.

定义 7.2.3　如果状态 i 是正常返, 而且是非周期的, 则称状态 i 为**遍历态**.

7.3　状态空间的分类

7.3.1　状态的互通和闭集

定义 7.3.1　设 i 和 j 是齐次马尔可夫链的两个状态, 如果存在 $n\geqslant 1$ 使得 $P_{ij}^{(n)}>0$, 则称**状态** i **可达状态** j, 记作 $i\to j$. 反之, 以 $i\not\to j$ 表示从**状态** i **不可到达状态** j, 即对一切 $n\geqslant 1$, $P_{ij}^{(n)}=0$.

如果 $i\to j$ 而且 $j\to i$, 那么, 称**状态** i 和**状态** j **互通**, 或**互达**, 记作 $i\leftrightarrow j$.

定理 7.3.1　$f_{ij}>0$ 的充分必要条件是 $i\to j$.

证明 充分性. 已知 $i \to j$, 存在整数 $n \geqslant 1$, $P_{ij}^{(n)} > 0$, 而且

$$P_{ij}^{(n)} = \sum_{m=0}^{n} f_{ij}^{(m)} P_{jj}^{(n-m)} = \sum_{m=1}^{n} f_{ij}^{(m)} P_{jj}^{(n-m)} > 0. \tag{7.17}$$

从而, $f_{ij}^{(1)}, f_{ij}^{(2)}, \cdots, f_{ij}^{(n)}$ 中至少存在一个为正, 所以, $f_{ij} = \sum_{n=1}^{+\infty} f_{ij}^{(n)} > 0$.

必要性. 已知 $f_{ij} = \sum_{n=1}^{+\infty} f_{ij}^{(n)} > 0$, 从而, $f_{ij}^{(1)}, f_{ij}^{(2)}, \cdots, f_{ij}^{(n)}$ 中至少存在一个为正. 如果 $f_{ij}^{(1)} > 0$, 则 $P_{ij}^{(1)} > 0$, 所以 $i \to j$. 如果 $f_{ij}^{(m)} > 0, m > 1$, 那么

$$P_{ij}^{(m)} = \sum_{k=0}^{m} f_{ij}^{(m-k)} P_{jj}^{(k)} \geqslant f_{ij}^{(m)} P_{jj}^{(0)} = f_{ij}^{(m)} > 0.$$

所以 $P_{ij}^{(m)} > 0$, 于是 $i \to j$.

所以, $f_{ij} > 0$ 的充分必要条件是 $i \to j$. ■

推论 7.3.1 $i \leftrightarrow j$ 的充分必要条件是 $f_{ij} > 0$ 而且 $f_{ji} > 0$.

性质 7.3.1 如果状态 i 是常返的, 且 $i \leftrightarrow j$, 则 j 也是常返的.

证明 由于 $i \leftrightarrow j$, 则存在整数 $n \geqslant 1$ 和 $m \geqslant 1$ 使得

$$P_{ij}^{(n)} > 0, \quad P_{ji}^{(m)} > 0.$$

于是对任何正整数 $s > 0$, 有

$$P_{jj}^{(m+s+n)} \geqslant P_{ji}^{(m)} P_{ii}^{(s)} P_{ij}^{(n)},$$

$$\sum_{k=1}^{\infty} P_{jj}^{(k)} \geqslant \sum_{s=1}^{\infty} P_{jj}^{(m+s+n)} \geqslant P_{ji}^{(m)} P_{ij}^{(n)} \sum_{s=1}^{\infty} P_{ii}^{(s)} = \infty,$$

所以, $\sum_{k=1}^{\infty} P_{jj}^{(k)} = +\infty$, j 是常返的. ■

定理 7.3.2 若状态 i 的周期是 d_i, 而且状态 i 是常返态, 那么

$$\lim_{n \to +\infty} P_{ii}^{(nd_i)} = \frac{d_i}{\mu_i}, \tag{7.18}$$

其中 $\mu_i = E(T_{ii} = n | X(0) = i) = \sum_{n=0}^{+\infty} n f_{ii}^{(n)}$. 当 $\mu_i = +\infty$ 时, $\frac{d_i}{\mu_i} = 0$.

定理 7.3.2 的证明参见文献 [2].

性质 7.3.2　如果状态 i 是常返的, 状态 j 也是常返的且 $i \leftrightarrow j$, 则状态 i 和状态 j 同为正常返, 或零常返.

证明　由于 $i \leftrightarrow j$, 则存在整数 $k \geqslant 1$ 和 $m \geqslant 1$ 使得

$$P_{ij}^{(n)} = \alpha > 0, \quad P_{ji}^{(m)} = \beta > 0.$$

于是对任何正整数 $r > 0$, 有

$$P_{ii}^{(k+r+m)} \geqslant P_{ij}^{(k)} P_{jj}^{(r)} P_{ji}^{(m)} = \alpha\beta P_{jj}^{(r)}, \quad P_{jj}^{(k+r+m)} \geqslant P_{ji}^{(m)} P_{ii}^{(r)} P_{ij}^{(k)} = \alpha\beta P_{ii}^{(r)}.$$

令 $r \to +\infty$, 有

$$\lim_{r\to+\infty} P_{ii}^{(k+r+m)} \geqslant \alpha\beta \lim_{r\to+\infty} P_{jj}^{(r)}, \quad \lim_{r\to\infty} P_{jj}^{(k+r+m)} \geqslant \alpha\beta \lim_{r\to\infty} P_{ii}^{(r)},$$

所以, $\lim\limits_{r\to+\infty} P_{jj}^{(r)}$ 和 $\lim\limits_{r\to+\infty} P_{ii}^{(r)}$ 或同为零, 或同为正. 根据定理 7.3.3 知, 状态 i 和状态 j 同为正常返, 或零常返. ■

性质 7.3.3　如果状态 i 和状态 j 是互通的即 $i \leftrightarrow j$, 则状态 i 和状态 j 的周期相同.

证明　因为 $i \leftrightarrow j$, 则存在整数 $n \geqslant 1$ 和 $m \geqslant 1$ 使得

$$P_{ij}^{(n)} > 0, \quad P_{ji}^{(m)} > 0.$$

所以, $P_{ii}^{(m+n)} \geqslant P_{ij}^{(m)} P_{ji}^{(n)} > 0$, $P_{jj}^{(n+m)} \geqslant P_{ji}^{(n)} P_{ij}^{(m)} > 0$.

假设状态 i 的周期为 d_i, 状态 j 的周期为 d_j, 因此, $m+n$ 同时能够被 d_i 和 d_j 整除.

对于任意的 $s > 0$ 满足 $P_{ii}^{(s)} > 0$, 则

$$P_{jj}^{(m+s+n)} \geqslant P_{ji}^{(m)} P_{ii}^{(s)} P_{ij}^{(n)} > 0,$$

因此, $m+s+n$ 也能够被 d_j 整除, s 也能够被 d_j 整除, 从而 d_j 整除

$$d_i = \mathrm{Gcd}\{n : n \geqslant 1, P_{ii}^{(n)} > 0\}.$$

根据对称性, d_i 整除 d_j, 所以, $d_i = d_j$. ■

定理 7.3.3　互通性是等价关系, 即互通性满足

(1) 自反性: $i \leftrightarrow i$;

(2) 对称性: 若 $i \leftrightarrow j$, 则 $j \leftrightarrow i$;

(3) 传递性: 若 $i \leftrightarrow k$ 且 $k \leftrightarrow j$, 则 $i \leftrightarrow j$.

证明　仅仅证明 (3), (1) 和 (2) 证明比较简单.

若 $i \leftrightarrow k$ 且 $k \leftrightarrow j$, 则存在整数 $n \geqslant 1$ 和 $m \geqslant 1$ 使得

$$P_{ik}^{(n)} > 0, \quad P_{kj}^{(m)} > 0.$$

根据 C-K 方程知

$$P_{ij}^{(n+m)} = \sum_r P_{ir}^{(n)} P_{rj}^{(m)} \geqslant P_{ik}^{(n)} P_{kj}^{(m)} > 0,$$

即 $i \to j$, 类似可证 $j \to i$. 所以, $i \leftrightarrow j$.

所以, 互通性是等价关系. ■

定义 7.3.2 (1) 由于互通关系是等价关系, 因此可以把状态空间 I 划分为若干个不相交的集合, 或者若干个不相交的等价类, 这些不相交的等价类称为**状态类**.

(2) 设 C 为状态空间 I 的子集, 若对 $\forall i \in C$, $\forall j \notin C$ 和 $\forall n \geqslant 0$, 都有 $P_{ij}^{(n)} = 0$, 则称 C 为**闭集**.

(3) 设 C 为闭集, 若 C 中不再含有任何非空的真闭子集, 则称 C 为**不可约闭集**.

(4) 如果状态空间 I 为不可约闭集, 则称马尔可夫链为**不可约的马氏链**. 反之, 称为可约的马氏链.

(5) 如果马尔可夫链的所有状态为遍历态, 而且状态是互通的, 则马尔可夫链为**遍历马氏链**, 简称遍历链.

注意, 若 C 为闭集, 表示自 C 内任意状态 $i \in C$ 出发, 始终不能到达 C 以外的任何状态 $k \notin C$. 对于闭集中的状态, 它们相互之间并不要求一定要互达, 即 $\forall i \in C, \forall j \in C, i \neq j$, 并不意味着 $i \to j$, 也不意味着 $j \to i$. 显然, 整个状态空间构成一个闭集.

定理 7.3.4 (1) C 为闭集 $\Leftrightarrow \forall i \in C, \forall j \notin C, P_{ij} = 0$.

(2) C 为闭集 $\Leftrightarrow \sum_{j \in C} P_{ij} = 1, \forall i \in C.$ (7.19)

(3) C 为闭集 $\Leftrightarrow \sum_{j \in C} P_{ij}^{(n)} = 1, \forall i \in C, n \geqslant 1.$ (7.20)

(4) 状态 $i \in I$, 而且 $\{i\}$ 是一个闭集, 则称状态 i 为吸收态. i 为吸收态 $\Leftrightarrow P_{ii} = 1$.

定理 7.3.5 (1) 状态 i 是瞬时态 $\Leftrightarrow \sum_{n=1}^{+\infty} P_{ii}^{(n)} = \dfrac{f_{ii}}{1 - f_{ii}} < +\infty \Leftrightarrow f_{ii} < 1.$

(7.21)

(2) 状态 i 是零常返 $\Leftrightarrow \sum_{n=1}^{+\infty} P_{ii}^{(n)} = +\infty$, 而且 $\lim_{n\to+\infty} P_{ii}^{(n)} = 0 \Leftrightarrow f_{ii} = 1$ 且 $\mu_i = +\infty$. (7.22)

(3) 状态 i 是正常返 $\Leftrightarrow \sum_{n=1}^{+\infty} P_{ii}^{(n)} = +\infty$, 而且 $\lim_{n\to+\infty} P_{ii}^{(nd_i)} = \dfrac{d_i}{\mu_i} > 0 \Leftrightarrow f_{ii} = 1$ 且 $\mu_i < +\infty$. (7.23)

(4) 状态 i 是遍历 $\Leftrightarrow \sum_{n=1}^{+\infty} P_{ii}^{(n)} = +\infty$, 而且 $\lim_{n\to+\infty} P_{ii}^{(n)} = \dfrac{1}{\mu_i} > 0.$ (7.24)

有了以上若干对状态所属类型判定的准则、闭集的定理, 以及状态互通的性质, 我们可以对马尔可夫链的状态空间进行完美的划分, 得到状态空间划分的定理.

7.3.2　状态空间的划分

定理 7.3.6　设 $\{X(n), n = 0, 1, 2, \cdots\}$ 是马尔可夫链, 其状态空间 I 是有限集合, 则,

(1) 瞬时态集 N 不可能是闭集;

(2) 至少有一个常返态;

(3) 不存在零常返态;

(4) 若状态空间有限的马氏链是不可约的, 那么状态都是正常返的.

(5) 其状态空间可分解为

$$I = N \cup C_1 \cup C_2 \cup \cdots \cup C_k, \tag{7.25}$$

其中 N 是瞬时态的集合, $C_i, i = 1, 2, \cdots, k$ 是互不相交的由正常返态构成的闭集.

例 7.3.1　设 $\{X(n), n = 0, 1, 2, \cdots\}$ 是马尔可夫链, 其状态空间是 $I = \{1, 2, 3, 4, 5, 6, 7\}$, 一步转移概率矩阵如下:

$$P = \begin{pmatrix} 0.1 & 0.1 & 0.2 & 0.2 & 0.4 & 0 & 0 \\ 0 & 0 & 0.5 & 0.5 & 0 & 0 & 0 \\ 0 & 0 & 0 & 1 & 0 & 0 & 0 \\ 0 & 1 & 0 & 0 & 0 & 0 & 0 \\ 0 & 0 & 0 & 0 & 0.5 & 0.5 & 0 \\ 0 & 0 & 0 & 0 & 0.5 & 0 & 0.5 \\ 0 & 0 & 0 & 0 & 0 & 0.5 & 0.5 \end{pmatrix},$$

试对状态空间进行分解.

解 将一步转移概率矩阵进行分块, 得

$$P_1 = \begin{pmatrix} 0 & 0.5 & 0.5 \\ 0 & 0 & 1 \\ 1 & 0 & 0 \end{pmatrix}, \quad P_2 = \begin{pmatrix} 0.5 & 0.5 & 0 \\ 0.5 & 0 & 0.5 \\ 0 & 0.5 & 0.5 \end{pmatrix},$$

所以, 状态空间 I 可分解为两个闭集 $C_1 = \{2,3,4\}$, $C_2 = \{5,6,7\}$, 以及瞬时态集 $N = \{1\}$, 即 $I = N + C_1 + C_2$. ■

如果一步转移概率形如

$$P = \begin{pmatrix} P_N & P_{N_1} & P_{N_2} & \cdots \\ & P_{C_1} & & \\ & & P_{C_2} & \\ & & & \ddots \end{pmatrix} \begin{matrix} N \\ C_1 \\ C_2 \\ \vdots \end{matrix},$$

则称为**一步转移概率的标准形式**. 通过一步转移概率的标准形式, 可以快速地进行状态的划分. 分块矩阵 P_{C_i} 所在的行 (或列) 所对应的状态构成一个闭集, 这个闭集的状态是正常返. 其余不在所有分块矩阵 P_{C_i} 所在的行所对应的状态构成一个集合, 这个集合是瞬时态的集合.

推论 7.3.2 (1) 常返态全体构成了一个闭集.

(2) 有限状态空间的马氏链至少有一个常返态.

(3) 有限状态空间的马氏链不存在零常返态.

例 7.3.2 设 $\{X(n), n = 0,1,2,\cdots\}$ 是马尔可夫链, 其状态空间是 $I = \{1,2,3,4,5,6\}$, 一步转移概率矩阵为

$$P = \begin{pmatrix} 0 & 0 & 1 & 0 & 0 & 0 \\ 0 & 0 & 0 & 0 & 0 & 1 \\ 0 & 0 & 0 & 0 & 1 & 0 \\ \frac{1}{3} & \frac{1}{3} & 0 & \frac{1}{3} & 0 & 0 \\ 1 & 0 & 0 & 0 & 0 & 0 \\ 0 & \frac{1}{2} & 0 & 0 & 0 & \frac{1}{2} \end{pmatrix},$$

状态转移概率图如图 7.3 所示. 试对状态空间进行分解.

解 由一步转移概率矩阵和状态转移概率图可以看出, 状态 1, 3, 5 是互通的, 状态 2, 6 是互通的, 而且 $C_1 = \{1,3,5\}$ 是一个闭集, $C_1 = \{2,6\}$ 是一个闭集.

因为 $f_{11}^{(3)} = 1, f_{11}^{(n)} = 0, n \neq 3, f_{11} = \sum\limits_{n=1}^{\infty} f_{11}^{(n)} = 1$, 所以状态 1 的周期为 3.

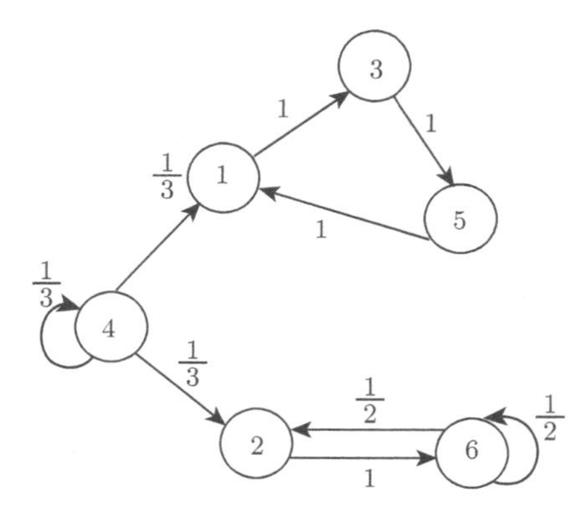

图 7.3 状态转移概率图

因为 $\mu_1 = \sum_{n=1}^{\infty} n f_{11}^{(n)} = 3$, 所以状态 1 是正常返.

因为 $f_{66}^{(1)} = \frac{1}{2}, f_{66}^{(2)} = \frac{1}{2}, f_{66}^{(n)} = 0, n > 2, f_{66} = \sum_{n=1}^{\infty} f_{66}^{(n)} = 1, \mu_6 = \sum_{n=1}^{\infty} n f_{66}^{(n)} = \frac{3}{2}$, 所以状态 6 是正常返, 状态 6 的周期为 1, 是遍历态.

因为 $f_{44}^{(1)} = \frac{1}{3}, f_{44}^{(n)} = 0, n > 1$, 所以状态 4 是瞬时态.

因为

$$I = N + C_1 + C_2,$$

状态空间 I 可分解为两个闭集 $C_1 = \{1,3,5\}$, $C_2 = \{2,6\}$ 以及瞬时态集 $N = \{4\}$. 闭集 C_1 中所有状态周期为 3, 闭集 C_2 中所有状态是遍历态. ■

定理 7.3.7 对任意的马尔可夫链 $\{X(n), n = 0,1,2,\cdots\}$, 其状态空间 I 可以唯一分解为有限或可列个互不相交的子集之和, 即

$$I = N \cup R = N \cup R^0 \cup R^+ = N \cup \left(\bigcup_{k=1}^{+\infty} R_k^0 \right) \cup \left(\bigcup_{k=1}^{+\infty} R_k^+ \right), \tag{7.26}$$

其中: (1) N 由所有瞬时态组成;

(2) 每个 R_k^0 是由零常返组成的不可约闭集;

(3) 每个 R_k^+ 是由正常返组成的不可约闭集;

(4) 每个 R_k^0 或 R_k^+ 中的状态是同类的, 它们有相同的周期, 而且

$$f_{ij} = 1, \quad i,j \in R_k^0 \text{ 或 } i,j \in R_k^+.$$

推论 7.3.3 设 $\{X(n), n=0,1,2,\cdots\}$ 是马尔可夫链, 其状态空间 I 是有限集合, 则不可能全为瞬时态, 也不可能有零常返态. 对于不可约的有限马氏链, 其状态都是正常返.

推论 7.3.4 设 $\{X(n), n=0,1,2,\cdots\}$ 是马尔可夫链, 其状态空间 I 是无限集合, 有一个零常返状态, 则必有无限个零常返状态.

例 7.3.3 设 $\{X(n), n=0,1,2,\cdots\}$ 是马尔可夫链, 其状态空间是 $I=\{0,1,2,\cdots\}$, 一步转移概率矩阵如下:

$$P_{00}^{(1)}=\frac{1}{2},\quad P_{ii+1}^{(1)}=\frac{1}{2},\ i\in I,\quad P_{i0}^{(1)}=\frac{1}{2},\ i\neq 0,\ i\in I,$$

试讨论各状态的遍历性.

解 对所有 $j\in I=\{0,1,2,\cdots\}$, 都有 $j\leftrightarrow 0$, 根据互通的传递性可知, 所有状态是互通的. 因为

$$f_{00}^{(1)}=\frac{1}{2},\quad f_{00}^{(2)}=P_{01}P_{10}=\frac{1}{2}\cdot\frac{1}{2}=\frac{1}{4},\quad f_{00}^{(3)}=P_{01}P_{12}P_{20}=\left(\frac{1}{2}\right)^3=\frac{1}{8},$$

所以, $f_{00}^{(n)}=\dfrac{1}{2^n}$, $f_{00}=\sum\limits_{n=1}^{\infty}\dfrac{1}{2^n}=1$, 而且

$$\mu_0=\sum_{n=1}^{\infty}nf_{00}^{(n)}=\sum_{n=1}^{\infty}n\cdot\frac{1}{2^n}<\infty,$$

所以, 状态 0 为正常返. 又 $P_{00}^{(1)}=\dfrac{1}{2}>0$, 所以, 状态 0 的周期为 1. 所以, 所有状态都是遍历的. ■

7.4 渐近性质和平稳分布

对于马尔可夫链 $\{X(n), n=0,1,2,\cdots\}$, 状态空间 I 的各个状态的判定, 常常需要判断 $\lim\limits_{n\to+\infty}P_{ii}^{(n)}$ 的极限是否存在, 如果极限存在还需求出 $\lim\limits_{n\to+\infty}P_{ii}^{(n)}$. 所以, 需要研究 $P_{ij}^{(n)}, i\in I, j\in I$ 的极限性质 (也称为 $P_{ij}^{(n)}$ 的**渐近性质**). 也就是研究两个问题: 第一个问题是 $\lim\limits_{n\to+\infty}P_{ij}^{(n)}$ 是否存在; 第二个问题是如果极限存在, 其极限是否与起始状态 i 有关.

7.4.1 $P_{ij}^{(n)}$ 的渐近性质

定理 7.4.1 对于马尔可夫链 $\{X(n), n=0,1,2,\cdots\}$, 其状态空间为 I, $\forall i\in I$, j 为瞬时态, 或 j 为零常返, 则

$$\lim_{n\to+\infty}P_{ij}^{(n)}=0. \tag{7.27}$$

证明　因为 $P_{ij}^{(n)}=\sum\limits_{m=1}^{n}f_{ij}^{(m)}P_{jj}^{(n-m)}$, 所以,

$$\sum_{m=1}^{N}f_{ij}^{(m)}P_{jj}^{(n-m)}\leqslant\sum_{m=1}^{n}f_{ij}^{(m)}P_{jj}^{(n-m)}\leqslant\sum_{m=1}^{N}f_{ij}^{(m)}P_{jj}^{(n-m)}+\sum_{k=N}^{+\infty}f_{ij}^{(k)}. \tag{7.28}$$

固定 N, 令 $n\to+\infty$, 当 j 瞬时态, 或 j 为零常返时, $\lim\limits_{n\to+\infty}P_{jj}^{(n)}=0$, 所以,

$$\lim_{n\to\infty}\sum_{m=1}^{N}f_{ij}^{(m)}P_{jj}^{(n-m)}=0,$$

(7.28) 变为

$$0\leqslant\lim_{n\to+\infty}P_{ij}^{(n)}\leqslant 0+\sum_{k=N}^{+\infty}f_{ij}^{(k)}. \tag{7.29}$$

又因为

$$f_{ij}=P(T_{ij}\leqslant+\infty|X_0=i)=\sum_{n=1}^{+\infty}f_{ij}^{(n)}=\sum_{n=0}^{+\infty}f_{ij}^{(n)},\quad 0\leqslant f_{ij}^{(n)}<f_{ij}\leqslant 1,$$

再对 (7.29), 两边令 $N\to+\infty$, 得到

$$\lim_{n\to+\infty}P_{ij}^{(n)}=0,\quad \text{其中 } j \text{ 为瞬时态,或 } j \text{ 为零常返}.$$ ■

定理 7.4.2　对于马尔可夫链 $\{X(n),n=0,1,2,\cdots\}$, 其状态空间为 I, $\forall i\in I$, j 为正常返, 周期为 d_j, 则

$$\lim_{n\to+\infty}P_{ij}^{(nd_j+r)}=f_{ij}^{(r)}\times\frac{d_j}{u_j},\quad 0<r\leqslant d_j-1. \tag{7.30}$$

其中 $f_{ij}^{(r)}=P(T_{ij}=r|X_0=i),0<r<d_j-1$.

定理 7.4.3　对于马尔可夫链 $\{X(n),n=0,1,2,\cdots\}$, 其状态空间为 I, $\forall i\in I$, j 为正常返, 周期为 d_j, 而且 $i\leftrightarrow j$, 则

$$\lim_{n\to+\infty}P_{ij}^{(nd_j)}=\frac{d_j}{u_j}. \tag{7.31}$$

推论 7.4.1　对于马尔可夫链 $\{X(n),n=0,1,2,\cdots\}$, 其状态空间为 I, $\forall i\in I$, j 为正常返, 周期为 $d_j>1$, 则 $\lim\limits_{n\to+\infty}P_{ij}^{(n)}$ 不存在.

推论 7.4.2　对于马尔可夫链$\{X(n),n=0,1,2,\cdots\}$, 其状态空间为 I, $\forall i\in$

I, j 为正常返, 周期为 $d_j = 1$, 而且 $i \leftrightarrow j$, 则 $\lim\limits_{n\to+\infty} P_{ij}^{(n)} = \dfrac{1}{\mu_j}$.

值得注意的是, 应用推论 7.4.2 的时候, 应注意互通性. 如果状态 j 为正常返, 周期为 $d_j = 1$, 状态 i 与状态 j 不互通, 极限 $\lim\limits_{n\to+\infty} P_{ij}^{(n)}$ 的情况比较复杂.

例 7.4.1 设 $\{X(n), n = 0, 1, 2, \cdots\}$ 是齐次马尔可夫链, 状态空间为 $I = \{1, 2, 3, 4\}$, 一步转移概率矩阵为

$$P = \begin{pmatrix} 1 & 0 & 0 & 0 \\ 0 & 1 & 0 & 0 \\ \dfrac{1}{3} & \dfrac{2}{3} & 0 & 0 \\ \dfrac{1}{4} & 0 & \dfrac{1}{4} & \dfrac{1}{2} \end{pmatrix}.$$

求 $P_{i1}^{(n)} (i = 1, 2, 3, 4)$ 的渐近性质.

解 状态 1 为正常返, 周期为 $d_j = 1$, 但是,

$$1 \not\to 2, 2 \not\to 1, \quad 1 \not\to 3, 3 \to 1, \quad 1 \not\to 4, 4 \to 1,$$

所以, $P_{i1}^{(n)} (i = 1, 2, 3, 4)$ 的极限依赖于起始状态, 也依赖于到达状态.

下面分别计算 $P_{11}^{(n)}, P_{21}^{(n)}, P_{31}^{(n)}, P_{41}^{(n)}$, 并求其极限.

$P_{11}^{(n)} = 1, n \geqslant 1$, 所以 $\lim\limits_{n\to\infty} P_{11}^{(n)} = 1$.

$P_{21}^{(n)} = 0, n \geqslant 1$, 所以 $\lim\limits_{n\to\infty} P_{21}^{(n)} = 0$.

$P_{31}^{(1)} = \dfrac{1}{3}, P_{31}^{(2)} = P_{31}^{(1)} P_{11}^{(1)} + P_{32}^{(1)} P_{21}^{(1)} = 1, f_{31}^{(1)} = P_{31}^{(1)} = \dfrac{1}{3}, f_{31}^{(2)} = P_{32}^{(1)} P_{21}^{(1)} = \dfrac{2}{3}, f_{31}^{(1)} = 0, n \geqslant 3.$

$$P_{31}^{(n)} = \sum_{k=1}^{n} f_{31}^{(k)} P_{11}^{(n-k)} = 1, n \geqslant 2, \text{所以} \lim_{n\to\infty} P_{31}^{(n)} = 1.$$

$$f_{41}^{(1)} = P_{41}^{(1)} = \frac{1}{4}, f_{41}^{(2)} = P_{43}^{(1)} P_{31}^{(1)} + P_{44}^{(1)} P_{41}^{(1)} = \frac{1}{2} \times \frac{1}{4}, f_{41}^{(n)} = \frac{1}{4} \frac{1}{2^{n-1}}, n \geqslant 1.$$

$$P_{41}^{(n)} = \sum_{k=1}^{n} f_{41}^{(k)} P_{11}^{(n-k)} = \frac{1}{2} - \frac{1}{2^{n+1}}.$$

所以, $\lim\limits_{n\to+\infty} P_{41}^{(n)} = \dfrac{1}{2}$. ■

例 7.4.2 设 $\{X(n), n = 0, 1, 2, \cdots\}$ 是马尔可夫链, 其状态空间是 $I =$

$\{1,2,3,4\}$, 一步转移概率矩阵如下:

$$P=\begin{pmatrix} 0 & \frac{1}{2} & 0 & \frac{1}{2} \\ \frac{1}{2} & 0 & \frac{1}{2} & 0 \\ 0 & \frac{1}{2} & 0 & \frac{1}{2} \\ \frac{1}{2} & 0 & \frac{1}{2} & 0 \end{pmatrix},$$

分析状态的周期性和 $P_{ij}^{(n)}$ 的渐近性质.

解　所有状态是互通的, 状态空间是有限的, 所以, 所有状态是正常返.

$$P(2)=P^2=\begin{pmatrix} \frac{1}{2} & 0 & \frac{1}{2} & 0 \\ 0 & \frac{1}{2} & 0 & \frac{1}{2} \\ \frac{1}{2} & 0 & \frac{1}{2} & 0 \\ 0 & \frac{1}{2} & 0 & \frac{1}{2} \end{pmatrix}.$$

当 n 为奇数时, $P(n)=P(1)=P$, 当 n 为偶数时, $P(n)=P(2)$.

所以, $\lim\limits_{n\to+\infty} P_{ij}^{(n)}$ 不存在. 又由于

$$h_1=\mathrm{Gcd}\{n: n\geqslant 1, P_{11}^{(n)}>0\}=2,$$

所以所有状态的周期是 2. ■

例 7.4.3　设 $\{X(n), n=0,1,2,\cdots\}$ 是齐次马尔可夫链, 状态空间为 $I=\{1,2,3,4\}$, 一步转移概率矩阵为

$$P=\begin{pmatrix} \frac{1}{2} & \frac{1}{2} & 0 & 0 \\ 1 & 0 & 0 & 0 \\ 0 & \frac{1}{3} & \frac{2}{3} & 0 \\ \frac{1}{2} & 0 & \frac{1}{2} & 0 \end{pmatrix}.$$

对状态进行划分, 并分析 $P_{ij}^{(n)}$ 的渐近性质.

解　从例 7.1.4 可知, 状态 1 是正常返态. 周期为 1.

状态 2 是常返态, 而且 2 是正常返态. 状态 1 和状态 2 互通.

状态 3 是瞬时态, 状态 4 是瞬时态.

状态空间划分为

$$I=\{3\}+\{4\}+\{1,2\}.$$

又因为 $\mu_1=\dfrac{3}{2}$, $\mu_2=3$, 所以,

$$\lim_{n\to+\infty}P_{i3}^{(n)}=0,\ i=1,2,3,4;\quad \lim_{n\to+\infty}P_{i4}^{(n)}=0,\ i=1,2,3,4.$$

$$\lim_{n\to+\infty}P_{11}^{(n)}=\frac{1}{\mu_1}=\frac{2}{3},\quad \lim_{n\to+\infty}P_{12}^{(n)}=\frac{1}{\mu_2}=\frac{1}{3},\quad \lim_{n\to+\infty}P_{13}^{(n)}=\lim_{n\to+\infty}P_{14}^{(n)}=0,$$

$$\lim_{n\to+\infty}P_{21}^{(n)}=\frac{1}{\mu_1}=\frac{2}{3},\quad \lim_{n\to+\infty}P_{22}^{(n)}=\frac{1}{\mu_2}=\frac{1}{3},\quad \lim_{n\to+\infty}P_{23}^{(n)}=\lim_{n\to+\infty}P_{24}^{(n)}=0.$$

■

定理 7.4.4 设马尔可夫链 $\{X(n),n=0,1,2,\cdots\}$, 状态空间为 I, 对于 $\forall i\in I,\forall j\in I$, 有

$$\lim_{n\to+\infty}\frac{1}{n}\sum_{k=1}^{n}P_{ij}^{(k)}=\begin{cases}0, & j\text{是瞬时态或零常返},\\ \dfrac{f_{ij}}{\mu_j}, & j\text{是正常返}.\end{cases}\tag{7.32}$$

其中 $f_{ij}=P(T_{ij}\leqslant+\infty|X_0=i)=\sum\limits_{n=1}^{+\infty}f_{ij}^{(n)},\mu_j=\sum\limits_{n=0}^{+\infty}nf_{jj}^{(n)}$.

推论 7.4.3 设马尔可夫链 $\{X(n),n=0,1,2,\cdots\}$ 是不可约、常返的, 对于 $\forall i\in I,\forall j\in I$, 有

$$\lim_{n\to+\infty}\frac{1}{n}\sum_{k=1}^{n}P_{ij}^{(k)}=\frac{1}{\mu_j}.\tag{7.33}$$

定义 7.4.1 如果马尔可夫链的所有状态为遍历态, 而且状态是互通的, 则马尔可夫链为**遍历马尔可夫链** (简称遍历的马氏链).

定理 7.4.5 对于遍历的马氏链, $P_{ij}^{(n)},i\in I,j\in I$ 的极限都存在, 而且

$$\lim_{n\to+\infty}P_{ij}^{(n)}=\frac{1}{\mu_j},\quad j\in I.\tag{7.34}$$

通常称 $\left\{\dfrac{1}{\mu_j},j\in I\right\}$ 为遍历马尔可夫链的极限分布.

值得注意的, 对遍历的马氏链而言, 有

$$\lim_{n\to+\infty}P(X(n)=j)=\lim_{n\to+\infty}\sum_{i\in I}P(X(0)=i)P_{ij}^{(n)}$$

$$= \frac{1}{\mu_j} \sum_{i \in I} P(X(0) = i) = \frac{1}{\mu_j}.$$

7.4.2 平稳分布

定义 7.4.2 设 $\{X(n), n = 0, 1, 2, \cdots\}$ 为齐次马尔可夫链, 状态空间为 I, 一步转移概率为 P_{ij}, 若概率分布 $\{\pi_j, j \in I\}$, 它满足

$$\begin{cases} \pi_j = \sum\limits_{i \in I} \pi_i P_{ij}, \\ \sum\limits_{j \in I} \pi_j = 1, \quad \pi_j \geqslant 0, \end{cases} \tag{7.35}$$

称概率分布 $\{\pi_j, j \in I\}$ 为马尔可夫链的**平稳分布**.

值得注意的是, 对于平稳分布 $\{\pi_j, j \in I\}$, 有

$$\pi_j = \sum_{i \in I} \pi_i P_{ij} = \sum_{i \in I} \left(\sum_{k \in I} \pi_k P_{ki} \right) P_{ij} = \sum_{i \in I} \pi_i P_{ij}^{(2)} = \cdots = \sum_{i \in I} \pi_i P_{ij}^{(n)}. \tag{7.36}$$

上述等式的矩阵形态为

$$\pi = \pi P = \pi P^2 = \cdots = \pi P^n, \tag{7.37}$$

其中 $\pi = (\pi_{i_1}, \pi_{i_2}, \cdots, \pi_{i_n}, \cdots)$ 是一个行向量, P 为一步转移概率矩阵, n 步转移概率矩阵 $P^{(n)} = P^n$.

例 7.4.4 设 $\{X(n), n = 0, 1, 2, \cdots\}$ 是马尔可夫链, 其状态空间是 $I = \{1, 2, 3, 4, 5, 6, 7\}$, 一步转移概率矩阵如下:

$$P = \begin{pmatrix} \frac{1}{2} & \frac{1}{2} & 0 & 0 & 0 & 0 & 0 \\ 0 & \frac{2}{3} & \frac{1}{3} & 0 & 0 & 0 & 0 \\ \frac{1}{3} & 0 & \frac{2}{3} & 0 & 0 & 0 & 0 \\ 0 & 0 & 0 & \frac{1}{2} & \frac{1}{2} & 0 & 0 \\ 0 & 0 & 0 & \frac{1}{2} & \frac{1}{2} & 0 & 0 \\ 0 & 0 & 0 & 0 & 0 & 1 & 0 \\ \frac{1}{7} & \frac{1}{7} & \frac{1}{7} & \frac{1}{7} & \frac{1}{7} & \frac{1}{7} & \frac{1}{7} \end{pmatrix},$$

求马尔可夫链的平稳分布.

解 令 $\pi=(\pi_1,\pi_2,\cdots,\pi_7)$, 由 $\pi=\pi P$ 得

$$\pi_1=\frac{1}{2}\pi_1+\frac{1}{3}\pi_3+\frac{1}{7}\pi_7;\quad \pi_2=\frac{1}{2}\pi_1+\frac{2}{3}\pi_2+\frac{1}{7}\pi_7;$$
$$\pi_3=\frac{1}{3}\pi_2+\frac{2}{3}\pi_3+\frac{1}{7}\pi_7;\quad \pi_4=\frac{1}{2}\pi_4+\frac{1}{2}\pi_5+\frac{1}{7}\pi_7;$$
$$\pi_5=\frac{1}{2}\pi_4+\frac{1}{2}\pi_5+\frac{1}{7}\pi_7;\quad \pi_6=\pi_6+\frac{1}{7}\pi_7,\quad \pi_7=\frac{1}{7}\pi_7.$$

显然, $\pi_7=0$, 由于 $\pi_1+\pi_2+\cdots+\pi_6+\pi_7=1$, 令

$$\pi_1+\pi_2+\pi_3=\lambda_1,\quad 0<\lambda_1<1,\quad \pi_4+\pi_5=\lambda_2,\quad 0<\lambda_2<1,$$
$$\pi_6=\lambda_3,\quad 0<\lambda_3<1,$$

而且 $\lambda_1+\lambda_2+\lambda_3=1$, 则求解方程组得到平稳分布:

$$\pi=\left(\frac{2}{8}\lambda_1,\frac{3}{8}\lambda_1,\frac{3}{8}\lambda_1,\frac{1}{2}\lambda_2,\frac{1}{2}\lambda_2,\lambda_3,0\right).$$

实际上, 根据分块矩阵可知, 状态空间 $I=\{1,2,3\}+\{4,5\}+\{6\}+\{7\}$, 闭集 $C_1=\{1,2,3\},C_2=\{4,5\},C_3=\{6\}$ 所对应的一步转移概率矩阵为

$$P_1=\begin{pmatrix}\frac{1}{2}&\frac{1}{2}&0\\ 0&\frac{2}{3}&\frac{1}{3}\\ \frac{1}{3}&0&\frac{2}{3}\end{pmatrix},\quad P_2=\begin{pmatrix}\frac{1}{2}&\frac{1}{2}\\ \frac{1}{2}&\frac{1}{2}\end{pmatrix},\quad P_3=(1).$$

解方程组

$$\begin{cases}\pi^{(1)}=\pi^{(1)}P_1,\\ \pi_1^{(1)}+\pi_2^{(1)}+\pi_3^{(1)}=1,\end{cases}\qquad \begin{cases}\pi^{(2)}=\pi^{(2)}P_2,\\ \pi_1^{(2)}+\pi_2^{(2)}=1,\end{cases}\qquad \begin{cases}\pi^{(3)}=\pi^{(3)}P_3,\\ \pi_1^{(3)}=1,\end{cases}$$

可得

$$\pi^{(1)}=\left(\frac{2}{8},\frac{3}{8},\frac{3}{8}\right),\quad \pi^{(2)}=\left(\frac{1}{2},\frac{1}{2}\right),\quad \pi^{(3)}=1,$$

再根据 $\pi_7=0$, $\pi_1+\pi_2+\cdots+\pi_6+\pi_7=1$, 令

$$\pi_1+\pi_2+\pi_3=\lambda_1,\ 0<\lambda_1<1,\ \pi_4+\pi_5=\lambda_2,\ 0<\lambda_2<1,\ \pi_6=\lambda_3,\ 0<\lambda_3<1,$$

而且 $\lambda_1+\lambda_2+\lambda_3=1$, 得到平稳分布如下:

$$\pi=\left(\frac{2}{8}\lambda_1,\frac{3}{8}\lambda_1,\frac{3}{8}\lambda_1,\frac{1}{2}\lambda_2,\frac{1}{2}\lambda_2,\lambda_3,0\right).$$

■

定理 7.4.6　设 $\{X(n), n=0,1,2,\cdots\}$ 是齐次马尔可夫链, 状态空间 $I=N\cup C_0\cup C_1\cup\cdots$, 其中 N 是瞬时态的集合, C_0 是零常返的集合, C_m 是正常返的不可约闭集, 记 $H=\bigcup\limits_{k\geqslant 1} C_k$, 则

(1) 马尔可夫链不存在平稳分布的充要条件是 H 是空集.

(2) 马尔可夫链存在唯一的平稳分布的充要条件是只有一个正常返的不可约闭集.

(3) 马尔可夫链存在无穷多个平稳分布的充要条件是至少存在两个及以上正常返的不可约闭集.

推论 7.4.4　有限状态空间的不可约非周期的马尔可夫链必存在平稳分布.

推论 7.4.5　若有限状态空间的马尔可夫链的所有状态是瞬时态, 或零常返, 则不存在平稳分布.

定理 7.4.7　不可约非周期马尔可夫链式正常返的充要条件是存在平稳分布, 而且平稳分布就是极限分布 $\left\{\dfrac{1}{\mu_j}, j\in I\right\}$.

推论 7.4.6　齐次马尔可夫链, 状态空间 I 是有限集, 一步转移概率矩阵为 P, 如果存在正整数 m, 使得 m 步转移概率矩阵的所有元素都大于零, 即

$$P_{ij}^{(m)}>0, \quad i\in I, \quad j\in I, \tag{7.38}$$

那么, 马尔可夫链是遍历的马氏链, 而且存在唯一的平稳分布 $\{\pi_j, j\in I\}$, 它满足

$$\begin{cases} \pi_j=\sum\limits_{i\in I}\pi_i P_{ij}, \\ \sum\limits_{j\in I}\pi_j=1, \quad \pi_j\geqslant 0, \end{cases} \tag{7.39}$$

而且平稳分布就是极限分布 $\left\{\dfrac{1}{\mu_j}, j\in I\right\}$, 即 $\lim\limits_{n\to+\infty} P_{ij}^{(n)}=\dfrac{1}{\mu_j}=\pi_j, j\in I$.

例 7.4.5　设 $\{X(n), n=0,1,2,\cdots\}$ 是马尔可夫链, 其状态空间是 $I=\{1,2,3\}$, 一步转移概率矩阵如下:

$$P=\begin{pmatrix} \dfrac{1}{2} & \dfrac{2}{5} & \dfrac{1}{10} \\ \dfrac{3}{10} & \dfrac{2}{5} & \dfrac{3}{10} \\ \dfrac{1}{5} & \dfrac{3}{10} & \dfrac{1}{2} \end{pmatrix}.$$

试求: (1) 马尔可夫链的平稳分布;

(2) 平均返回时间 $\mu_j, j\in I$;

(3) $\lim\limits_{n\to+\infty} P(X(n)=2|X(0)=1)$;

(4) $\lim\limits_{n\to+\infty} P(X(n)=2)$;

(5) $\lim\limits_{n\to+\infty} E(X(n)|X(0)=1)$.

解 (1) 由平稳分布的定义得

$$\begin{cases} \pi_1 = \dfrac{1}{2}\pi_1 + \dfrac{3}{10}\pi_2 + \dfrac{1}{5}\pi_3, \\ \pi_1 = \dfrac{2}{5}\pi_1 + \dfrac{2}{5}\pi_2 + \dfrac{3}{10}\pi_3, \\ \pi_3 = \dfrac{1}{10}\pi_1 + \dfrac{3}{10}\pi_2 + \dfrac{1}{2}\pi_3, \\ \pi_1 + \pi_2 + \pi_3 = 1, \end{cases}$$

求解得

$$\pi_1 = \frac{21}{62}, \quad \pi_2 = \frac{23}{62}, \quad \pi_1 = \frac{18}{62}.$$

(2) 此马尔可夫链是遍历的马氏链, 所以,

$$\mu_1 = E(T_{11}\,|X_1 = 0) = \sum_{n=1}^{\infty} n f_{11}^{(n)} = \frac{1}{\pi_1},$$

$$\mu_2 = E(T_{22}\,|X_2 = 1) = \sum_{n=1}^{\infty} n f_{22}^{(n)} = \frac{1}{\pi_2},$$

$$\mu_3 = E(T_{33}\,|X_3 = 1) = \sum_{n=1}^{\infty} n f_{33}^{(n)} = \frac{1}{\pi_3}.$$

(3) 因为

$$\lim_{n\to\infty} P_{i1}^{(n)} = \lim_{n\to\infty} P(X(n)=1|X(0)=i) = \pi_1 = \frac{21}{62},$$

$$\lim_{n\to\infty} P_{i2}^{(n)} = \lim_{n\to\infty} P(X(n)=2|X(0)=i) = \pi_2 = \frac{23}{62},$$

$$\lim_{n\to\infty} P_{i3}^{(n)} = \lim_{n\to\infty} P(X(n)=3|X(0)=i) = \pi_3 = \frac{18}{62},$$

所以,

$$\lim_{n\to+\infty} P(X(n)=2|X(0)=1) = \frac{23}{62}.$$

(4) $\lim\limits_{n\to+\infty} P(X(n)=2) = \lim\limits_{n\to+\infty}\sum\limits_{i\in I} P(X(0)=i)P_{i2}^{(n)}$

$=\sum\limits_{i\in I} P(X(0)=i)\lim\limits_{n\to+\infty} P_{i2}^{(n)} = \pi_2 = \dfrac{23}{62}.$

(5) $\lim\limits_{n\to+\infty} E(X(n)|X(0)=1)$

$=\lim\limits_{n\to+\infty} P(X(n)=1|X(0)=1) + \lim\limits_{n\to+\infty} 2P(X(n)=2|X(0)=1)$

$\quad + \lim\limits_{n\to+\infty} 3P(X(n)=3|X(0)=1)$

$=\pi_1+2\pi_2+3\pi_3.$

实际上,

$$\lim_{n\to+\infty} E(X(n)|X(0)=i) = \pi_1+2\pi_2+3\pi_3,$$

$$\begin{aligned}\lim_{n\to+\infty} E(X(n)) &= \lim_{n\to+\infty} E[E(X(n)|X(0))]\\ &= (\pi_1+2\pi_2+3\pi_3)P(X(0)=1) + (\pi_1+2\pi_2+3\pi_3)P(X(0)=2)\\ &\quad + (\pi_1+2\pi_2+3\pi_3)P(X(0)=3)\\ &= \pi_1+2\pi_2+3\pi_3.\end{aligned}$$

■

习　题　7

1. 试对下列矩阵为一步转移概率矩阵的齐次马尔可夫链的状态空间进行分解.

(1) $P=\begin{pmatrix} 0.7 & 0 & 0.3 & 0 & 0\\ 0.1 & 0.8 & 0.1 & 0 & 0\\ 0.4 & 0 & 0.6 & 0 & 0\\ 0 & 0 & 0 & 0.5 & 0.5\\ 0 & 0 & 0 & 0.5 & 0.5\end{pmatrix}$; (2) $P=\begin{pmatrix} \frac14 & \frac34 & 0 & 0 & 0\\ \frac12 & \frac12 & 0 & 0 & 0\\ 0 & 0 & 1 & 0 & 0\\ 0 & 0 & \frac13 & \frac23 & 0\\ 1 & 0 & 0 & 0 & 0\end{pmatrix}$.

2. 设 $\{X(n), n=0,1,2,\cdots\}$ 是齐次马尔可夫链, 状态空间为 $I=\{1,2,3,4\}$, 一步转移概率矩阵为 P, 分析各个状态是常返态, 还是瞬时态, 并求出平均返回的时间.

(1) $P=\begin{pmatrix} \frac34 & \frac14 & 0 & 0\\ 1 & 0 & 0 & 0\\ 0 & \frac23 & \frac13 & 0\\ \frac13 & 0 & \frac23 & 0\end{pmatrix}$; (2) $P=\begin{pmatrix} \frac12 & \frac12 & 0 & 0\\ \frac12 & \frac12 & 0 & 0\\ \frac14 & \frac14 & \frac14 & \frac14\\ 0 & 0 & 0 & 1\end{pmatrix}$;

(3) $P=\begin{pmatrix} 0 & 0 & \frac{1}{2} & \frac{1}{2} \\ 1 & 0 & 0 & 0 \\ 0 & 1 & 0 & 0 \\ 0 & 1 & 0 & 0 \end{pmatrix}$; (4) $P=\begin{pmatrix} \frac{1}{3} & \frac{1}{3} & \frac{1}{3} & 0 \\ \frac{1}{2} & \frac{1}{2} & 0 & 0 \\ \frac{1}{4} & \frac{1}{4} & 0 & \frac{1}{2} \\ 0 & \frac{1}{2} & 0 & \frac{1}{2} \end{pmatrix}$.

3. 设齐次马氏链 $\{X(n), n=0,1,2,\cdots\}$ 的状态空间为 $E=\{1,2,3,4,5,6,7\}$, 其一步转移概率矩阵为

$$P=\begin{pmatrix} 0 & 0 & 0 & 0 & 1 & 0 & 0 \\ 0 & 0 & \frac{1}{3} & \frac{1}{3} & 0 & 0 & \frac{1}{3} \\ 0 & 0 & \frac{1}{2} & 0 & 0 & \frac{1}{2} & 0 \\ 0 & 0 & 0 & 1 & 0 & 0 & 0 \\ \frac{1}{2} & 0 & 0 & 0 & \frac{1}{2} & 0 & 0 \\ 0 & 0 & \frac{3}{4} & 0 & 0 & \frac{1}{4} & 0 \\ 0 & \frac{1}{2} & 0 & 0 & \frac{1}{2} & 0 & 0 \end{pmatrix},$$

试求: (1) $f_{11}^{(n)}(n=1,2,\cdots)$ 和 μ_{11}; (2) $f_{66}^{(n)}(n=1,2,\cdots)$ 和 μ_{66}.

4. 设一齐次马氏链的状态空间为 $E=\{1,2,3,4,5,6\}$, 转移概率矩阵为

$$P=\begin{pmatrix} 0.2 & 0.3 & 0.5 & 0 & 0 & 0 \\ 0.7 & 0.3 & 0 & 0 & 0 & 0 \\ 0 & 1 & 0 & 0 & 0 & 0 \\ 0 & 0 & 0 & 0.4 & 0.6 & 0 \\ 0 & 0 & 0 & 1 & 0 & 0 \\ 0.1 & 0.1 & 0.1 & 0.1 & 0.1 & 0.5 \end{pmatrix}.$$

分析各个状态是常返态还是瞬时态, 并求出平均返回的时间.

5. 设 $\{X(n), n\geqslant 0\}$ 是一齐次马氏链, 状态空间 $E=\{1,2,3,4\}$, 其一步转移概率矩阵为

$$P=\begin{pmatrix} \frac{1}{2} & \frac{1}{2} & 0 & 0 \\ \frac{1}{3} & \frac{1}{3} & \frac{1}{3} & 0 \\ \frac{1}{4} & \frac{1}{4} & \frac{1}{4} & \frac{1}{4} \\ \frac{1}{4} & \frac{1}{4} & \frac{1}{4} & \frac{1}{4} \end{pmatrix},$$

它的初始状态的概率为

$$P(X(0)=1)=\frac{1}{6},\quad P(X(0)=2)=\frac{1}{2},\quad P(X(0)=3)=\frac{1}{6},\ P(X(0)=4)=\frac{1}{6}.$$

(1) 试求 $E[X(1)|X(0)=2]$;

(2) 计算 $P(X(0)=1,X(1)=2|X(2)=2)$;

(3) 求平稳分布和 $\lim\limits_{n\to\infty} P(X(n)=2)$.

6. 设一齐次马氏链的状态空间为 $E=\{1,2,3,\ 4,5\}$, 转移概率矩阵为

$$P=\begin{pmatrix} 1/2 & 0 & 1/2 & 0 & 0 \\ 1/4 & 1/2 & 1/4 & 0 & 0 \\ 1/2 & 0 & 1/2 & 0 & 0 \\ 0 & 0 & 0 & 1/2 & 1/2 \\ 0 & 0 & 0 & 1/2 & 1/2 \end{pmatrix}.$$

(1) 此链是否具有遍历性, 为什么?

(2) 试求此链的平稳分布;

(3) 试求 $f_{11}^{(3)}$ 和 $\sum\limits_{n=1}^{+\infty} n f_{11}^{(n)}$.

7. 设 $\{X(n),n\geqslant 0\}$ 是一齐次马氏链, 状态空间 $E=\{1,2,3,4\}$, 其一步转移概率矩阵为

$$P=\begin{pmatrix} \frac{1}{4} & \frac{1}{4} & \frac{1}{4} & \frac{1}{4} \\ 0 & 0 & 1 & 0 \\ 0 & 0 & 0 & 1 \\ 1 & 0 & 0 & 0 \end{pmatrix}.$$

(1) 证明状态 1 是常返态, 是正常返.

(2) 此链是否具有遍历性, 为什么?

(3) 试求此链的平稳分布.

(4) 计算 $\lim\limits_{n\to+\infty} P(X(n)=2)$.

(5) 计算 $\lim\limits_{n\to+\infty} E(X(n)|X(0)=1)$.

8. 设一齐次马氏链的状态空间为 $E=\{1,2,3,\ 4,5\}$, 转移概率矩阵为

$$P=\begin{pmatrix} 1/2 & 0 & 1/2 & 0 & 0 \\ 1/2 & 0 & 1/2 & 0 & 0 \\ 0 & 0 & 1 & 0 & 0 \\ 1 & 0 & 0 & 0 & 0 \\ 0 & 1 & 0 & 0 & 0 \end{pmatrix}.$$

(1) 此链是否具有遍历性, 为什么?

(2) 试求此链的平稳分布;

(3) 试求 $f_{11}^{(3)}$ 和 $\sum\limits_{n=1}^{+\infty} n f_{11}^{(n)}$.

9. 设某厂商品的销售状态 (按一个月计) 可分为三种: 滞销 (用 1 表示)、正常 (用 2 表示)、畅销 (用 3 表示). 若经过对历史资料的整理分析, 其销售状态的变化 (从这月到下月) 与初始时刻无关, 且其状态转移概率为 P_{ij}(P_{ij} 表示从销售状态 i 经过一个月后转为销售状态 j 的概率), 一步转移概率矩阵为

$$P=\begin{pmatrix}\frac{1}{2} & \frac{1}{2} & 0\\ \frac{1}{3} & \frac{1}{9} & \frac{5}{9}\\ \frac{1}{6} & \frac{2}{3} & \frac{1}{6}\end{pmatrix}.$$

试对经过长时间后的销售状况进行分析.

10. 齐次马氏链 $\{X(n), n=0,1,2,\cdots\}$ 的状态空间为 $E=\{1,2,3\}$, 状态转移概率矩阵为

$$P=\begin{pmatrix}\frac{1}{3} & \frac{1}{3} & \frac{1}{3}\\ \frac{1}{2} & \frac{1}{4} & \frac{1}{4}\\ 0 & \frac{3}{4} & \frac{1}{4}\end{pmatrix},$$

它的初始状态的概率分布

$$P\left(X(0)=1\right)=P\left(X(0)=2\right)=P\left(X(0)=3\right)=\frac{1}{3}.$$

(1) 计算 $P(T_{12}=2)$.

(2) 计算首达概率 $f_{12}^{(2)}$.

(3) 计算首达概率 $f_{11}^{(4)}$.

(4) 计算 $E\left(X(2)|X(1)=2\right)$.

(5) 计算概率 $P\left(X(0)=1|X(2)=2\right)$.

(6) 此链是否具有遍历性？求平稳分布.

11. 设 $\{X(n), n\geqslant 0\}$ 为一齐次马氏链, 其状态空间 $E=\{0,1,2\}$, 且其初始分布 $P_0(0)=0.7, P_1(0)=0.2, P_2(0)=0.1$, 其一步转移概率矩阵为

$$P=\begin{pmatrix}0.4 & 0 & 0.6\\ 0.5 & 0.5 & 0\\ 0.1 & 0.6 & 0.3\end{pmatrix}.$$

(1) 试求概率 $P\left(X(0)=1, X(1)=1, X(2)=2\right)$;

(2) 此链是否具有遍历性？求平稳分布.

(3) 求 $\lim\limits_{n\to+\infty} E(X(n)|X(0)=1)$;

(4) 求 $\lim\limits_{n\to+\infty} E(X(n))$.

12. 设齐次马氏链 $\{X(n), n=0,1,2,\cdots\}$的状态空间为 $E=\{1,2,3,4\}$, 其初始分布为 $P(X(0)=1)=\frac{1}{3}$, $P(X(0)=2)=\frac{1}{4}$, $P(X(0)=3)=\frac{1}{3}$, $P(X(0)=4)=\frac{1}{12}$ 且其一步转移

概率矩阵为

$$P=\begin{pmatrix} \frac{1}{2} & \frac{1}{4} & \frac{1}{4} & 0 \\ \frac{1}{3} & 0 & \frac{1}{2} & \frac{1}{6} \\ \frac{2}{5} & \frac{1}{5} & 0 & \frac{2}{5} \\ \frac{1}{3} & 0 & \frac{1}{3} & \frac{1}{3} \end{pmatrix}.$$

(1) 试求 $P(X(0)=1, X(1)=3)$;

(2) 试求概率 $P(X(2)=2)$;

(3) 此链是否具有遍历性？求平稳分布.

(4) 试求平均返回时间 $\mu_j, j\in I$.

第 8 章　时间序列的 ARMA 模型

从研究对象的维数上来说, 时间序列分为一元时间序列和多元时间序列. 针对一元时间序列, 从统计角度上来说, 其总体就是一维随机序列 $\{X(t), t=0,\pm 1, \pm 2,\cdots\}$, 样本是 $(X(t_1), X(t_2), X(t_3),\cdots, X(t_n))$, 其中 $a \leqslant t_1 < t_2 < t_3 < \cdots < t_n \leqslant b$, 样本的观察值就是数据. 从数据上来说, 时间序列是对随机过程所反映的随机现象 (或系统) 进行观察 (或试验) 得到的一串动态数据, 这一串动态数据按照时间先后顺序排列, 记为 $\{x_i, i=1,2,\cdots,n\}$.

时间序列分析就是根据时间先后顺序排列的一串动态数据之间相互依赖、相互包含的信息, 用概率统计方法定量地建立一个适合的数学模型, 并根据这个模型对相应的随机序列进行预测.

从对象上看, 时间序列分析分为平稳时间序列分析和非平稳时间序列分析. 从维数上看, 时间序列分析分为一元时间序列分析和多元时间序列分析. 从方法上看, 时间序列分析分为时域时间序列分析和频域时间序列分析. 时域分析包括确定分析和随机性分析.

本章主要通过移动平均模型 (moving average model, MA 模型)、自回归模型 (autoregressive model, AR 模型)、自回归移动平均模型 (autoregressive moving average model, ARMA 模型), 来讲述一元时间序列, 重点讲解 ARMA 模型具有的统计特征.

8.1　MA 模型、AR 模型与 ARMA 模型

8.1.1　MA 模型

定义 8.1.1　如果时间序列 $\{X(t), t=0,\pm 1,\pm 2,\cdots\}$ 有如下结构的模型:

$$X_t = \varepsilon_t - \theta_1\varepsilon_{t-1} - \theta_2\varepsilon_{t-2} - \cdots - \theta_q\varepsilon_{t-q}, \tag{8.1}$$

则称为 q 阶移动平均模型 (moving average model of order q), 又称为**中心化 $MA(q)$ 模型**, 简记为 $MA(q)$, 其中 $\theta_q \neq 0$, ε_t 是白噪声序列, 即满足 $E(\varepsilon_t)=0$, $E(\varepsilon_t\varepsilon_s)=0, \forall t \neq s$, $D(\varepsilon_t)=\sigma^2$.

在该模型上增加一个常数项, 即

$$X_t = \mu + \varepsilon_t - \theta_1\varepsilon_{t-1} - \theta_2\varepsilon_{t-2} - \cdots - \theta_q\varepsilon_{t-q} \tag{8.2}$$

称为**非中心化 $MA(q)$ 模型**.

非中心化 $MA(q)$ 模型只需做一个简单的平移 $Y_t = X_t - \mu$, 就可以转化为中心化的 $MA(q)$ 模型, 二者除均值函数以外无本质差别. 所以, 在此仅讨论中心化的 $MA(q)$ 模型.

为了简化模型的表达式及便于计算, 引进**延迟算子** B (Back, 简记为 B), 其定义为

$$BX_t = X_{t-1}.$$

容易验证延迟算子 B 具有如下性质:

(1)$B^0 = 1, B^k X_t = X_{t-k}$;

(2)$B^k(aX_t + bY_t) = aX_{t-k} + bY_{t-k}$, 其中 a, b 为常数.

由上述性质得知, 中心化的 $MA(q)$ 模型可以表示为

$$X_t = \theta(B)\varepsilon_t, \tag{8.3}$$

其中 $\theta(B) = 1 - \theta_1 B - \theta_2 B^2 - \cdots - \theta_q B^q$, 称 $\theta(B)$ 为 q **阶移动平均系数多项式.**

定义 8.1.2　如果时间序列 $\{X(t), t = 0, \pm 1, \pm 2, \cdots\}$ 满足 $MA(q)$ 模型, 方程

$$f(z) = z^q - \theta_1 z^{q-1} - \theta_2 z^{q-2} - \cdots - \theta_q = 0 \tag{8.4}$$

称为 $MA(q)$ 模型的特征方程, 其根称为特征根, 记为 $\lambda_i (i = 1, 2, \cdots, q)$. 如果特征方程的特征根 $|\lambda_i| < 1, i = 1, 2, \cdots, q$, 则称 $MA(q)$ 模型满足**可逆性条件**.

值得注意的是, 方程 $f(z) = z^q - \theta_1 z^{q-1} - \theta_2 z^{q-2} - \cdots - \theta_q = 0$ 的根与移动平均系数多项式所对应的方程 $f(x) = 1 - \theta_1 x - \theta_2 x^2 - \cdots - \theta_q x^q = 0$ 的根互为倒数关系.

所以, 当方程 $f(x) = 1 - \theta_1 x - \theta_2 x^2 - \cdots - \theta_q x^q = 0$ 所有根的模都大于 1 时, 也就满足了**可逆性条件**.

8.1.2　AR 模型

定义 8.1.3　如果时间序列 $\{X(t), t = 0, \pm 1, \pm 2, \cdots\}$ 有如下结构的模型:

$$X_t = \varphi_1 X_{t-1} + \varphi_2 X_{t-2} + \cdots + \varphi_p X_{t-p} + \varepsilon_t, \tag{8.5}$$

则称之为 p 阶自回归模型 (autoregressive model of order p), 又称为**中心化 $AR(p)$ 模型**, 简记为 $AR(p)$, 其中 $\varphi_p \neq 0$, ε_t 是白噪声序列, 即满足 $E(\varepsilon_t) = 0$, $E(\varepsilon_t \varepsilon_s) = 0, \forall t \neq s$, $D(\varepsilon_t) = \sigma^2$, 而且 $E(X_s \varepsilon_t) = 0, \forall s < t$.

在该模型上增加一个常数项, 即

$$X_t = \varphi_0 + \varphi_1 X_{t-1} + \varphi_2 X_{t-2} + \cdots + \varphi_p X_{t-p} + \varepsilon_t \tag{8.6}$$

称为**非中心化 $AR(p)$ 模型**.

非中心化 $AR(p)$ 模型可以通过下面的变换转化为**中心化的 $AR(p)$ 模型**:

$$令\ Y_t = X_t - \mu, 其中\ \mu = \frac{\varphi_0}{1-\varphi_0-\cdots-\varphi_p}. \tag{8.7}$$

中心化变换实际上是对非中心化序列整个平移了一个常数单位, 这种整体移动对序列的统计特征没有任何影响. 所以, 在此只讨论中心化的 $AR(p)$ 模型.

定义 8.1.4 如果时间序列 $\{X(t), t=0,\pm1,\pm2,\cdots\}$ 满足 $AR(p)$ 模型, 方程

$$f(z) = z^p - \varphi_1 z^{p-1} - \varphi_2 z^{p-2} - \cdots - \varphi_p = 0 \tag{8.8}$$

称为 $AR(p)$ 模型的特征方程, 其根称为特征根, 记为 $\lambda_i(i=1,2,\cdots,p)$. 如果特征方程的特征根 $|\lambda_i|<1, i=1,2,\cdots,p$, 则称 $AR(p)$ 模型满足**平稳性条件**.

同样地, 方程 $f(z) = z^p - \varphi_1 z^{p-1} - \varphi_2 z^{p-2} - \cdots - \varphi_p = 0$ 的根与自回归系数多项式所对应的方程 $f(x) = 1 - \varphi_1 x - \theta_2 x^2 - \cdots - \varphi_p x^p = 0$ 的根互为倒数关系.

所以, 当方程 $f(x) = 1 - \varphi_1 x - \theta_2 x^2 - \cdots - \varphi_p x^p = 0$ 所有根的模都大于 1 时, 也就满足了**平稳性条件**.

对于 $AR(p)$ 模型来说, X_t 仅与 $X_{t-1}, X_{t-2}, \cdots, X_{t-p}$ 有线性关系, 在 X_{t-1}, $X_{t-2}, \cdots, X_{t-p}$ 已知条件下, X_t 与 $X_{t-j}(j=p+1,p+2,\cdots)$ 无关. ε_t 是一个均值为零的白噪声, 仅对 X_t 有影响, 与 $X_s(s<t)$ 不相关. 换句话说, 将依赖 X_{t-1} 的部分 $\varphi_1 X_{t-1}$, 依赖 X_{t-2} 的部分 $\varphi_2 X_{t-2}$, 一直到依赖 X_{t-p} 的部分 $\varphi_p X_{t-p}$ 全部剔除, X_t 转化为互不相关的白噪声 ε_t.

8.1.3 ARMA 模型

定义 8.1.5 如果时间序列 $\{X(t), t=0,\pm1,\pm2,\cdots\}$ 有如下结构的模型:

$$X_t = \varphi_1 X_{t-1} + \varphi_2 X_{t-2} + \cdots + \varphi_p X_{t-p} + \varepsilon_t - \theta_1 \varepsilon_{t-1} - \theta_2 \varepsilon_{t-2} - \cdots - \theta_q \varepsilon_{t-q}, \tag{8.9}$$

则称之为自回归移动平均模型, 又称为**中心化自回归移动平均模型**, 简记为 $ARMA(p,q)$, 其中 $\varphi_p \neq 0, \theta_q \neq 0$, ε_t 是白噪声序列, 即满足 $E(\varepsilon_t)=0$, $E(\varepsilon_t\varepsilon_s)=0, \forall t\neq s$, $D(\varepsilon_t)=\sigma^2$, 而且 $E(X_s\varepsilon_t)=0, \forall s<t$.

在该模型上增加一个常数项, 即

$$\begin{aligned} X_t = {} & \varphi_0 + \varphi_1 X_{t-1} + \varphi_2 X_{t-2} + \cdots + \varphi_p X_{t-p} + \varepsilon_t \\ & - \theta_1 \varepsilon_{t-1} - \theta_2 \varepsilon_{t-2} - \cdots - \theta_q \varepsilon_{t-q}, \end{aligned} \tag{8.10}$$

称为**非中心化 $ARMA(p,q)$ 模型**.

利用延迟算子 B, 中心化 $ARMA(p,q)$ 模型可以表示为

$$\varphi(B)X_t=\theta(B)\varepsilon_t, \tag{8.11}$$

其中 $\theta(B)=1-\theta_1B-\theta_2B^2-\cdots-\theta_qB^q=-\sum_{k=0}^{q}\theta_kB^k$ 为 q 阶移动平均系数多项式; $\varphi(B)=1-\varphi_1B-\varphi_2B^2-\cdots-\varphi_pB^p=-\sum_{k=0}^{p}\varphi_kB^k$ 为 p 阶自回归系数多项式, $\varphi_0=\theta_0=-1$, $\theta(B)$ 和 $\varphi(B)$ 没有公共因子.

当 $\theta_1=\theta_2=\cdots=\theta_q=0$ 时, ARMA 模型退化为 AR 模型; 当 $\varphi_1=\varphi_2=\cdots=\varphi_p=0$ 时, ARMA 模型退化为 MA 模型.

由于中心化对序列的统计特征没有任何影响, 因此今后只针对中心化 MA 模型、AR 模型、ARMA 模型进行相应的讨论.

8.2　ARMA 模型的格林函数

8.2.1　ARMA 模型的传递形式

定义 8.2.1　针对 $ARMA(p,q)$ 模型, 通过线性变换将时间序列 $X(t)$ 表示成既往白噪声 $\varepsilon_{t-j}(j\geqslant 0)$ 的加权求和形式:

$$X_t=\sum_{j=0}^{\infty}G_j\varepsilon_{t-j}=\sum_{j=0}^{\infty}G_jB^j\varepsilon_t, \tag{8.12}$$

称为**时间序列 $\{X_t\}$ 的传递形式**, 或称为 $\{X_t\}$ **的平稳解**, G_j 称为**格林函数**或记忆函数.

时间序列 $\{X_t\}$ 的传递形式实际上是将 $\{X_t\}$ 分解为若干个 (可以有限, 也可以无限) 互不相关的随机变量之和, 以描述系统如何记忆白噪声 ε_{t-j} 的. 另一方面, 时间序列 $\{X_t\}$ 的传递形式就是用一个无限阶 MA 模型来逼近时间序列.

8.2.2　格林函数的隐式

如何确定时间序列 $\{X_t\}$ 的传递形式中的格林函数呢? 通常, 根据同次幂项的系数是相等的, 采用待定系数法求解格林函数. 此时求得的格林函数是一系列递推表达式, 故称为**格林函数的隐式**.

例 8.2.1　求 $MA(q)$ 模型 $X_t=\varepsilon_t-\theta_1\varepsilon_{t-1}-\theta_2\varepsilon_{t-2}-\cdots-\theta_q\varepsilon_{t-q}$ 的格林函数.

解　根据同次幂项的系数是相等的, 比较 ARMA 模型的传递形式和 MA 模型的延迟算子表达式中 B 算子的同次幂项的系数, 容易得出

$$G_0=1,\quad G_i=-\theta_i\ (1\leqslant i\leqslant q),\quad G_i=0\ (i>q). \tag{8.13}$$

对于移动平均模型, 当 i 大于移动平均的阶数后, 格林函数 G_i 都等于零, 即 $MA(q)$ **系统的格林函数具有截尾性.** ■

例 8.2.2 已知 $AR(2)$ 模型 $X_t = \varepsilon_t + \frac{7}{15}X_{t-1} + \frac{1}{15}X_{t-2}$, 求:

(1) 格林函数 $G_i, i = 1, 2, 3$;

(2) 格林函数 G_i 的隐式.

解 $AR(2)$ 的 B 算子形式为

$$(1 - \varphi_1 B - \varphi_2 B^2)X_t = \varepsilon_t,$$

其中 $\varphi_1 = \frac{7}{15}, \varphi_2 = \frac{1}{15}$, 将 $X_t = \sum_{j=0}^{\infty} G_j \varepsilon_{t-j} = \sum_{j=0}^{\infty} G_j B^j \varepsilon_t$ 代入, 比较 B 的同次幂项的系数,

比较 B 的零次幂得: $G_0 = 1$;

比较 B 的一次幂得: $G_1 - \varphi_1 G_0 = 0 \to G_1 = \varphi_1 = \frac{7}{15}$;

比较 B 的二次幂得: $G_2 - \varphi_1 G_1 - \varphi_2 G_0 = 0 \to G_1 = \varphi_2 + \varphi_1 G_1 = \frac{64}{225}$;

比较 B 的三次幂得

$$G_3 - \varphi_1 G_2 - \varphi_2 G_1 = 0$$
$$\to G_3 = \varphi_1 G_2 + \varphi_2 G_1 = \frac{553}{3375} \approx 0.16385.$$

综上得到格林函数 G_i 的隐式为

$$G_0 = 1, \quad (1 - \varphi_1 B)G_1 = 0, \quad (1 - \varphi_1 B - \varphi_2 B^2)G_j = 0, \quad j \geqslant 2.$$ ■

定义 8.2.2 若 $\{y_k, k = 0, \pm 1, \pm 2, \cdots\}$ 为离散序列, 满足

$$y(k+n) + a_1 y(k+n-1) + \cdots + a_n y(k) = u(k), \tag{8.14}$$

其中 $\{u_k, k = 0, \pm 1, \pm 2, \cdots\}$ 是一个已知的离散序列, 称为驱动函数, $a_1, \cdots, a_n$ 为系统参数的函数, 则方程 (8.14) 称为普通 n 阶差分方程. 当 $a_0, a_1, \cdots, a_{n-1}$ 为常数时, 同时 $\forall k \in Z, u_k = 0$, 方程变为

$$y(k+n) + a_1 y(k+n-1) + \cdots + a_n y(k) = 0, \tag{8.15}$$

称为 n **阶常系数齐次差分方程**, 简称 n 阶齐次差分方程. 如果 $u_k \neq 0$, 则称为 n 阶常系数非齐次差分方程. 利用延迟算子, n 阶齐次差分方程可以表示为

$$(1 + a_1 B + \cdots + a_n B^n)y(k+n) = 0. \tag{8.16}$$

例 8.2.3　已知 $AR(p)$ 模型 $(1-\varphi_1B-\varphi_2B^2-\cdots-\varphi_pB^p)X_t=\varepsilon_t$, 试求格林函数 G_i 的隐式.

解　将 $X_t=\sum\limits_{j=0}^{\infty}G_jB^j\varepsilon_t$ 代入 $AR(p)$ 模型中, 比较 B 的同次幂项的系数, 得格林函数 G_i 的隐式:

$$\begin{cases} G_0=1,\\ G_1-\varphi_1G_0=0,\\ G_2-\varphi_1G_1-\varphi_2G_0=0,\\ \cdots\cdots\\ G_k-\varphi_1G_{k-1}-\varphi_2G_{k-2}-\cdots-\varphi_kG_0=0,\quad 1\leqslant k\leqslant p-1,\\ (1-\varphi_1B-\varphi_2B^2-\varphi_pB^p)G_k=0,\quad k\geqslant p.\end{cases}\tag{8.17}$$

上述等式中, 前 p 个方程称为**格林函数所满足的初始条件**. 通过 n 阶齐次差分方程的定义可以看出, 自回归模型 $AR(p)$ 的前 $p-1$ 个格林函数 $G_l(l=1,2,\cdots,p-1)$ 满足系数为自回归部分系数、阶数为 $l=1,2,\cdots,p-1$ 的齐次的差分方程, $G_0=1$, 这就是自回归模型格林函数所满足的初始条件. 最后一个方程

$$(1-\varphi_1B-\varphi_2B^2-\varphi_pB^p)G_k=0,\quad k\geqslant p\tag{8.18}$$

称为**格林函数所满足的通式**. 当 $l\geqslant p$ 时, 格林函数 G_l **满足系数为自回归部分系数、阶数为** p **的齐次的差分方程**. ■

例 8.2.4　已知 $ARMA(p,q)$ 模型

$$(1-\varphi_1B-\varphi_2B^2-\cdots-\varphi_pB^p)X_t=(1-\theta_1B-\theta_2B^2-\cdots-\theta_qB^q)\varepsilon_t,$$

试求格林函数 G_i 的隐式.

解　将 $X_t=\sum\limits_{j=0}^{\infty}G_jB^j\varepsilon_t$代入 $ARMA(p,q)$ 模型中, 比较 B 的同次幂的系数, 可得格林函数 G_i 的隐式:

$$\text{初始条件}\begin{cases} G_0=1,\\ G_1-\varphi_1G_0=-\theta_1,\\ G_2-\varphi_1G_1-\varphi_2G_0=-\theta_2,\\ G_3-\varphi_1G_2-\varphi_2G_1-\varphi_3G_0=-\theta_3,\\ \cdots\cdots\\ G_k-\varphi_1G_{k-1}-\varphi_2G_{k-2}-\cdots-\varphi_kG_0=-\theta_k,\quad 1\leqslant k\leqslant \min(p,q).\end{cases}\tag{8.19}$$

当 $l > \max(p, q)$ 时, 格林函数 G_l 都满足系数由自回归部分所决定的齐次差分方程, 即

$$(1-\varphi_1 B-\varphi_2 B^2-\cdots-\varphi_p B^p)G_l=0, \quad l \geqslant \max(p, q). \tag{8.20}$$

通过 n 阶齐次差分方程的定义可以看出, $ARMA(p, q)$ 模型的格林函数满足系数为自回归部分系数的**非齐次的差分方程**, 这就是自回归移动平均模型格林函数所满足的初始条件. **当** $l > \max(p, q)$ **时,** G_l **满足系数为自回归部分系数的、阶数为** p **的齐次的差分方程**. ■

8.2.3 格林函数的显式

从求解格林函数的隐式可以发现, 自回归移动平均模型在阶数足够大的前提下, 格林函数就满足齐次差分方程, 在阶数较小的情况下, 格林函数就满足非齐次差分方程. 所以, 可以按照差分方程的理论, 先解出齐次差分方程的通解, 然后根据初始条件, 解出非齐次差分方程的特解, 从而得到格林函数. 这样得到的格林函数称为**格林函数的显式**.

例 8.2.5 已知 $ARMA(2,1)$ 模型 $X_t-\varphi_1 X_{t-1}-\varphi_2 X_{t-2}=\varepsilon_t-\theta_1\varepsilon_{t-1}$, 其中 $\varphi_1^2+4\varphi_2>0$, 求格林函数的显式.

解 $ARMA(2,1)$ 的 B 算子形式为

$$(1-\varphi_1 B-\varphi_2 B^2)X_t=(1-\theta_1 B)\varepsilon_t,$$

将 $X_t=\sum_{j=0}^{\infty} G_j\varepsilon_{t-j}=\sum_{j=0}^{\infty} G_j B^j\varepsilon_t$ 代入上式, 得

$$(1-\varphi_1 B-\varphi_2 B^2)\sum_{j=0}^{\infty} G_j B^j\varepsilon_t=(1-\theta_1 B)\varepsilon_t,$$

比较 B 的同次幂的系数, 得

$$G_0=1; \quad G_1=\varphi_1-\theta_1; \quad (1-\varphi_1 B-\varphi_2 B^2)G_j=0, \quad j \geqslant 2.$$

所以, $ARMA(2,1)$ 的格林函数在 $j \geqslant 2$ 条件下都满足齐次差分方程:

$$G_j-\varphi_1 G_{j-1}-\varphi_2 G_{j-2}=0, \quad j \geqslant 2.$$

令 $G_j=\lambda^j$, 得到齐次差分方程的特征方程:

$$\lambda^2-\varphi_1\lambda-\varphi_2=0.$$

由于 $\varphi_1^2+4\varphi_2>0$, 特征方程有两不相等的特征根:

$$\lambda_1,\lambda_2=\frac{\varphi_1\pm\sqrt{\varphi_1^2+4\varphi_2}}{2},$$

所以, 格林函数的通解为

$$G_j=g_1\lambda_1^j+g_2\lambda_2^j,\quad j\geqslant 2,\quad g_1,g_2\text{为常数}.$$

为了求格林函数的特解, 利用常数变异法, 即 g_i 是移动平均部分的系数和差分方程根的函数, 从而求解 g_i, 得到格林函数.

将$X_t=\sum\limits_{j=0}^{\infty}G_jB^j\varepsilon_t=\sum\limits_{j=0}^{\infty}(g_1\lambda_1^j+g_2\lambda_2^j)B^j\varepsilon_t$ 代入

$$(1-\varphi_1B-\varphi_2B^2)X_t=(1-\theta_1B)\varepsilon_t,$$

比较 B 的同次幂的系数, 得

$$\begin{aligned}&B^0:\text{左}=g_1+g_2,\text{右}=1,\\&B^1:\text{左}=g_1\lambda_1+g_2\lambda_2-\varphi_1(g_1+g_2),\text{右}=-\theta_1.\end{aligned}$$

所以 $\begin{cases}g_1+g_2=1,\\g_1\lambda_1+g_2\lambda_2=\varphi_1-\theta_1.\end{cases}$

根据韦达定理, 可知 $\varphi_1=\lambda_1+\lambda_2$, 所以

$$g_1=\frac{\lambda_1-\theta_1}{\lambda_1-\lambda_2},\quad g_2=\frac{\lambda_2-\theta_1}{\lambda_2-\lambda_1}.$$

所以, $ARMA$(2,1) 模型 $X_t-\varphi_1X_{t-1}-\varphi_2X_{t-2}=\varepsilon_t-\theta_1\varepsilon_{t-1}$, 其格林函数的显式为

$$G_j=\left(\frac{\lambda_1-\theta_1}{\lambda_1-\lambda_2}\right)\lambda_1^j+\left(\frac{\lambda_2-\theta_1}{\lambda_2-\lambda_1}\right)\lambda_2^j,\quad j=0,1,2,\cdots,\tag{8.21}$$

其中 $\varphi_1^2+4\varphi_2>0$, λ_1,λ_2 是自回归部分特征方程 $z^2-\varphi_1z-\varphi_2=0$ 的两个特征根. ■

例 8.2.6　已知 $AR(2)$ 模型 $X_t-\varphi_1X_{t-1}-\varphi_2X_{t-2}=\varepsilon_t$, 其中 $\varphi_1^2+4\varphi_2>0$, 求格林函数的显式.

解　$ARMA$(2,1) 模型为

$$X_t-\varphi_1X_{t-1}-\varphi_2X_{t-2}=\varepsilon_t-\theta_1\varepsilon_{t-1},$$

当 $ARMA$(2,1) 模型中的 $\theta_1=0$ 时, 模型退化为 $AR(2)$ 模型.

所以, $AR(2)$ 模型 $X_t-\varphi_1X_{t-1}-\varphi_2X_{t-2}=\varepsilon_t$, 其格林函数的显式为

$$G_j=\left(\frac{\lambda_1}{\lambda_1-\lambda_2}\right)\lambda_1^j+\left(\frac{\lambda_2}{\lambda_2-\lambda_1}\right)\lambda_2^j,\quad j=0,1,2,\cdots,\tag{8.22}$$

其中 $\varphi_1^2+4\varphi_2>0$, λ_1,λ_2 是自回归部分特征方程 $z^2-\varphi_1z-\varphi_2=0$ 的两个特征根. ■

例 8.2.7 已知 $ARMA(1,1)$ 模型 $X_t-\varphi_1X_{t-1}=\varepsilon_t-\theta_1\varepsilon_{t-1}$, 求格林函数的显式.

解 $ARMA(2,1)$ 模型为

$$X_t-\varphi_1X_{t-1}-\varphi_2X_{t-2}=\varepsilon_t-\theta_1\varepsilon_{t-1}.$$

当 $ARMA(2,1)$ 模型中的 $\varphi_2=0$ 时, 模型退化为 $ARMA(1,1)$ 模型, 此时所对应的自回归部分特征方程为 $z^2-\varphi_1z=0$, 所以, $\lambda_1=\varphi_1,\lambda_2=0$.

所以, $ARMA(1,1)$ 模型 $X_t-\varphi_1X_{t-1}=\varepsilon_t-\theta_1\varepsilon_{t-1}$, 其格林函数的显式为

$$G_0=1,\quad G_j=(\lambda_1-\theta_1)\lambda_1^j,\quad j=1,2,\cdots,\tag{8.23}$$

其中 λ_1 是自回归部分特征方程 $\lambda-\varphi_1=0$ 的特征根. ■

对于 $ARMA(n,n-1)$ 模型, 当自回归部分所对应的特征方程

$$z^n-\varphi_1z^{n-1}-\cdots-\varphi_n=0$$

有 n 个不相同的特征根 $\lambda_1,\lambda_2,\cdots,\lambda_n$ 时, 其格林函数的显式为

$$G_i=g_1\lambda_1^j+g_2\lambda_2^j+\ \cdots+g_n\lambda_n^j,\tag{8.24}$$

其中 $g_i=\dfrac{\lambda_i^{n-1}-\theta_1\lambda_i^{n-2}-\cdots-\theta_{n-1}}{(\lambda_i-\lambda_1)(\lambda_i-\lambda_2)\cdots(\lambda_i-\lambda_{i-1})(\lambda_i-\lambda_{i+1})\cdots(\lambda_i-\lambda_n)}$.

对于 $ARMA(2,1)$ 模型, 当自回归部分所对应的特征方程 $z^2-\varphi_1z-\varphi_2=0$ 有两个不相同的特征根 λ_1,λ_2, 即 $\varphi_1^2+4\varphi_2>0$ 和 $\varphi_1^2+4\varphi_2<0$ 时, 其格林函数的显式为

$$G_j=\left(\frac{\lambda_1-\theta_1}{\lambda_1-\lambda_2}\right)\lambda_1^j+\left(\frac{\lambda_2-\theta_1}{\lambda_2-\lambda_1}\right)\lambda_2^j,\quad j=0,1,2,\cdots.\tag{8.25}$$

对于 $ARMA(2,1)$ 模型, 当自回归部分所对应的特征方程 $z^2-\varphi_1z-\varphi_2=0$ 有两个相同的特征根 λ_1,λ_2, 即 $\varphi_1^2+4\varphi_2=0$ 时, 其格林函数的显式为

$$G_j=\lambda_1^j+\frac{\lambda_1-\theta_1}{\lambda_1}j\lambda_1^j,\quad j=0,1,2,\cdots.\tag{8.26}$$

利用差分方程理论来求格林函数的显式时, 如果自回归部分所对应的特征方程的阶数高于两次, 就存在一个解高次方程的问题, 这个问题很难. 通常要求掌握自回归部分所对应的特征方程的最高次数低于 3 次情况下的格林函数的显式.

8.2.4 ARMA 模型格林函数的特点

针对 $MA(q)$ 模型 $X_t = \varepsilon_t - \theta_1\varepsilon_{t-1} - \theta_2\varepsilon_{t-2} - \cdots - \theta_q\varepsilon_{t-q}$, 其格林函数为

$$G_0 = 1, \quad G_i = -\theta_i \ (1 \leqslant i \leqslant q), \quad G_i = 0 \ (i > q). \tag{8.27}$$

对于移动平均模型, 当 i 大于移动平均的阶数后格林函数 G_i 都等于零, 即 $MA(q)$ **系统的格林函数具有截尾性**.

针对 $AR(p)$ 模型 $(1-\varphi_1 B - \varphi_2 B^2 - \cdots - \varphi_p B^p)X_t = \varepsilon_t$, 其格林函数的初始条件为

$$\begin{cases} G_0 = 1, \\ G_1 - \varphi_1 G_0 = 0, \\ G_2 - \varphi_1 G_1 - \varphi_2 G_0 = 0, \\ \cdots\cdots \\ G_k - \varphi_1 G_{k-1} - \varphi_2 G_{k-2} - \cdots - \varphi_k G_0 = 0, \quad 1 \leqslant k \leqslant p-1, \end{cases} \tag{8.28}$$

以及格林函数在足够大阶数以后所满足的差分方程为

$$(1-\varphi_1 B - \varphi_2 B^2 - \varphi_p B^p)G_k = 0, \quad k \geqslant p.$$

如果 $AR(p)$ 模型满足平稳性条件, 即特征方程

$$f(z) = z^p - \varphi_1 z^{p-1} - \varphi_2 z^{p-2} - \cdots - \varphi_p = 0$$

的所有特征根 $|\lambda_i| < 1, i = 1, 2, \cdots, p$, 那么根据差分方程的理论, 可知

$$|G_k| \leqslant C_0 \mathrm{e}^{-kC_1}, \quad k = 1, 2, \cdots, \tag{8.29}$$

即格林函数呈负指数幂衰减到零, 此特点被称为拖尾性. 所以, **满足平稳性条件的 AR 模型的格林函数具有拖尾性的特点**.

针对 $ARMA(p,q)$ 模型

$$(1-\varphi_1 B - \varphi_2 B^2 - \cdots - \varphi_p B^p)X_t = (1-\theta_1 B - \theta_2 B^2 - \cdots - \theta_q B^q)\varepsilon_t,$$

其格林函数为

$$G_l = \sum_{j=1}^{l} \varphi'_j G_{l-j} - \theta'_l, \quad l = 1, 2, \cdots, \tag{8.30}$$

其中

$$\varphi'_j = \begin{cases} \varphi_j, & 1 \leqslant j \leqslant p, \\ 0, & j > p, \end{cases} \quad \theta'_j = \begin{cases} \theta_j, & 1 \leqslant j \leqslant q, \\ 0, & j > q, \end{cases} \quad G_0 = 1, \quad \varphi_0 = -1, \quad \theta_0 = -1.$$

当 $l > \max(p,q)$ 时, 格林函数 G_l 都满足自回归部分的齐次差分方程, 即

$$(1-\varphi_1 B-\varphi_2 B^2-\cdots-\varphi_p B^p)G_l=0,\quad l>\max(p,q). \tag{8.31}$$

自回归部分的特征方程决定格林函数的特点. 当$ARMA(p,q)$ 模型的自回归部分特征方程满足平稳性条件时, 格林函数具有拖尾性的特点.

8.3 ARMA 模型的逆函数

8.3.1 逆函数

定义 8.3.1 针对 $ARMA(p,q)$ 模型, 通过线性变换将白噪声 ε_t 表示成既往相应 $X_{t-j}(j\geqslant 0)$ 的加权求和形式:

$$\varepsilon_t=-\sum_{j=0}^{\infty} I_j B^j X_t, \tag{8.32}$$

称为 $\{X_t\}$ 的**逆转形式**, 或称为 $\{X_t\}$ 的**可逆解**, I_j 称为**逆函数**.

对逆函数, 也可以采用待定系数法, 或差分方程的方法来求解.

例 8.3.1 已知 $MA(2)$ 模型: $X_t=(1-0.6B+0.5B^2)\varepsilon(t)$, 求逆函数 $I_j, j=0,1,2,3$.

解 $\varepsilon_t=-\sum\limits_{j=0}^{\infty} I_j B^j X_t$, 将其代入 $MA(2)$ 模型中得

$$X_t=(1-0.6B+0.5B^2)(-I_0-I_1B-I_2B^2-\cdots)X_t.$$

比较 B 的零次幂得: $I_0=-1$;

比较 B 的一次幂得: $-I_1+0.6I_0=0\Rightarrow I_1=-0.6$;

比较 B 的二次幂得: $-I_2+0.6I_1-0.5I_0=0\Rightarrow I_2=0.14$;

比较 B 的三次幂得: $-I_3+0.6I_2-0.5I_1=0\Rightarrow I_3=-0.384$. ■

实际上, 针对 $ARMA(p,q)$ 模型, 其逆函数的首项 I_0 必定等于 -1, 所以, 逆转形式可以表示为

$$\varepsilon_t=X_t-\sum_{j=1}^{\infty} I_j X_{t-j}=-\sum_{j=0}^{\infty} I_j B^j X_t,\quad 其中\ I_0=-1. \tag{8.33}$$

8.3.2 逆函数与格林函数的关系

实际上, 对 $ARMA(p,q)$ 模型:

$$\varphi(B)X_t=\theta(B)\varepsilon_t,$$

其中 $\theta(B)=-\sum_{k=0}^{q}\theta_k B^k$, $\varphi(B)=-\sum_{k=0}^{p}\varphi_k B^k$, $\varphi_0=\theta_0=-1$, 因此

$$X_t=\frac{\theta(B)}{\varphi(B)}\varepsilon_t=\sum_{j=0}^{\infty}G_j\varepsilon_{t-j},\quad \varepsilon_t=\frac{\varphi(B)}{\theta(B)}X_t=-\sum_{j=0}^{\infty}I_jX_{t-j}, \tag{8.34}$$

即在 $ARMA(p,q)$ 模型的格林函数的表达式中, 用 $-I_j$ 代替 G_j, 用 φ 代替 θ, 用 θ 代替 φ, 就得到了 $ARMA(q,p)$ 模型的逆函数表达式.

例 8.3.2 当 $\theta_1^2+4\theta_2>0$ 时, 求 $ARMA(1,2)$ 模型的逆函数的显式.

解 当 $\varphi_1^2+4\varphi_2>0$ 时, $ARMA(2,1)$ 的格林函数的显式为

$$G_j=\left(\frac{\lambda_1-\theta_1}{\lambda_1-\lambda_2}\right)\lambda_1^j+\left(\frac{\lambda_2-\theta_1}{\lambda_2-\lambda_1}\right)\lambda_2^j,\quad j=0,1,2,\cdots,$$

其中 λ_1,λ_2 是方程 $y^2-\varphi_1y-\varphi_2=0$ 的两个根.

所以, 当 $\theta_1^2+4\theta_2>0$ 时, $ARMA(1,2)$ 模型其逆函数的显式为

$$I_j=-\left(\frac{v_1-\varphi_1}{v_1-v_2}\right)v_1^j-\left(\frac{v_2-\varphi_1}{v_2-v_1}\right)v_2^j,\quad j=0,1,2,\cdots,$$

其中 v_1,v_2 是方程 $y^2-\theta_1y-\theta_2=0$ 的两个根. ■

例 8.3.3 已知 $ARMA(2,1)$ 模型 $X_t-1.3X_{t-1}+0.4X_{t-2}=\varepsilon_t-0.4\varepsilon_{t-1}$, 求:

(1) 格林函数函数 $G_j, j=1,2,3,4$;

(2) 逆函数 $I_j, j=1,2,3,4$;

(3) 格林函数的显式;

(4) 逆函数的显式.

解 (1) 将$X_t=\sum_{j=0}^{\infty}G_j\varepsilon_{t-j}=\sum_{j=0}^{\infty}G_jB^j\varepsilon_t$ 代入 $X_t-1.3X_{t-1}+0.4X_{t-2}=\varepsilon_t-0.4\varepsilon_{t-1}$, 比较 B 算子的同次幂项的系数得

$$\begin{aligned}
&G_0=1,\\
&G_1=\varphi_1-\theta_1=0.9,\\
&G_2=\varphi_1G_1+\varphi_2G_0=1.3\times0.9-0.4\times1=0.77,\\
&G_3=\varphi_1G_2+\varphi_2G_1=1.3\times0.77-0.4\times0.9=0.641,\\
&G_4=\varphi_1G_3+\varphi_2G_2=1.3\times0.641-0.4\times0.77=0.5253.
\end{aligned}$$

(2) 将 $\varepsilon_t=X_t-\sum_{j=1}^{\infty}I_jX_{t-j}=-\sum_{j=0}^{\infty}I_jB^jX_t$ 代入 $X_t-1.3X_{t-1}+0.4X_{t-2}=$

$\varepsilon_t - 0.4\varepsilon_{t-1}$, 比较 B 算子的同次幂项的系数得

$$\begin{aligned}
&I_0 = -1,\\
&I_1 = \varphi_1 - \theta_1 = 1.3 - 0.4 = 0.9,\\
&I_2 = \theta_1 I_1 + \varphi_2 = 0.4 \times 0.9 - 0.4 = -0.04,\\
&I_3 = \theta_1 I_2 = 0.4 \times (-0.04) = -0.016,\\
&I_4 = \theta_1 I_3 = 0.4 \times (-0.016) = -0.0064.
\end{aligned}$$

(3) 自回归部分所对应的特征方程为 $z^2 - 1.3z + 0.4 = 0$, 其特征根为 $\lambda_1 = 0.5, \lambda_2 = 0.8$.

对于 $ARMA(2,1)$ 模型, 当自回归部分所对应的特征方程 $z^2 - \varphi_1 z - \varphi_2 = 0$ 有两个不相同的特征根 λ_1, λ_2, 即 $\varphi_1^2 + 4\varphi_2 > 0$ 和 $\varphi_1^2 + 4\varphi_2 < 0$ 时, 其格林函数的显式为

$$G_j = \left(\frac{\lambda_1 - \theta_1}{\lambda_1 - \lambda_2}\right)\lambda_1^j + \left(\frac{\lambda_2 - \theta_1}{\lambda_2 - \lambda_1}\right)\lambda_2^j, \quad j = 0, 1, 2, \cdots.$$

所以, 上述模型的格林函数的显式为

$$G_j = \frac{4}{3} \times \left(\frac{4}{5}\right)^j - \frac{1}{3} \times \left(\frac{1}{2}\right)^j, \quad j = 0, 1, 2, \cdots.$$

(4) 逆函数满足的齐次差分方程如下:

$$(1 - \theta_1 B) I_j = 0, \quad I > 2, \quad \text{其中 } \theta_1 = 0.4,$$

所以, $I_j = I_2(\theta_1)^{j-2}, j > 2$, 而且 $I_2 = \theta_1 I_1 + \varphi_2, I_1 = \varphi_1 - \theta_1$, 所以,

$$I_j = \left(\varphi_2 + \theta_1\varphi_1 - \theta_1^2\right) \cdot \theta_1^{j-2} = -0.04 \times 0.4^{j-2}, \quad j > 2.$$

■

8.3.3 ARMA 模型逆函数的特点

针对 $AR(p)$ 模型 $X_t = \varphi_1 X_1 + \varphi_2 X_2 + \cdots + \varphi_p X_{t-p} + \varepsilon_t$, 从逆函数的定义很容易得出

$$I_0 = -1, \quad I_i = \varphi_i \ (1 \leqslant i \leqslant p), \quad I_i = 0 \ (i > p). \tag{8.35}$$

对于 p 阶自回归模型 $AR(p)$, 当 j 大于自回归的阶数 p, 逆函数 I_j 都等于零时, $AR(p)$ **系统的逆函数具有截尾性**.

针对 $MA(q)$ 模型 $X_t = (1 - \theta_1 B - \theta_2 B^2 - \cdots - \theta_q B^q)\varepsilon_t$, 其逆函数的初始条

件为

$$\begin{cases} I_0 = -1, \\ -I_1 + \theta_1 I_0 = 0, \\ -I_2 + \theta_1 I_1 + \theta_2 I_0 = 0, \\ \cdots\cdots \\ I_k - \theta_1 I_{k-1} - \theta_2 I_{k-2} - \cdots - \theta_k I_0 = 0, \quad 1 \leqslant k \leqslant q-1, \end{cases} \tag{8.36}$$

以及当移动平均阶数足够大时所满足的齐次方程为

$$(1 - \theta_1 B - \theta_2 B^2 - \theta_q B^q) I_k = 0, \quad k \geqslant q.$$

如果 $MA(q)$ 模型满足可逆性条件, 即特征方程

$$f(z) = z^q - \theta_1 z^{q-1} - \theta_2 z^{q-2} - \cdots - \theta_q = 0$$

的所有特征根 $|\lambda_i| < 1, i = 1, 2, \cdots, q$, 那么根据差分方程的理论, 可知

$$|I_k| \leqslant C_0 \mathrm{e}^{-kC_1}, \quad k = 1, 2, \cdots, \tag{8.37}$$

即逆函数呈负指数幂衰减到零, 此特点被称为拖尾性. 所以, 满足可逆性条件的 MA 模型的格林函数具有拖尾性的特点.

针对 $ARMA(p,q)$ 模型:

$$(1 - \varphi_1 B - \varphi_2 B^2 - \cdots - \varphi_p B^p) X_t = (1 - \theta_1 B - \theta_2 B^2 - \cdots - \theta_q B^q) \varepsilon_t,$$

其逆函数为

$$I_l = \sum_{j=1}^{l} \theta'_j I_{l-j} + \varphi'_l, \quad l = 1, 2, \cdots, \tag{8.38}$$

其中

$$\theta'_j = \begin{cases} \theta_j, & 1 \leqslant j \leqslant q, \\ 0, & j > q, \end{cases} \qquad \varphi'_j = \begin{cases} \varphi_j, & 1 \leqslant j \leqslant p, \\ 0, & j > p, \end{cases}$$

$$I_0 = -1, \quad \varphi_0 = -1, \quad \theta_0 = -1.$$

当 $l > \max(p,q)$ 时逆函数 I_l 都满足移动平均部分的差分方程, 即

$$(1 - \theta_1 B - \theta_2 B^2 - \cdots - \theta_q B^q) I_l = 0, \quad l > \max(p,q). \tag{8.39}$$

从上面的讨论可以看出: 对$ARMA(p,q)$ 系统, 当 $j > \max(p,q)$ 时, 逆函数 I_j 满足移动平均部分的齐次差分方程, 格林函数 G_j 满足自回归部分的齐次差分方程.

定义 8.3.2 设 $\{X(t), t=0, \pm 1, \pm 2, \cdots\}$ 是零均值的平稳序列, 它的谱密度 $f(\lambda)$ 是 $\mathrm{e}^{-\mathrm{i}2\pi\lambda}$ 的有理函数,

$$f(\lambda)=\sigma^{2} \frac{|\theta(\mathrm{e}^{-\mathrm{i}2\pi\lambda})|^{2}}{|\varphi(\mathrm{e}^{-\mathrm{i}2\pi\lambda})|^{2}}, \quad -\frac{1}{2} \leqslant \lambda \leqslant \frac{1}{2}, \tag{8.40}$$

其中 $\theta(x)=1-\theta_{1} x-\theta_{2} x^{2}-\cdots-\theta_{q} x^{q}$, $\varphi(x)=1-\varphi_{1} x-\varphi_{2} x^{2}-\cdots-\varphi_{p} x^{p}$, 而且 $\theta(x)$ 和 $\varphi(x)$ 无公共因子, 两个方程的根都应在复平面的单位圆外, 模都大于 1, 也就是 $\theta(x)$ 满足可逆性条件, $\varphi(x)$ 满足平稳性条件, 则称 $\{X_{t}\}$ 是**具有有理函数谱的平稳序列**.

定理 8.3.1 均值为零的平稳时间序列 $\{X_{t}\}$ 满足 $ARMA(p, q)$ 模型的充要条件为 $\{X_{t}\}$ 具有**有理函数谱密度**.

从定理 8.3.1 看出, 只要平稳时间序列的谱密度是有理函数形式, 则它一定是一个 $ARMA(p, q)$ 模型. 因此, 总可以找到一个 $ARMA(p, q)$ 模型, 自回归部分满足平稳性, 移动平均部分满足可逆性, 那么, $ARMA(p, q)$ 模型可以逼近研究的平稳时间序列.

8.4 ARMA 系统的自相关函数

8.4.1 $MA(q)$ 模型的自相关系数

如果时间序列 $\{X(t), t=0, \pm 1, \pm 2, \cdots\}$ 满足 $MA(q)$ 模型, 则

$$X_{t}=\varepsilon_{t}-\theta_{1} \varepsilon_{t-1}-\theta_{2} \varepsilon_{t-2}-\cdots-\theta_{q} \varepsilon_{t-q}=-\sum_{m=0}^{q} \theta_{m} \varepsilon_{t-m}, \quad \text{其中 } \theta_{0}=-1.$$

那么, 时间序列 X_{t} 的数学期望为

$$E X_{t}=E[\varepsilon_{t}-\theta_{1} \varepsilon_{1}-\theta_{2} \varepsilon_{2}-\cdots-\theta_{q} \varepsilon_{t-q}]=0. \tag{8.41}$$

相应地, 时间序列 X_{t} 的自相关函数为

$$\begin{aligned}
R_{X}(k)=R_{X}(t, t+k)=E(X_{t} X_{t+k})&=E\left[\sum_{m=0}^{q} \theta_{m} \varepsilon_{t-m} \sum_{n=0}^{q} \theta_{n} \varepsilon_{t+k-n}\right] \\
&=\begin{cases}(1+\theta_{1}^{2}+\theta_{2}^{2}+\cdots+\theta_{q}^{2}) \sigma^{2}, & k=0, \\ (\theta_{1} \theta_{k+1}+\theta_{2} \theta_{k+2}+\cdots+\theta_{q} \theta_{q-k}-\theta_{k}) \sigma^{2}, & k=1,2, \cdots, q, \\ 0, & k>q .\end{cases}
\end{aligned}$$

时间序列 X_{t} 的协方差函数为

$$\operatorname{Cov}(X_{t}, X_{t+k})=E(X_{t} X_{t+k})-E(X_{t}) E(X_{t+k})$$

$$= R_X(k) = \begin{cases} (1+\theta_1^2+\theta_2^2+\cdots+\theta_q^2)\sigma^2, & k=0, \\ \left(-\theta_k+\sum_{i=1}^{q-k}\theta_i\theta_{k+i}\right)\sigma^2, & k=1,2,\cdots,q, \\ 0, & k>q. \end{cases}$$

时间序列 X_t 的自相关系数为

$$\rho_k = \frac{\mathrm{Cov}(X_t, X_{t-k})}{\sqrt{DX_t}\sqrt{DX_{t-k}}} = \frac{R(k)}{R(0)}$$

$$= \begin{cases} \dfrac{-\theta_k+\sum\limits_{i=1}^{q-k}\theta_i\theta_{k+i}}{1+\theta_1^2+\theta_2^2+\cdots+\theta_q^2}, & k=1,2,\cdots,q, \\ 0, & k>q. \end{cases} \tag{8.42}$$

所以, 符合 $MA(q)$ 模型的时间序列 $\{X(t), t=0,\pm1,\pm2,\cdots\}$ 是宽平稳序列, 其自相关系数 (或自相关函数、协方差函数) 具有**截尾性**. 所谓截尾性, 就是存在某一个数 q, 当 $k>q$ 时, $\rho(X_t, X_{t+k})=0$.

符合 $MA(q)$ 模型的时间序列 $\{X(t), t=0,\pm1,\pm2,\cdots\}$, 其扰动 ε_t 仅对当前响应 X_t 有影响, 与前期相应 $X_s(s<t)$ 不相关, 即

$$\mathrm{Cov}(X_t, \varepsilon_{t+k}) = E(X_t\varepsilon_{t+k}) = E\left[-\sum_{m=0}^{q}\theta_m\varepsilon_{t-m}\varepsilon_{t+k}\right]$$

$$= 0 = E(X_t)E(\varepsilon_{t+k}),\ \ k>0. \tag{8.43}$$

换句话说, 符合 $MA(q)$ 模型的时间序列 $\{X(t)\}$ 将依赖 ε_{t-1} 的部分 $\theta_1\varepsilon_{t-1}$, 依赖 ε_{t-2} 的部分 $\theta_2\varepsilon_{t-2}$, 一直到依赖 ε_{t-q} 的部分 $\theta_q\varepsilon_{t-q}$ 全部剔除, X_t 将转化为互不相关的白噪声 ε_t.

例 8.4.1　假定 $\{X(t), t=0,\pm1,\pm2,\cdots\}$ 为 $MA(2)$ 模型的平稳序列, 即

$$X_t = \varepsilon_t + 0.5\varepsilon_{t-1} - 0.3\varepsilon_{t-2},$$

求: (1) X_t 的方差; (2) 自相关系数.

解　(1) $EX_t = E\varepsilon_t + 0.5E\varepsilon_{t-1} - 0.3E\varepsilon_{t-2} = 0$, ε_t 是白噪声序列, 它们互不相关, 所以,

$$R(0) = DX_t = D(\varepsilon_t + 0.5\varepsilon_{t-1} - 0.3\varepsilon_{t-2}) = [1+(0.5)^2+(0.3)^2]\sigma^2 = 1.34\sigma^2.$$

(2) 因为 $E(\varepsilon_t\varepsilon_s)=0, \forall t\neq s, E(\varepsilon_t^2)=\sigma^2$, 所以,

$$R(1) = E(X_tX_{t-1}) = E[(\varepsilon_t + 0.5\varepsilon_{t-1} - 0.3\varepsilon_{t-2})(\varepsilon_{t-1} + 0.5\varepsilon_{t-2} - 0.3\varepsilon_{t-3})]$$

$$
\begin{aligned}
&= E[0.5\varepsilon_{t-1}\varepsilon_{t-1}] + E[(-0.3\varepsilon_{t-2})(0.5\varepsilon_{t-2})] \\
&= (0.5 - 0.15)\sigma^2 = 0.35\sigma^2. \\
R(2) &= E(X_t X_{t-2}) = E[(\varepsilon_t + 0.5\varepsilon_{t-1} - 0.3\varepsilon_{t-2})(\varepsilon_{t-2} + 0.5\varepsilon_{t-3} - 0.3\varepsilon_{t-4})] \\
&= E[-0.3\varepsilon_{t-2}\varepsilon_{t-2}] = -0.3\sigma^2.
\end{aligned}
$$

$$
\begin{aligned}
&E(X_t X_{t-k}) = 0, \quad k > 2. \\
&\rho_1 = \frac{R(1)}{R(0)} = \frac{0.35\sigma^2}{1.34\sigma^2} \approx 0.2611, \\
&\rho_2 = \frac{R(2)}{R(0)} = \frac{-0.3\sigma^2}{1.34\sigma^2} \approx -0.2238, \\
&\rho_k = \frac{R(k)}{R(0)} = 0, \quad k > 2.
\end{aligned}
$$

■

8.4.2 平稳的 $AR(p)$ 模型的自相关系数

如果时间序列 $\{X(t), t = 0, \pm 1, \pm 2, \cdots\}$ 满足 $AR(p)$ 模型, 则

$$X_t = \varphi_1 X_1 + \varphi_2 X_2 + \cdots + \varphi_p X_{t-p} + \varepsilon_t.$$

如果时间序列 $\{X(t), t = 0, \pm 1, \pm 2, \cdots\}$ 满足 $AR(p)$ 模型, 而且是平稳序列, 那么,

$$
\begin{aligned}
&EX_t = \mu = \text{常数}, \\
&E(X_t X_s) = R(s - t) = R(t - s), \\
&EX_t^2 = R(0) = \text{常数} < +\infty.
\end{aligned}
$$

由于平稳序列满足 $AR(p)$ 模型, 那么, 时间序列 X_t 的数学期望为

$$EX_t = \varphi_1 EX_{t-1} + \varphi_2 EX_{t-2} + \cdots + \varphi_p EX_{t-p} + E\varepsilon_t.$$

由于 $EX_t = \mu =$ 常数, 如果自回归部分的特征方程

$$\lambda^p - \varphi_1 \lambda^{p-1} - \varphi_2 \lambda^{p-2} - \cdots - \varphi_p = 0$$

的所有特征根 $|\lambda_i| < 1, i = 1, 2, \cdots, p$, 那么, $1 - \varphi_1 - \varphi_2 - \cdots - \varphi_p \neq 0$. 当 $1 - \varphi_1 - \varphi_2 - \cdots - \varphi_p \neq 0$ 时, $EX_t = 0$.

由于平稳序列满足 $AR(p)$ 模型, 满足 $E(X_t X_s) = R(t - s) = R(s - t)$, 那么, 时间序列 X_t 的自相关函数为

$$R(k) = E(X_t X_{t-k}) = E(\varphi_1 \varepsilon_{t-1} + \cdots + \varphi_p \varepsilon_{t-p} + \varepsilon_t) X_{t-k}$$

$$= \varphi_1 R(k-1) + \varphi_2 R(k-2) + \cdots + \varphi_p R(k-p) + E(\varepsilon_t X_{t-k}).$$

当 $k=0$ 时,

$$\begin{aligned} R(0) &= \varphi_1 R(-1) + \varphi_2 R(-2) + \cdots + \varphi_p R(-p) + E(\varepsilon_t X_t) \\ &= \varphi_1 R(1) + \varphi_2 R(2) + \cdots + \varphi_p R(p) + \sigma^2. \end{aligned}$$

当 $k>0$ 时, 由于 $AR(p)$ 模型中 $E(X_s \varepsilon_t)=0, \forall s<t$, 所以

$$R(k) = \varphi_1 R(k-1) + \varphi_2 R(k-2) + \cdots + \varphi_p R(k-p).$$

也就是说, 平稳时间序列 $\{X(t), t=0,\pm1,\pm2,\cdots\}$ 满足 $AR(p)$ 模型, 则

$$EX_t = 0, \tag{8.44}$$

$$(1-\varphi_1 B - \varphi_2 B^2 - \cdots - \varphi_p B^p) R(k) = 0, \quad k \neq 0, \tag{8.45}$$

$$DX_t = R(0) = \varphi_1 R(1) + \varphi_2 R(2) + \cdots + \varphi_p R(p) + \sigma^2. \tag{8.46}$$

相应地,

$$\mathrm{Cov}(X_t, X_{t+k}) = E(X_t X_{t+k}) - E(X_t)E(X_{t+k}) = R(k),$$

$$\rho_k = \frac{\mathrm{Cov}(X_t, X_{t-k})}{\sqrt{DX_t}\sqrt{DX_{t-k}}} = \frac{R(k)}{R(0)}.$$

所以, $AR(p)$ 模型的平稳序列的自相关系数 ρ_k 满足自回归部分的齐次差分方程:

$$(1-\varphi_1 B - \varphi_2 B^2 - \cdots - \varphi_p B^p)\rho(k) = 0, \quad k \neq 0.$$

由于满足平稳性和可逆性的 $ARMA(p,q)$ 系统才能逼近平稳时间序列, 所以自相关系数 ρ_k 的差分方程所对应的特征方程

$$\lambda^p - \varphi_1 \lambda^{p-1} - \varphi_2 \lambda^{p-2} - \cdots - \varphi_p = 0$$

的所有特征根 $\{\lambda_i, i=1,2,\cdots,p\}$ 都应在复平面的单位圆内, 即特征根可以用一个负指数幂 $\lambda_i = \mathrm{e}^{-w_i}, i=1,2,\cdots,p$ 来表示, 相应地,

$$|\rho(k)| < g_2 \mathrm{e}^{-g_1 k}, \quad k \geqslant 1. \tag{8.47}$$

综上可知, **满足 $AR(p)$ 模型的平稳序列**的自相关系数 ρ_k 满足自回归部分的差分方程, 按负指数幂衰减, **具有拖尾性**.

定义 8.4.1 k 阶尤尔-瓦尔克 (Yule-Walker) 方程的形式如下:

$$Ax = B,$$

其中未知数向量为 $x = [x_1, x_2, \cdots, x_k]^{\mathrm{T}}$, 是 k **维列向量**, 常数项向量为 $B = [\rho_1, \rho_2, \cdots, \rho_k]^{\mathrm{T}}$, 是$k$ **维列向量,** 系数矩阵为

$$A = \begin{pmatrix} \rho_0 & \rho_1 & \cdots & \rho_{k-2} & \rho_{k-1} \\ \rho_1 & \rho_0 & \cdots & \rho_{k-3} & \rho_{k-2} \\ \vdots & \vdots & & \vdots & \vdots \\ \rho_{k-1} & \rho_{k-2} & \cdots & \rho_1 & \rho_0 \end{pmatrix} = \begin{pmatrix} 1 & \rho_1 & \cdots & \rho_{k-2} & \rho_{k-1} \\ \rho_1 & 1 & \cdots & \rho_{k-3} & \rho_{k-2} \\ \vdots & \vdots & & \vdots & \vdots \\ \rho_{k-1} & \rho_{k-2} & \cdots & \rho_1 & 1 \end{pmatrix}. \tag{8.48}$$

由于满足 $AR(p)$ 模型的平稳序列的自相关系数 ρ_k 满足自回归部分的差分方程, 特别地, 取 $k = 1, 2, \cdots, p$, 考虑相应的自相关系数 $\rho_1, \rho_2, \cdots, \rho_p$, 可以得到

$$\begin{pmatrix} \rho_1 \\ \rho_2 \\ \vdots \\ \rho_p \end{pmatrix} = \begin{pmatrix} \rho_0 & \rho_1 & \cdots & \rho_{p-1} \\ \rho_1 & \rho_0 & \cdots & \rho_{p-2} \\ \vdots & \vdots & & \vdots \\ \rho_{p-1} & \rho_{p-2} & \cdots & \rho_0 \end{pmatrix} \begin{pmatrix} \varphi_1 \\ \varphi_2 \\ \vdots \\ \varphi_p \end{pmatrix}. \tag{8.49}$$

所以, $AR(p)$ 模型的平稳序列的自回归系数 $\varphi_1, \varphi_2, \cdots, \varphi_p$ 满足 p 阶尤尔-瓦尔克方程.

例 8.4.2 假定 $\{X(t), t = 0, \pm 1, \pm 2, \cdots\}$ 为 $AR(2)$ 模型的平稳序列, 即

$$X_t - \varphi_1 X_{t-1} - \varphi_2 X_{t-2} = \varepsilon_t,$$

其中 $\varphi_1 = 1, \varphi_2 = -0.5$.

(1) 写出 $AR(2)$ 模型的尤尔-瓦尔克方程, 并由此解出 ρ_1, ρ_2;

(2) 求 X_t 的方差;

(3) 试讨论 φ_1, φ_2 的所在范围, 以保证 $DX_t > 0$, 而且 $EX_t^2 < +\infty$.

解 (1) $AR(2)$ 模型的平稳序列的自回归系数 φ_1, φ_2 满足 2 阶尤尔-瓦尔克方程:

$$\begin{pmatrix} \rho_1 \\ \rho_2 \end{pmatrix} = \begin{pmatrix} \rho_0 & \rho_1 \\ \rho_1 & \rho_0 \end{pmatrix} \begin{pmatrix} \varphi_1 \\ \varphi_2 \end{pmatrix}, \quad \text{其中} \quad \varphi_1 = 1, \varphi_2 = -0.5,$$

因此 $\begin{cases} \rho_1 = 1 - 0.5\rho_1, \\ \rho_2 = \rho_1 - 0.5, \end{cases}$ 于是 $\begin{cases} \rho_1 = 2/3, \\ \rho_2 = 1/6. \end{cases}$

(2) 由 $\begin{cases} D(X_t) = R_0 = \varphi_1 R_1 + \varphi_2 R_2 + \sigma^2, \\ R_1 = R_0\rho_1, \\ R_2 = R_0\rho_2 \end{cases}$ 得出

$$R_0 = R_0 \cdot \frac{2}{3} - 0.5 \cdot R_0 \cdot \frac{1}{6} + 0.5, \quad 即\ D(X_t) = R_0 = \frac{6}{5}.$$

(3) 针对 $AR(2)$ 模型

$$X_t - \varphi_1 X_{t-1} - \varphi_2 X_{t-2} = \varepsilon_t,$$

两边分别同乘以 X_t, X_{t-1}, X_{t-2}, 再取期望分别得

$$\begin{aligned} R_0 &= \varphi_1 R_1 + \varphi_2 R_2 + \sigma^2, \\ R_1 &= \varphi_1 R_0 + \varphi_2 R_1, \\ R_2 &= \varphi_1 R_1 + \varphi_2 R_0, \end{aligned}$$

求解得 $R_0 = \dfrac{(1-\varphi_2)\sigma^2}{(1+\varphi_2)(1-\varphi_1-\varphi_2)(1+\varphi_1-\varphi_2)}$.

由于 $EX_t^2 = R_0 < +\infty$, 而且 $DX_t = R_0 > 0$, 所以

$$|\varphi_2| < 1, \quad \varphi_2 + \varphi_1 < 1, \quad \varphi_2 - \varphi_1 < 1.$$

它是一顶点分别为 (−2,−1), (2,−1), (0,1) 的三角形.

显然, $AR(2)$ 模型的特征方程 $\lambda^2 - \varphi_1\lambda - \varphi_2 = 0$ 的特征根 $|\lambda_1| < 1, |\lambda_2| < 1$ 的充分必要条件是

$$|\varphi_2| < 1, \quad \varphi_2 + \varphi_1 < 1, \quad \varphi_2 - \varphi_1 < 1.$$ ■

定义 8.4.2 **平稳域**是约束自回归系数 $\varphi_1, \varphi_2, \cdots, \varphi_p$ 的区域, 当自回归系数 $\varphi_1, \varphi_2, \cdots, \varphi_p$ 在平稳域中, 其自回归部分的特征方程的所有特征根都应在复平面的单位圆内. 即

$$\begin{aligned} 平稳域 = \{&\varphi_1, \varphi_2, \cdots, \varphi_p | \lambda_i^p - \varphi_1\lambda_i^{p-1} - \varphi_2\lambda_i^{p-2} - \cdots - \varphi_p = 0, \\ &|\lambda_i| < 1, i = 1, 2, \cdots, p\}, \end{aligned}$$

当且仅当系数 $\varphi_1, \varphi_2, \cdots, \varphi_p$ 在平稳域中, $AR(p)$ 模型满足平稳性条件, 可以逼近平稳序列, 当且仅当系数 $\varphi_1, \varphi_2, \cdots, \varphi_p$ 在平稳域中, $AR(p)$ 模型的传递形式在均方意义上是收敛的, 而且 $\sum\limits_{j=0}^{\infty} |G_j| < \infty$, 且自相关系数 ρ_k 满足自回归部分的差分

方程, 按负指数幂衰减, 具有拖尾性.

例 8.4.3 平稳序列的 $AR(2)$ 模型为 $X_t-\varphi_1X_{t-1}-\varphi_2X_{t-2}=\varepsilon_t$, 求出自相关系数的显式.

解 由于满足 $AR(p)$ 模型的平稳序列的自相关系数 ρ_k 满足自回归部分的齐次差分方程, 所以

$$(1-\varphi_1B-\varphi_2B^2)\rho(k)=0,\quad k\neq 0.$$

(1) 如果 $\varphi_1^2+4\varphi_2>0$, 则特征方程 $\lambda^2-\varphi_1\lambda-\varphi_2=0$ 有两个不同的实根 λ_1,λ_2, 所以, 自相关系数的通解为 $\rho(k)=c_1\lambda_1^k+c_2\lambda_2^k$, 其中 c_1,c_2 为任意常数.

由 $\rho(2)=\varphi_1\rho(1)+\varphi_2\rho(0)$, $\rho(1)=\varphi_1\rho(0)+\varphi_2\rho(1)$, $\rho(0)=1$, 得到初始条件:

$$\rho(0)=1,\quad \rho(1)=\frac{\varphi_1}{1-\varphi_2},$$

根据常数变异法, 求解常数 c_1,c_2, 得

$$c_1+c_2=1,\quad c_1\lambda_1+c_2\lambda_2=\frac{\varphi_1}{1-\varphi_2}.$$

由于 $\lambda_1+\lambda_2=\varphi_1$, $\lambda_1\lambda_2=-\varphi_2$, 所以

$$c_1=\frac{-\lambda_1(\lambda_2^2-1)}{(\lambda_1-\lambda_2)(1+\lambda_1\lambda_2)},\quad c_2=\frac{-\lambda_2(\lambda_1^2-1)}{(\lambda_2-\lambda_1)(1+\lambda_1\lambda_2)},$$

所以,

$$\rho(k)=\frac{-\lambda_1(\lambda_2^2-1)}{(\lambda_1-\lambda_2)(1+\lambda_1\lambda_2)}\lambda_1^k+\frac{-\lambda_2(\lambda_1^2-1)}{(\lambda_2-\lambda_1)(1+\lambda_1\lambda_2)}\lambda_2^k.\tag{8.50}$$

(2) 如果 $\varphi_1^2+4\varphi_2=0$, 则特征方程 $\lambda^2-\varphi_1\lambda-\varphi_2=0$ 有两个相等的实根, 所以, 自相关系数的通解为 $\rho(k)=(c_1+c_2k)\lambda_1^k$, 其中 c_1,c_2 为任意常数.

由于 $\rho(0)=1=c_1,\rho(1)=\dfrac{\varphi_1}{1-\varphi_2}=(c_1+c_2)\lambda_1$, 根据韦达定理知 $\lambda_1=\dfrac{\varphi_1}{2},\varphi_2=-\dfrac{\varphi_1^2}{4}$, 所以

$$c_1=1,\quad c_2=\frac{1-\lambda_1^2}{1+\lambda_1^2},$$

所以,

$$\rho(k)=\lambda_1^k+\frac{1-\lambda_1^2}{1+\lambda_1^2}k\lambda_1^k.\tag{8.51}$$

(3) 如果 $\varphi_1^2+4\varphi_2<0$, 则特征方程 $\lambda^2-\varphi_1\lambda-\varphi_2=0$ 有两个共轭虚根 λ_1,λ_2, 自相关系数的通解仍为 $\rho(k)=c_1\lambda_1^k+c_2\lambda_2^k$, 其中 c_1,c_2 为任意常数. 同理, 其自相

关系数的显式为

$$\rho(k) = \frac{-\lambda_1(\lambda_2^2-1)}{(\lambda_1-\lambda_2)(1+\lambda_1\lambda_2)}\lambda_1^k + \frac{-\lambda_2(\lambda_1^2-1)}{(\lambda_2-\lambda_1)(1+\lambda_1\lambda_2)}\lambda_2^k.$$

两个共轭虚根 λ_1, λ_2 为

$$\lambda_1, \lambda_2 = \frac{\varphi_1 - \sqrt{-\varphi_1^2-4\varphi_2}\mathrm{i}}{2} = \gamma(\cos\theta \pm \mathrm{i}\sin\theta) = \gamma\mathrm{e}^{\pm \mathrm{i}\theta},$$

其中 $\gamma = |\lambda_1| = |\lambda_2| = \sqrt{\left(\dfrac{1}{2}\varphi_1\right)^2 + \left(\dfrac{1}{2}\sqrt{-\varphi_1^2-4\varphi_2}\right)^2} = \sqrt{-\varphi_2}$ 为虚根的模, $\theta = \arccos\left(\dfrac{\varphi_1}{2\sqrt{-\varphi_2}}\right)$为虚根的频率, 从而可以将自相关系数的显式表示成 $\cos\theta, \sin\theta$ 的形式, 此时可以发现自相关系数具有一定的周期性. ■

8.4.3 *ARMA*(*p*, *q*) 模型的自相关系数

如果时间序列 $\{X(t), t = 0, \pm 1, \pm 2, \cdots\}$ 满足 $ARMA(p,q)$ 模型, 那么

$$(1 - \varphi_1 B - \varphi_2 B^2 - \cdots - \varphi_p B^p)X_t = (1 - \theta_1 B - \theta_2 B^2 - \cdots - \theta_q B^q)\varepsilon_t,$$

$$EX_t - \varphi_1 EX_{t-1} - \varphi_2 EX_{t-2} - \cdots - \varphi_p EX_{t-p} = 0.$$

由于满足平稳性和可逆性的 $ARMA(p,q)$ 系统才能逼近平稳时间序列, 而且条件 $1-\varphi_1-\varphi_2-\cdots-\varphi_p \neq 0$ 蕴涵在 $ARMA(p,q)$ 模型的平稳性的条件中, 所以, $ARMA(p,q)$ 模型的平稳序列, 其均值为零, 即

$$EX_t = 0.$$

对 $ARMA(p,q)$ 模型的平稳序列, 两边乘以 X_{t-k}, 再求期望得

$$\begin{aligned}&R_k - \varphi_1 R_{k-1} - \varphi_2 R_{k-2} - \cdots - \varphi_p R_{k-p} \\ &= E(X_{t-k}\varepsilon_t) - \theta_1 E(X_{t-k}\varepsilon_{t-1}) - \cdots - \theta_q E(X_{t-k}\varepsilon_{t-q}),\end{aligned}$$

其中

$$E(X_{t-k}\varepsilon_{t-l}) = E\left(\sum_{j=0}^{\infty} G_j \varepsilon_{t-j-k}\varepsilon_{t-l}\right) = \begin{cases} G_{l-k}\sigma^2, & l \geqslant k, \\ 0, & l < k, \end{cases}$$

$$\rho_k = \frac{\mathrm{Cov}(X_t, X_{t-k})}{\sqrt{DX_t}\sqrt{DX_{t-k}}} = \frac{R(k)}{R(0)},$$

所以, $ARMA(p,q)$ 模型的平稳序列的自相关系数 ρ_k 如下:

$$k = 0: 1 - \varphi_1\rho_1 - \varphi_2\rho_2 - \cdots - \varphi_p\rho_p = (1 - \theta_1 G_1 - \theta_2 G_2 - \cdots - \theta_q G_q)\sigma^2,$$

$$k=1:\rho_1-\varphi_1\rho_0-\varphi_2\rho_1-\cdots-\varphi_p\rho_{p-1}=(-\theta_1-\theta_2G_1-\theta_3G_2-\cdots-\theta_qG_{q-1})\sigma^2,$$
$$k=2:\rho_2-\varphi_1\rho_1-\varphi_2\rho_0-\cdots-\varphi_p\rho_{p-2}=(-\theta_2-\theta_3G_1-\theta_4G_2-\cdots-\theta_qG_{q-2})\sigma^2,$$
$$\cdots\cdots$$
$$k=q:\rho_q-\varphi_1\rho_{q-1}-\cdots-\varphi_p\rho_{p-q}=-\theta_q\sigma^2,$$
$$k>q:\rho_k-\varphi_1\rho_{k-1}-\cdots-\varphi_p\rho_{p-k}=0.$$

所以, 满足 $ARMA(p,q)$ 模型的平稳序列, 当 $k>q$ 时, 其自相关系数满足自回归部分的差分方程

$$\rho_k-\varphi_1\rho_{k-1}-\varphi_2\rho_{k-2}-\cdots-\varphi_p\rho_{k-p}=0,\quad k>q. \tag{8.52}$$

由于满足平稳性和可逆性的 $ARMA(p,q)$ 系统才能逼近平稳时间序列, 所以, $ARMA(p,q)$ 模型的平稳序列的自相关系数函数 ρ_k 按负指数幂衰减, 具有拖尾性.

例 8.4.4 平稳序列的 $ARMA(1,1)$ 模型为 $X_t=-0.2X_{t-1}+\varepsilon_t-0.5\varepsilon_{t-1}$. 试求: (1) 格林函数的显式; (2) 自相关系数.

解 (1) $ARMA(1,1)$ 模型格林函数的显式为

$$G_0=1,\quad G_j=(\lambda_1-\theta_1)\lambda_1^j=(\varphi_1-\theta_1)\varphi_1^j,\quad j=1,2,\cdots.$$

(2) $X_t-\varphi_1X_{t-1}=\varepsilon_t-\theta_1\varepsilon_{t-1}$ 两边同乘 X_t, 再求期望得

$$R_0-\varphi_1R_1=E\varepsilon_tX_t-\theta_1E(\varepsilon_{t-1}X_t).$$

$X_t-\varphi_1X_{t-1}=\varepsilon_t-\theta_1\varepsilon_{t-1}$ 两边同乘 X_{t-1}, 再求期望得

$$R_1-\varphi_1R_0=-\theta_1E(\varepsilon_{t-1}X_{t-1}).$$

$X_t-\varphi_1X_{t-1}=\varepsilon_t-\theta_1\varepsilon_{t-1}$ 两边同乘 X_{t-k}, 其中 $k>1$, 再求期望得

$$R_k-\varphi_1R_{k-1}=0,\quad k>1.$$

显然:

$$E(\varepsilon_tX_t)=E\left(\varepsilon_t\sum_{j=0}^{+\infty}G_j\varepsilon_{t-j}\right)=G_0\sigma^2,$$
$$E(\varepsilon_{t-1}X_t)=E\left(\varepsilon_{t-1}\sum_{j=0}^{+\infty}G_j\varepsilon_{t-j}\right)=G_1\sigma^2,$$

$$E(\varepsilon_{t-1}X_{t-1}) = E\left(\varepsilon_{t-1}\sum_{j=0}^{+\infty} G_j\varepsilon_{t-1-j}\right) = G_0\sigma^2.$$

又由于 $G_0 = 1, G_1 = \varphi_1 - \theta_1$, 所以

$$\begin{aligned} &R_0 - \varphi_1 R_1 = [1 - \theta_1(\varphi_1 - \theta_1)]\sigma^2, \\ &R_1 - \varphi_1 R_0 = -\theta_1\sigma^2, \end{aligned}$$

因此

$$\rho_1 = \frac{R_1}{R_0} = \frac{(\varphi_1 - \theta_1)(1 - \varphi_1\theta_1)}{1 + \theta_1^2 - 2\varphi_1\theta_1}.$$

又因 $R_k - \varphi_1 R_{k-1} = 0, k > 1$, 所以

$$\rho_k = \varphi_1\rho_{k-1} = \cdots = \varphi_1^{k-1}\rho_1 = \varphi_1^{k-1}\frac{(\varphi_1 - \theta_1)(1 - \varphi_1\theta_1)}{1 + \theta_1^2 - 2\varphi_1\theta_1}, \quad k \geqslant 1,$$

其中 $\varphi_1 = -0.2, \theta_1 = 0.5$. ■

8.5 ARMA 系统的偏相关系数

从 8.4 节讨论可以看出: $ARMA(p,q)$ 模型与 $AR(p)$ 模型的平稳序列的自相关系数都按负指数幂衰减, 具有拖尾性. 那么, 如何区别 $ARMA(p,q)$ 模型与 $AR(p)$ 模型呢? 这就需要引入偏相关系数.

8.5.1 偏相关系数的概念

定义 8.5.1 随机变量 ξ_1 和 ξ_2 关于 $\xi_3, \xi_4, \cdots, \xi_n$ 的**偏相关系数** (partial autocorrelation coefficient, PAC) 记为 $\rho_{12|34\cdots n}$, 其定义为

$$\rho_{12|34\cdots n} = \frac{E[\eta_{1|34\cdots n}\eta_{2|34\cdots n}]}{(E[\eta_{1|34\cdots n}^2]E[\eta_{2|34\cdots n}^2])^{\frac{1}{2}}}, \tag{8.53}$$

其中 $\eta_{1|34\cdots n} = \xi_1 - E[\xi_1|\xi_3\xi_4\cdots\xi_n]$, $\eta_{2|34\cdots n} = \xi_2 - E[\xi_2|\xi_3\xi_4\cdots\xi_n]$. $E[\cdot|\cdot]$ 表示条件期望. 实际上, 偏相关系数就是将多个 "局外" 随机变量 $\xi_3, \xi_4, \cdots, \xi_n$ 对随机变量 ξ_1 和 ξ_2 的影响剔除后, ξ_1 和 ξ_2 之间直接的相互依赖关系.

定义 8.5.2 平稳序列 $\{X(t), t = 0, \pm1, \pm2, \cdots\}$ 在给定 $X_{t-1}, X_{t-2}, \cdots, X_{t-k+1}$ 的条件下, X_t 和 X_{t-k} 之间的相关系数就是 X_t 和 X_{t-k} 关于 $X_{t-1}, X_{t-2}, \cdots, X_{t-k+1}$ 的偏相关系数, 称为 ***k* 阶偏相关系数**, 记为 $\rho_{t,t-k|t-1,t-2,\cdots,t-k+1}$, 即

$$\rho_{t,t-k|t-1,t-2,\cdots,t-k+1} = \frac{E[\eta_{t|t-1,t-2,\cdots,t-k+1}\eta_{t-k|t-1,t-2,\cdots,t-k+1}]}{(E[\eta_{t|t-1,t-2,\cdots,t-k+1}^2]E[\eta_{t-k|t-1,t-2,\cdots,t-k+1}^2])^{\frac{1}{2}}}, \tag{8.54}$$

其中

$$\eta_{t|t-1,t-2,\cdots,t-k+1} = X_t - E[X_t|X_{t-1}, X_{t-2}, \cdots, X_{t-k+1}],$$

$$\eta_{t-k|t-1,t-2,\cdots,t-k+1} = X_{t-k} - E[X_{t-k}|X_{t-1}, X_{t-2}, \cdots, X_{t-k+1}],$$

$E[\cdot|\cdot]$ 表示条件期望.

8.5.2 偏相关系数的计算

在正态的假定下, 条件期望 $E[X_t|X_{t-1}, X_{t-2}, \cdots, X_{t-k+1}]$ 和 $E[X_{t-k}|X_{t-1}, X_{t-2}, \cdots, X_{t-k+1}]$ 分别是 X_t 和 X_{t-k} 在 $\{X_{t-1}, X_{t-2}, \cdots, X_{t-k+1}\}$ 所张成线性空间上的正交投影, 从而可以证明, X_t 和 X_{t-k} 关于 $X_{t-1}, X_{t-2}, \cdots, X_{t-k+1}$ 的偏相关系数 $\rho_{t,t-k|t-1,t-2,\cdots,t-k+1}$, 就是 $X_{t-1}, X_{t-2}, \cdots, X_{t-k+1}, X_{t-k}$ 对 X_t 作线性回归, 变量 X_{t-k} 系数的最小二乘估计. 也就是利用 $X_{t-1}, X_{t-2}, \cdots, X_{t-k+1}, X_{t-k}$ 对 X_t 作线性回归, 即

$$X_t = \varphi_{k1}X_{t-1} + \varphi_{k2}X_{t-2} + \cdots + \varphi_{kk-1}X_{t-k+1} + \varphi_{kk}X_{t-k} + a_t,$$

其中 a_t 是估计误差. 线性回归模型的系数 $\varphi_{kj}(j = 1, 2, \cdots, k)$ 通过极小化 $\delta = E\left(X_t - \sum_{j=1}^{k} \varphi_{kj}X_{t-j}\right)^2$ 得到相应的最小二乘估计, 其中变量 X_{t-k} 系数 φ_{kk} 的最小二乘估计就是 X_t 和 X_{t-k} 关于 $X_{t-1}, X_{t-2}, \cdots, X_{t-k+1}$ 的偏相关系数. $\{\varphi_{kj}, k = 1, 2, \cdots, j = 1, 2, \cdots, k\}$ 称为产生偏相关系数的相关序列, $\{\varphi_{kk}, k = 1, 2, \cdots\}$ 就是 X_t 和 X_{t-k} 关于 $X_{t-1}, X_{t-2}, \cdots, X_{t-k+1}$ 的偏相关系数.

下面求线性回归模型系数 $\varphi_{kj}(j = 1, 2, \cdots, k)$ 的最小二乘估计,

$$\begin{aligned}
\delta &= E\left(X_t - \sum_{j=1}^{k} \varphi_{kj}X_{t-j}\right)^2 \\
&= E(X_tX_t) - 2\sum_{j=1}^{k} \varphi_{kj}E(X_tX_{t-j}) + \sum_{j=1}^{k}\sum_{i=1}^{k} \varphi_{kj}\varphi_{ki}E(X_{t-j}X_{t-i}) \\
&= R_0 - 2\sum_{j=1}^{k} \varphi_{kj}R_j + \sum_{j=1}^{k}\sum_{i=1}^{k} \varphi_{kj}\varphi_{ki}R_{j-i}.
\end{aligned}$$

通过极小化 $\delta = E\left(X_t - \sum_{j=1}^{k} \varphi_{kj}X_{t-j}\right)^2$ 得到相应的最小二乘估计, 所以

$$\frac{\partial\delta}{\partial\varphi_{km}} = -2R_m + \sum_{j=1}^{k} \varphi_{k-j}R_{j-m} + \sum_{i=1}^{k} \varphi_{ki}R_{m-i} = 0, \quad m = 1, 2, \cdots, k.$$

两边同除以 R_0 得到

$$\begin{cases} \rho_1 = \varphi_{k1}\rho_0 + \varphi_{k2}\rho_1 + \cdots + \varphi_{kk}\rho_{k-1}, \\ \rho_2 = \varphi_{k1}\rho_1 + \varphi_{k2}\rho_0 + \cdots + \varphi_{kk}\rho_{k-2}, \\ \qquad\cdots\cdots \\ \rho_k = \varphi_{k1}\rho_{k-1} + \varphi_{k2}\rho_{k-2} + \cdots + \varphi_{kk}\rho_0, \end{cases} \tag{8.55}$$

其中 $\{\varphi_{kj}, k = 1, 2, \cdots, j = 1, 2, \cdots, k\}$ 为**产生偏相关系数的相关序列**, 变量 X_{t-k} 系数的最小二乘估计 $\{\varphi_{kk}, k = 1, 2, \cdots\}$ 是偏相关系数序列.

综上可知, **产生偏相关系数的相关序列** $\{\varphi_{kj}, k = 1, 2, \cdots, j = 1, 2, \cdots, k\}$ **满足 k 阶尤尔-瓦尔克方程**. 通过求解尤尔-瓦尔克方程, 得到偏相关系数序列 $\{\varphi_{kk}, k = 1, 2, \cdots\}$.

当 $k = 1$ 时, 产生偏相关系数的相关序列为 $\{\varphi_{11}\}$, X_t 和 X_{t-1} 的偏相关系数为 φ_{11}, 相应尤尔-瓦尔克方程为

$$\rho_1 = \varphi_{11}\rho_0, \quad 即\ \varphi_{11} = \rho_1.$$

当 $k = 2$ 时, 产生偏相关系数的相关序列为 $\{\varphi_{21}, \varphi_{22}\}$, X_t 和 X_{t-2} 关于 X_{t-1} 的偏相关系数为 φ_{22}, 相应尤尔-瓦尔克方程为

$$\begin{pmatrix} \rho_0 & \rho_1 \\ \rho_1 & \rho_0 \end{pmatrix} \begin{pmatrix} \varphi_{21} \\ \varphi_{22} \end{pmatrix} = \begin{pmatrix} \rho_1 \\ \rho_2 \end{pmatrix}.$$

当 $k = 3$ 时, 产生偏相关系数的相关序列为 $\{\varphi_{31}, \varphi_{32}, \varphi_{33}\}$, X_t 和 X_{t-3} 关于 X_{t-1}, X_{t-2} 的偏相关系数为 φ_{33}, 相应的尤尔-瓦尔克方程为

$$\begin{pmatrix} \rho_0 & \rho_1 & \rho_2 \\ \rho_1 & \rho_0 & \rho_1 \\ \rho_2 & \rho_1 & \rho_0 \end{pmatrix} \begin{pmatrix} \varphi_{31} \\ \varphi_{32} \\ \varphi_{33} \end{pmatrix} = \begin{pmatrix} \rho_1 \\ \rho_2 \\ \rho_3 \end{pmatrix}.$$

k 阶尤尔 -瓦尔克方程采用线性方程组求解. 根据克拉默法则, 可以得到产生偏相关系数的相关序列 $\{\varphi_{kj}, k = 1, 2, \cdots, j = 1, 2, \cdots, k\}$ 的递推算法, 从而得到了 X_t 和 X_{t-k} 关于 $X_{t-1}, X_{t-2}, \cdots, X_{t-k+1}$ 的偏相关系数 $\{\varphi_{kk}, k = 1, 2, \cdots\}$ 的递推算法:

$$\varphi_{11} = \rho(1),$$

$$\varphi_{k+1,k+1} = \left[\rho(k+1) - \sum_{j=1}^{k} \rho(k+1-j)\varphi_{kj}\right]\left[1 - \sum_{j=1}^{k} \rho(j)\varphi_{kj}\right]^{-1}, \quad k \geqslant 1, \tag{8.56}$$

其中 $\varphi_{k+1,j}=\varphi_{kj}-\varphi_{k+1,k+1}\varphi_{k,k+1-j}, j=1,2,\cdots,k.$

例 8.5.1 已知 $\{X_t\}$ 是 $MA(2)$ 模型 $X_t=\varepsilon_t-1.05\varepsilon_{t-1}+0.26\varepsilon_{t-2}$, 试求:

(1) 所有自相关函数;

(2) 前 2 个偏相关函数 $\phi_{kk}, k=1,2.$

解 (1) $R_0=(1+1.05^2+0.26^2)\sigma^2=2.1701\sigma^2$,

$$\begin{aligned}R_1&=E(x_tx_{t-1})\\&=E([\varepsilon_t-1.05\varepsilon_{t-1}+0.26\varepsilon_{t-2}][\varepsilon_{t-1}-1.05\varepsilon_{t-2}+0.26\varepsilon_{t-3}])\\&=[-1.05+0.26\times(-1.05)]\sigma_\varepsilon^2=-1.323\sigma^2,\\R_2&=E(x_tx_{t-2})\\&=E([\varepsilon_t-1.05\varepsilon_{t-1}+0.26\varepsilon_{t-2}][\varepsilon_{t-2}-1.05\varepsilon_{t-3}+0.26\varepsilon_{t-4}])\\&=0.26\sigma^2,\\R_k&=0,\quad k\geqslant 3.\end{aligned}$$

(2) $\varphi_{11}=\rho_1=\dfrac{R_1}{R_0}\approx-0.6096,\ \ \rho_2=\dfrac{R_2}{R_0}\approx 0.1198,$

由 $\begin{pmatrix}1&\rho_1\\\rho_1&1\end{pmatrix}\begin{pmatrix}\varphi_{21}\\\varphi_{22}\end{pmatrix}=\begin{pmatrix}\rho_1\\\rho_2\end{pmatrix}$ 得 $\varphi_{22}=\dfrac{\rho_2-\rho_1^2}{1-\rho_1^2}\approx-0.4007.$ ■

例 8.5.2 设有 $ARMA(1,1)$ 模型: $X_t-0.5X_{t-1}=\varepsilon_t-0.3\varepsilon_{t-1}$, 求偏相关系数 φ_{kk}.

解 根据例 8.4.3 知该模型的自相关系数为

$$\rho_k=\varphi_1^{k-1}\frac{(\varphi_1-\theta_1)(1-\varphi_1\theta_1)}{1+\theta_1^2-2\varphi_1\theta_1},\quad k\geqslant 1,$$

其中 $\varphi_1=0.5$, $\theta_1=0.3$, 代入上式即得

$$\rho_k\approx 0.215\times(0.5)^{k-1},\quad k\geqslant 1$$

所以

$$\begin{aligned}\varphi_{11}=\rho_1&=\frac{(\varphi_1-\theta_1)(1-\varphi_1\theta_1)}{1+\theta_1^2-2\varphi_1\theta_1}\\&=\frac{(0.5-0.3)(1-0.5\times0.3)}{1+0.3^2-2\times0.5\times0.3}=\frac{0.17}{0.79}\approx 0.215,\\\varphi_{22}&=(\rho_1-\rho_1\varphi_{11})(1-\rho_1\varphi_{11})^{-1}\approx 0.113,\\\varphi_{21}&=\varphi_{11}-\varphi_{22}\varphi_{11}\approx 0.191.\end{aligned}$$

继续下去可得: $\varphi_{33}=0.191, \varphi_{32}=0.111, \cdots.$ ■

8.5.3　$ARMA(p,q)$ 模型的偏相关系数的特点

对于平稳的 $ARMA(p,q)$ 模型, 由 $X_{t-1},X_{t-2},\cdots,X_{t-k+1},X_{t-k}$ 对 X_t 作线性回归, 变量 X_{t-k} 的系数的最小二乘估计就是 $ARMA(p,q)$ 模型的 k 阶偏相关系数, 即

$$X_t=\varphi_{k1}X_{t-1}+\varphi_{k2}X_{t-2}+\cdots+\varphi_{kk-1}X_{t-k+1}+\varphi_{kk}X_{t-k}+a_t,$$

式中 a_t 是估计误差, 模型参数 $\varphi_{kj}(j=1,2,\cdots,k)$ 由最小二乘估计得到, 其中 φ_{kk} 就是 $ARMA(p,q)$ 模型的 k 阶偏相关系数.

根据 $ARMA(p,q)$ 模型的逆转形式, 知

$$\varepsilon_t=X_t-\sum_{j=1}^{\infty}I_jX_{t-j},$$

所以, 将 $X_t=\varepsilon_t+\sum\limits_{j=1}^{\infty}I_jX_{t-j}$, 代入 $\delta=E\left(X_t-\sum\limits_{j=1}^{k}\varphi_{kj}X_{t-j}\right)^2$ 得

$$\begin{aligned}\delta&=E\left(X_t-\sum_{j=1}^{k}\varphi_{kj}X_{t-j}\right)^2\\&=E\left(\varepsilon_t+\sum_{j=1}^{\infty}I_jX_{t-j}-\sum_{j=1}^{k}\varphi_{kj}X_{t-j}\right)^2\\&=E\left(\varepsilon_t+\sum_{j=1}^{k}(I_j-\varphi_{kj})X_{t-j}+\sum_{j=k+1}^{+\infty}I_jX_{t-j}\right)^2\\&=\sigma^2+E\left(\sum_{j=1}^{k}(I_j-\varphi_{kj})X_{t-j}+\sum_{j=k+1}^{+\infty}I_jX_{t-j}\right)^2\geqslant\sigma^2.\end{aligned}$$

显而易见, 为使 δ 达到极小值, 应取 $\varphi_{kj}=I_j$, 所以,

$$\varphi_{kj}=I_j,\quad k=1,2,\cdots,\quad j=1,2,\cdots,k.$$

由于 $AR(p)$ 模型的**逆函数具有截尾性**, 所以, **产生偏相关系数的相关序列**具有以下特点:

$$\varphi_{kj}=\begin{cases}\varphi_j, & 1\leqslant j\leqslant p,\\0, & p+1\leqslant j\leqslant k,\end{cases}\quad k\geqslant p,\tag{8.57}$$

其偏自相关系数 $\{\varphi_{kk},k=1,2,\cdots\}$ **具有截尾性**, 即

$$\varphi_{11}=\rho_1,$$

$$\varphi_{22} = (\rho_1 - \rho_1\varphi_{11})(1-\rho_1\varphi_{11})^{-1}, \cdots, \quad k > p, \quad \varphi_{kk} = 0. \tag{8.58}$$

从 MA 模型和 ARMA 模型的逆转形式可以看到, 二者都相当于无限阶的 AR 序列, 因此, MA 模型和 ARMA 模型的偏相关系数 φ_{kk} 不具有截尾性. 可以证明, **MA 模型和 ARMA 模型的平稳序列的偏相关系数函数 φ_{kk} 按负指数幂衰减, 具有拖尾性**.

综上可知, 自相关系数的截尾性是 MA 模型的标志, 偏相关系数的截尾性是 AR 模型的标志; 自相关系数的截尾性是格林函数截尾性的表现, 偏相关系数的截尾性是逆函数截尾性的表现. 表 8.1 呈现各个模型的格林函数、逆函数、自相关系数、偏相关系数的特点.

表 8.1　ARMA 模型的时域特征

	$AR(p)$	$MA(q)$	$ARMA(p,q)$
模型方程	$\varphi(B)X_t=\varepsilon_t$	$X_t=\theta(B)\varepsilon_t$	$\varphi(B)X_t=\theta(B)\varepsilon_t$
平稳性条件	$\varphi(B)=0$ 的根在单位圆外	无	$\varphi(B)=0$ 的根在单位圆外
可逆性条件	无	$\theta(B)=0$ 的根在单位圆外	$\theta(B)=0$ 的根在单位圆外
格林函数	拖尾性	截尾性	拖尾性
逆函数	截尾性	拖尾性	拖尾性
自相关系数	拖尾性	q 步截尾	拖尾性
偏相关系数	p 步截尾	拖尾性	拖尾性

习　题　8

1. 计算下列模型的格林函数 $G_j, j=1,2,\cdots,5$, 逆函数 $I_j, j=1,2,\cdots,5$ 和前 5 个自相关系数 $\rho(k), k=1,2,\cdots,5$.

(1) $X_t-0.5X_{t-1}=\varepsilon_t-1.3\varepsilon_{t-1}+0.4\varepsilon_{t-2}$;

(2) $X_t-0.5X_{t-1}=\varepsilon_t+0.6\varepsilon_{t-1}$;

(3) $X_t=1.5X_{t-1}-0.56X_{t-2}+\varepsilon_t$.

2. 已知 $ARMA(1,1)$ 模型为 $X_t+0.3X_{t-1}=\varepsilon_t-0.4\varepsilon_{t-1}$, 试求:

(1) 格林函数的递推表达式;

(2) 逆函数的递推表达式.

3. 已知 $ARMA$(2,1) 模型 $X_t-0.5X_{t-1}+0.6X_{t-2}=\varepsilon_t-0.5\varepsilon_{t-1}$, 试求:

(1) 格林函数的显式;

(2) 自相关系数的显式.

4. 已知 $ARMA$(2,2) 模型 $X_t-0.5X_{t-1}+0.6X_{t-2}=\varepsilon_t-0.6\varepsilon_{t-1}+0.08\varepsilon_{t-2}$, 试求:

(1) 格林函数的显式;

(2) 自相关系数的显式.

5. 已知 $ARMA(1,2)$ 模型 $X_t - 0.5X_{t-1} = \varepsilon_t - 0.5\varepsilon_{t-1} + 0.6\varepsilon_{t-2}$, 试求:

(1) 格林函数的显式;

(2) 自相关系数的显式.

6. 已知 $ARMA(1,1)$ 模型 $X_t - 0.7X_{t-1} = \varepsilon_t - 0.3\varepsilon_{t-1}$.

(1) 判断 ARMA(1,1) 模型的平稳性与可逆性.

(2) 试求格林函数的显式.

(3) 试求逆函数的显式.

7. 已知 $ARMA(3,1)$ 模型 $(1-0.3B)(1-0.2B)(1-0.4B)X_t = \varepsilon_t - 0.5\varepsilon_{t-1}$, 试求:

(1) 格林函数的显式;

(2) 前 3 个逆函数 $I_j, j=1,2,3$;

(3) 前 3 个自相关系数.

8. 试判断下列模型的平稳性与可逆性, 并给出逆转形式:

(1) $X_t = \varepsilon_t - \varepsilon_{t-1} + 0.24\varepsilon_{t-2}$;

(2) $X_t = -0.2X_{t-1} + \varepsilon_t - 0.4\varepsilon_{t-1}$.

9. 已知某 $AR(2)$ 过程: $X_t - \varphi_1 X_{t-1} - \varphi_2 X_{t-2} = \varepsilon_t$, 其中 $\varphi_1 = 0.5\varphi_2 = -0.8$.

(1) 写出该过程的尤尔-瓦尔克方程, 并由此解出 ρ_1 和 ρ_2.

(2) 证明: $D(X_t) = \dfrac{(1-\varphi_2)}{(1+\varphi_2)(1-\varphi_1-\varphi_2)(1+\varphi_1-\varphi_2)} D(\varepsilon_t)$.

10. 已知某 $AR(2)$ 模型为 $X_t = -0.5X_{t-1} + 0.4X_{t-2} + \varepsilon_t$, 试求自相关函数 $\rho(k), k=1, 2, \cdots$ 与偏相关系数 $\varphi_{kk}(k=1,2,\cdots)$.

11. 已知两个 $MA(2)$ 模型 $X_t = \varepsilon_t - \dfrac{4}{5}\varepsilon_{t-1} + \dfrac{16}{25}\varepsilon_{t-2}$, $X_t = \varepsilon_t - \dfrac{5}{4}\varepsilon_{t-1} + \dfrac{25}{16}\varepsilon_{t-2}$, 其中 $\varepsilon_t \sim \mathrm{NID}(0,\sigma^2)$.

(1) 讨论两个模型的可逆性;

(2) 写出第一个模型的逆转形式;

(3) 证明两个模型的自相关系数是完全相同的.

(注: $\mathrm{NID}(0,\sigma^2)$ 表示相互独立同正态分布, 期望为 0, 方差为 σ^2.)

12. 已知 $MA(2)$ 模型 $X_t = \varepsilon_t + 0.4\varepsilon_{t-1} - 0.21\varepsilon_{t-2}$, 其中 $E\varepsilon_t^2 = 0.04$.

(1) 求自相关系数系数;

(2) 计算 $D(X_t)$;

(3) 求逆函数的显式.

13. 已知 $MA(2)$ 模型 $X_t = \varepsilon_t - 0.78\varepsilon_{t-1} + 0.15\varepsilon_{t-2}$, 其中 $\{\varepsilon_t\}$ 为白噪声序列, $E(\varepsilon_t^2) = 0.1$, 试求:

(1) 其均值函数、方差函数;

(2) 逆转形式;

(3) 自协方差函数序列 $\{C_k\}$ 与自相关系数序列 $\{\rho_k\}$.

14. 已知某 $AR(2)$ 模型 $(1-0.5B)(1-0.3B)X_t = \varepsilon_t, \varepsilon_t \sim WN(0,\sigma^2)$, 试求自相关函数 $\rho(k), k=1,2,\cdots$ 与偏相关系数 $\varphi_{kk}(k=1,2,\cdots)$.

(注: WN 表示白噪声 (white noise).)

15. 设有 $ARMA(1,1)$ 模型 $X_t = 0.5X_{t-1} + \varepsilon_t - 0.3\varepsilon_{t-1}$, 其中 $\varepsilon_t \sim WN(0,\sigma^2)$, $\forall s < t, E(X_s\varepsilon_t) = 0$, 试求其自相关函数 $\rho(k)$ 与偏相关函数 φ_{11} 与 φ_{22}.

16. 对 $ARMA(2, 2)$ 模型 $X_t - 1.3X_{t-1} + 0.4X_{t-2} = \varepsilon_t - 1.1\varepsilon_{t-1} + 0.24\varepsilon_{t-2}$, 计算:
(1) 前 2 个格林函数 $G_j, j = 1, 2$;
(2) 前 3 个自相关函数 $r_k, k = 1, 2, 3$.
17. 已知 $AR(2)$ 过程: $X_t - 1.4X_{t-1} + 0.48X_{t-2} = \varepsilon_t$.
(1) 写出该过程的尤尔-瓦尔克方程, 并由此解出 ρ_1 和 ρ_2.
(2) 求出自相关系数 $\rho(k)$ 的显式.
18. 已知 $AR(3)$ 过程: $(1 - 0.2B)(1 - 0.3B)(1 - 0.4B)X_t = \varepsilon_t$.
(1) 写出该过程的尤尔-瓦尔克方程, 并由此解出 ρ_1, ρ_2, ρ_3.
(2) 求出自相关系数 $\rho(k)$ 的显式.
19. 已知 $ARMA(2,1)$ 模型 $X_t - 1.32X_{t-1} + 0.41X_{t-2} = \varepsilon_t + 0.33\varepsilon_{t-1}$, 试求:
(1) 格林函数的显式;
(2) 前 2 个逆函数 $I_k, k = 1, 2$;
(3) 前 2 个自相关函数 $R_k, k = 1, 2$.
20. 对 $ARMA(2, 2)$ 模型 $X_t - 1.3X_{t-1} + 0.4X_{t-2} = \varepsilon_t - 1.1\varepsilon_{t-1} + 0.24\varepsilon_{t-2}$, 计算:
(1) 格林函数 $G_j, j = 1, 2, 3$;
(2) 前 3 个自相关函数 $R_k, k = 1, 2, 3$.

第 9 章　ARMA 模型的拟合

通常而言, 只有当一个 $ARMA(p,q)$ 模型的自回归部分满足平稳性, 移动平均部分满足可逆性时, 才可以拟合一个平稳时间序列 $\{X(t), t=0,\pm1,\pm2,\cdots\}$. 本章就是从 ARMA 模型的识别、模型的初步定阶、参数估计, 讲述 ARMA 模型拟合平稳时间序列的步骤和方法.

9.1　AR 模型、MA 模型和 ARMA 模型的识别和初步定阶

9.1.1　样本自相关系数和样本偏相关系数

ARMA 模型的识别和初步定阶, 需要计算样本自相关系数和样本偏相关系数.

定义 9.1.1　设有平稳时间序列 $\{X(t), t=0,\pm1,\pm2,\cdots\}$, 那么, **样本自相关函数** $\hat{r}(k)$、**样本协方差函数** $\hat{c}(k)$ 和**样本自相关系数** $\hat{\rho}(k)$ 为

$$\hat{r}(k)=\hat{r}(-k)=\frac{1}{N}\sum_{i=1}^{N-|k|}X_iX_{i+|k|},\quad k=0,1,2,\cdots,M, \tag{9.1}$$

$$\hat{c}(k)=\hat{c}(-k)=\frac{1}{N}\sum_{i=1}^{N-|k|}(X_i-\bar{X})(X_{i+|k|}-\bar{X}),\quad k=0,1,2,\cdots,M, \tag{9.2}$$

$$\hat{\rho}_k=\hat{\rho}_{-k}=\frac{\sum\limits_{i=1}^{N-|k|}(X_i-\bar{X})(X_{i+|k|}-\bar{X})}{\sum\limits_{i=1}^{N}(X_i-\bar{X})^2},\quad k=0,1,2,\cdots,M, \tag{9.3}$$

其中 $\bar{X}=\dfrac{1}{N}\sum\limits_{i=1}^{N}X_i$ 为样本均值, M 为最大滞后期, 通常取为 $M=\left[\dfrac{N}{10}\right]$, N 是样本容量.

性质 9.1.1　设有平稳时间序列 $\{X(t), t=0,\pm1,\pm2,\cdots\}$, 其均值和自相关函数具有遍历性, 那么, 利用有限的样本 $\{X_i, i=1,2,\cdots,N\}$ 的观测值就能对均值函数和自相关函数做出估计:

(1) 均值函数 $EX(t)=\mu$ 的估计为样本均值 $\bar{X}=\dfrac{1}{N}\sum_{i=1}^{N}X_i$, 而且样本均值 $\bar{X}$ 是均值函数的一个无偏的一致估计.

(2) 自相关函数 $R(k)=E(X_tX_{t+k})$ 的估计为样本自相关函数 $\hat{r}(k)$, 而且样本自相关函数 $\hat{r}(k),k=0,\pm1,\pm2,\cdots,\pm M$ 是满足非负定性的序列, 是自相关函数的有偏估计.

(3) 自相关系数 $\rho(k)=\dfrac{\operatorname{Cov}(X(t),X_{t+k})}{\sqrt{DX(t)}\sqrt{DX_{t+k}}}=\dfrac{C(k)}{C(0)}$ 的估计为样本自相关系数 $\hat{\rho}(k)$, 而且样本自相关系数 $\hat{\rho}(k),k=0,\pm1,\pm2,\cdots,\pm M$ 是满足非负定性的序列, 是自相关系数的有偏估计.

定义 9.1.2 设有平稳时间序列 $\{X(t),t=0,\pm1,\pm2,\cdots\}$, 那么**样本偏相关系数** $\hat{\varphi}_{kk}(k=1,2,\cdots,M)$ 如下:

$$\hat{\varphi}_{11}=\hat{\rho}(1), \tag{9.4}$$

$$\begin{aligned}\hat{\varphi}_{k+1,k+1}=&\left[\hat{\rho}(k+1)-\sum_{j=1}^{k}\hat{\rho}(k+1-j)\hat{\varphi}_{kj}\right]\\&\times\left[1-\sum_{j=1}^{k}\hat{\rho}(j)\hat{\varphi}_{kj}\right]^{-1},\quad k=1,2,\cdots,M,\end{aligned} \tag{9.5}$$

其中

$$\hat{\varphi}_{k+1,j}=\hat{\varphi}_{kj}-\hat{\varphi}_{k+1,k+1}\hat{\varphi}_{k,k+1-j},\quad j=1,2,\cdots,k, \tag{9.6}$$

它们是偏相关系数的相合估计, M 为最大滞后期, 通常取为 $M=\left[\dfrac{N}{10}\right]$, 其中 $\hat{\rho}(k),k=0,\pm1,\pm2,\cdots,\pm M$ 为样本自相关系数.

9.1.2 ARMA 模型的识别

对于零均值平稳序列 $\{X_t\}$, 如果自相关系数 $\{\rho_k,k=1,2,\cdots\}$ 在 q 步截尾, 偏相关系数 $\{\varphi_{kk},k=1,2,\cdots\}$ 具有拖尾性, 就应利用 $MA(q)$ 模型拟合; 如果偏相关系数 $\{\varphi_{kk},k=1,2,\cdots\}$ 在 p 步截尾, 自相关系数具有拖尾性, 就应利用 $AR(p)$ 模型拟合; 如果自相关系数和偏相关系数都具有拖尾性, 就应利用 ARMA 模型拟合. 如何判断自相关系数、偏相关系数是否具有截尾性, 需要知道样本自相关系数 $\{\hat{\rho}(k)\}$ 和样本偏相关系数 $\{\hat{\varphi}_{kk}\}$ 的渐近分布. 下面不加证明地给出样本自相关系数 $\{\hat{\rho}(k)\}$ 和偏相关系数 $\{\hat{\varphi}_{kk}\}$ 的渐近分布.

定理 9.1.1 设 X_t 是正态的零均值平稳 $MA(q)$ 序列, 其特点是自相关系数序列 $\{\rho_k,k=1,2,\cdots\}$ 在 q 步截尾, 那么, 当 $k>q$ 时, 样本自相关系数 $\hat{\rho}_k$ 渐近

服从正态分布, 即

$$\hat{\rho}_k \sim N\left(0, \frac{1}{N}\left(1+2\sum_{l=1}^{q}\hat{\rho}_l^2\right)\right), \quad k>q, \tag{9.7}$$

其中对于零均值平稳序列 $\{X_t\}$, 第k 期的自相关系数 $\{\rho_k, k=1,2,\cdots\}$ 的估计为

$$\hat{\rho}(k)=\frac{\dfrac{1}{N}\sum\limits_{i=1}^{N-|k|}X_iX_{i+|k|}}{\dfrac{1}{N}\sum\limits_{i=1}^{N}X_i^2}, \quad k=0,\pm1,\pm2,\cdots,\pm M. \tag{9.8}$$

根据定理 9.1.1 和正态分布的性质知

$$2\text{ 倍标准差概率} P\left(|\hat{\rho}_k| \leqslant \frac{2}{\sqrt{N}}\left(1+2\sum_{l=1}^{q}\hat{\rho}_l^2\right)^{\frac{1}{2}}\right) \approx 95.5\%. \tag{9.9}$$

$$1\text{ 倍标准差概率} P\left(|\hat{\rho}_k| \leqslant \frac{1}{\sqrt{N}}\left(1+2\sum_{l=1}^{q}\hat{\rho}_l^2\right)^{\frac{1}{2}}\right) \approx 68.3\%. \tag{9.10}$$

在实际应用中, 首先令 $q=1$, 此时 2 倍标准差为 $\dfrac{2}{\sqrt{N}}(1+2\hat{\rho}_1^2)^{0.5}$, 检验样本自相关系数 $|\hat{\rho}_2|,|\hat{\rho}_3|,\cdots,|\hat{\rho}_M|$ 是否小于 $\dfrac{2}{\sqrt{N}}(1+2\hat{\rho}_1^2)^{0.5}$, 并计算相应的百分比, 如果百分比超过了 95.5%, 那么, 自相关系数具有 1 步截尾性. 如果相应的百分比小于 95.5%, 那么, 令 $q=2$, 此时 2 倍标准差为 $\dfrac{2}{\sqrt{n}}(1+2\hat{\rho}_1^2+2\hat{\rho}_2^2)^{0.5}$, 检验样本自相关系数$|\hat{\rho}_3|,\cdots,|\hat{\rho}_M|$是否小于 $\dfrac{2}{\sqrt{N}}(1+2\hat{\rho}_1^2+2\hat{\rho}_2^2)^{0.5}$, 并计算相应的百分比, 如果百分比超过了 95.5%, 那么自相关系数就具有 2 步截尾性. 如果百分比小于 95.5%, 那么, 令 $q=3$, 依次类推, 这样一来检验了自相关系数的截尾性, 而且确定了 q 的大小. 在检验了自相关系数的截尾性的基础上, 再检验样本偏相关系数的拖尾性. 如果样本自相关系数具有截尾性, 样本偏相关系数具有拖尾性, 那么模型为 MA 模型, 而且 MA 模型的阶数就是 q.

在实际应用中, 也可以用 1 倍标准差来检验自相关系数的截尾性, 其步骤与上面一致, 只是百分比为 68.3%.

定理 9.1.2 设 X_t 是正态的零均值平稳 $AR(p)$ 序列, 其特点是偏相关系数序列 $\{\varphi_{kk}, k=1,2,\cdots\}$ 在 p 步截尾, 那么, 当 $k>p$ 时, 样本偏相关系数 $\hat{\varphi}_{kk}$ 渐

近服从正态分布, 即

$$\hat{\varphi}_{kk}\sim N\left(0,\frac{1}{N}\right),\quad k>p. \tag{9.11}$$

根据定理 9.1.2 和正态分布的性质知

$$2\text{ 倍标准差概率 } P\left(|\hat{\varphi}_{kk}|>\frac{1}{\sqrt{N}}\right)\approx 31.7\%. \tag{9.12}$$

$$1\text{ 倍标准差概率 } P\left(|\hat{\varphi}_{kk}|>\frac{2}{\sqrt{N}}\right)\approx 4.5\%. \tag{9.13}$$

针对偏相关系数的截尾性, 首先令 $p=1$, 检验样本偏相关系数 $|\hat{\varphi}_{22}|,|\hat{\varphi}_{33}|,\cdots,|\hat{\varphi}_{MM}|$ 是否小于 2 倍标准差 $\dfrac{2}{\sqrt{N}}$, 并计算相应的百分比, 如果百分比超过了 95.5%, 偏相关系数具有截尾性. 如果百分比小于 95.5%, 那么, 令 $p=2$, 分别检验样本偏相关系数 $|\hat{\varphi}_{33}|,\cdots,|\hat{\varphi}_{MM}|$ 是否小于 $\dfrac{2}{\sqrt{N}}$, 并计算相应的百分比, 如果百分比超过了 95.5%, 偏相关系数具有截尾性. 如果百分比小于 95.5%, 那么, 令 $p=3$, 依次类推, 这样一来检验了偏相关系数的截尾性, 而且确定了 p 的大小. 在检验了偏相关系数的截尾性的基础上, 再检验样本自相关系数的拖尾性. 如果样本偏相关系数具有截尾性, 样本自相关系数具有拖尾性, 那么模型为 AR 模型, 而且 AR 模型的阶数就是 p.

对于截尾性的检验, 可以利用定理 9.1.1 和定理 9.1.2 来检验, 但是对于拖尾性, 无法进行检验. 通常将 2 倍标准差下的 95.5% 标准放低到 80%, 或 1 倍标准差下的 68.3%标准放低到 55%, 认为时间序列的自相关系数或偏相关系数是拖尾性.

如果自相关系数和偏相关系数都具有拖尾性, 利用 ARMA 模型拟合, 初步设定的相关模型中自回归的阶数比移动平均的阶数高一阶, 就选用 $ARMA(n,n-1)$ 模型来拟合平稳时间序列. 这是博克斯-詹金斯 (Box-Jenkins, B-J) 建模方法.

例 9.1.1 某平稳时间序列, 计算其样本自相关系数 $\{\hat{\rho}_k\}$ 及样本偏相关系数 $\{\hat{\phi}_{kk}\}$ 的前 10 个数值如表 9.1 所示, 其中样本容量 $N=50$. 利用所学知识, 对 $\{X_t\}$ 所属的模型进行初步的模型识别.

表 9.1 样本自相关系数和样本偏相关系数前 10 个数值

k	1	2	3	4	5	6	7	8	9	10
$\hat{\rho}_k$	−0.47	0.11	−0.08	0.06	0.05	0.04	−0.04	0.03	−0.05	0.01
$\hat{\phi}_{kk}$	−0.47	−0.31	−0.29	−0.07	−0.05	0.02	−0.01	−0.06	0.02	0.01

解 令 $q=1$, 则

$$\frac{1}{\sqrt{N}}\left(1+2\sum_{l=1}^{q}\hat{\rho}_l^2\right)^{0.5}=\frac{1}{\sqrt{N}}\left(1+2\sum_{l=1}^{1}\hat{\rho}_l^2\right)^{0.5}\approx 0.1698,$$

显然, $|\hat{\rho}_k|<\frac{1}{\sqrt{N}}\left(1+2\sum_{l=1}^{1}\hat{\rho}_l^2\right)^{0.5}$, $k>1$, 自相关系数具有截尾性.

显然, $\frac{2}{\sqrt{N}}\approx 0.2828$, $|\hat{\varphi}_{kk}|<\frac{2}{\sqrt{N}}$, $k>3$, 偏相关系数具有截尾性.

根据 B-J 建模思路, 模型初步可以确定为 $AR(3)$ 模型、$MA(1)$ 模型、$ARMA(3,2)$ 模型和 $ARMA(2,1)$ 模型. ■

9.2 AR 模型、MA 模型和 ARMA 模型参数的矩估计

$ARMA(p,q)$ 模型参数的估计方法一般有矩估计、最小二乘估计、极大似然估计以及熵估计, 最常用的是最小二乘估计, 这儿只介绍模型参数的矩估计.

9.2.1 AR 模型参数的矩估计

零均值平稳序列 $AR(p)$ 模型的自相关系数函数 $\rho_1,\rho_2,\cdots,\rho_p$ 具有拖尾性, 同时满足与系数 $\varphi_1,\varphi_2,\cdots,\varphi_p$ 相关的**尤尔-瓦尔克方程**, 即

$$\begin{pmatrix}\rho_1\\\rho_2\\\vdots\\\rho_p\end{pmatrix}=\begin{pmatrix}\rho_0&\rho_1&\cdots&\rho_{p-1}\\\rho_1&\rho_0&\cdots&\rho_{p-2}\\\vdots&\vdots&&\vdots\\\rho_{p-1}&\rho_{p-2}&\cdots&\rho_0\end{pmatrix}\begin{pmatrix}\varphi_1\\\varphi_2\\\vdots\\\varphi_p\end{pmatrix}. \tag{9.14}$$

所以, 将样本自相关系数 $\hat{\rho}_1,\hat{\rho}_2,\cdots,\hat{\rho}_p$ 代入尤尔-瓦尔克方程中, 采用克拉默法求解, 便得到系数 $\varphi_1,\varphi_2,\cdots,\varphi_p$ 的**矩估计** $\hat{\varphi}_1,\hat{\varphi}_2,\cdots,\hat{\varphi}_p$.

对于零均值平稳序列 $AR(p)$ 模型, 有

$$DX_t=EX_tX_t=R_0=\varphi_1R_1+\varphi_2R_2+\cdots+\varphi_pR_p+\sigma^2.$$

又由于 $R_k=\rho_kR_0$, 所以, 用矩估计 $\hat{\varphi}_1,\cdots,\hat{\varphi}_p$ 代替 $\varphi_1,\cdots,\varphi_p$, 用样本自相关系数 $\hat{\rho}_1,\cdots,\hat{\rho}_p$ 代替 $\rho_1,\cdots,\rho_p$, 用样本自相关函数 $\hat{r}_0$ 代替 R_0, 得到白噪声序列 ε_t 方差 σ^2 的**矩估计**:

$$\hat{\sigma}^2=\hat{r}_0\left(1-\sum_{i=1}^{p}\hat{\varphi}_i\hat{\rho}_i\right). \tag{9.15}$$

例 9.2.1 求 $AR(1)$ 模型参数 φ_1 和白噪声序列 ε_t 方差 σ^2 的矩估计.

解 $\hat{\varphi}_1=\dfrac{\hat{r}_1}{\hat{r}_0}=\hat{\rho}_1,\ \hat{\sigma}^2=\hat{r}_0(1-\hat{\rho}_1^2).$ ■

例 9.2.2 求 $AR(2)$ 模型参数和白噪声序列 ε_t 方差 σ^2 的矩估计.

解 由尤尔-瓦尔克方程, 知

$$\begin{pmatrix}\hat{\varphi}_1\\ \hat{\varphi}_2\end{pmatrix}=\begin{pmatrix}1 & \hat{\rho}_1\\ \hat{\rho}_1 & 1\end{pmatrix}^{-1}\begin{pmatrix}\hat{\rho}_1\\ \hat{\rho}_2\end{pmatrix},$$

得

$$\begin{aligned}&\hat{\varphi}_1=\frac{\hat{\rho}_1(1-\hat{\rho}_2)}{1-\hat{\rho}_1^2},\quad \hat{\varphi}_2=\frac{\hat{\rho}_2-\hat{\rho}_1^2}{1-\hat{\rho}_1^2},\\ &\hat{\sigma}^2=\hat{r}_0(1-\hat{\varphi}_1\hat{\rho}_1-\hat{\varphi}_2\hat{\rho}_2).\end{aligned}$$ ■

由于零均值平稳序列的样本自相关系数 $\{\hat{\rho}(k)\}$ 是正定序列, 因此, 尤尔-瓦尔克方程中的逆矩阵存在, 所以自回归系数的矩估计是存在的, 而且是唯一的, 而且可以证明 $\hat{\varphi}_1,\hat{\varphi}_2,\cdots,\hat{\varphi}_p$ 是属于平稳域的.

9.2.2 MA 模型参数的矩估计

对于 $MA(q)$ 模型, 其自相关函数满足

$$\begin{aligned}&R_0=(1+\theta_1^2+\theta_2^2+\cdots+\theta_q^2)\sigma^2,\\ &R_k=(-\theta_k+\theta_{k+1}\theta_1+\cdots+\theta_q\theta_{q-k})\sigma^2,\quad k=1,2,\cdots,q,\end{aligned}\tag{9.16}$$

所以, 将样本自相关函数 $\hat{r}_1,\hat{r}_2,\cdots,\hat{r}_q$ 和 $\hat{r}_0$ 代入方程中, 求解 (9.16) 中的 $q+1$ 个方程, 得到系数 $\hat{\theta}_1,\hat{\theta}_2,\cdots,\hat{\theta}_q$ 的**矩估计**和白噪声序列 ε_t 方差 σ^2 的**矩估计**.

例 9.2.3 求 $MA(1)$ 模型参数和白噪声序列 ε_t 方差 σ^2 的矩估计.

解 $MA(1)$ 模型的自相关函数满足

$$R_0=(1+\theta_1^2)\sigma^2,\quad R_1=-\theta_1\sigma^2,$$

所以,

$$\hat{\theta}_1=-\hat{r}_1/\hat{\sigma}^2,\quad \hat{\sigma}^4-\hat{r}_0\hat{\sigma}^2+\hat{r}_1^2=0,$$

解 $\hat{\sigma}^2$ 的二次方程得到

$$\hat{\sigma}^2=\frac{\hat{r}_0(1\pm\sqrt{1-4\hat{\rho}_1^2})}{2},\quad \hat{\theta}_1=-\frac{2\hat{\rho}_1}{1\pm\sqrt{1-4\hat{\rho}_1^2}},$$

由于

$$\left|\frac{2\hat{\rho}_1}{1+\sqrt{1-4\hat{\rho}_1^2}}\right|\cdot\left|\frac{2\hat{\rho}_1}{1-\sqrt{1-4\hat{\rho}_1^2}}\right|=1,\quad \left|\frac{2\hat{\rho}_1}{1+\sqrt{1-4\hat{\rho}_1^2}}\right|<\left|\frac{2\hat{\rho}_1}{1-\sqrt{1-4\hat{\rho}_1^2}}\right|,$$

利用 $MA(1)$ 的可逆性条件 $\left|\hat{\theta}_1\right|<1$ 排除多值性, 所以

$$\hat{\theta}_1=-\frac{2\hat{\rho}_1}{1+\sqrt{1-4\hat{\rho}_1^2}},\quad \hat{\sigma}^2=\frac{1}{2}\hat{r}_0\left(1+\sqrt{1-4\hat{\rho}_1^2}\right).$$

由于对 $MA(q)$ 模型的参数 $\theta_1,\theta_2,\cdots,\theta_q$ 而言, 自相关函数满足的 $q+1$ 个方程是非线性的, 所以通常采用线性迭代法和牛顿-拉弗森 (Newton-Raphson) 算法. 这儿仅介绍线性迭代法.

线性迭代法的步骤为: 首先给定 $\hat{\theta}_1,\hat{\theta}_2,\cdots,\hat{\theta}_q$ 和 $\hat{\sigma}^2$ 的一组初始值 (如 $\hat{\theta}_1=\hat{\theta}_2=\cdots=\hat{\theta}_q=0$, $\hat{\sigma}^2=\hat{r}_0$ 等), 然后代入

$$\theta_k=-\frac{R_k}{\sigma^2}+\theta_{k+1}\theta_1+\theta_{k+2}\theta_2+\cdots+\theta_q\theta_{q-k},\quad k=1,2,\cdots,q$$

所得到的值为一步迭代值, 记作 $\theta_1^{(1)},\cdots,\theta_q^{(1)}$, 然后将一步迭代值 $\theta_1^{(1)},\cdots,\theta_q^{(1)}$ 代入

$$\sigma^2=\frac{R_0}{1+\theta_1^2+\theta_2^2+\cdots+\theta_q^2},$$

得到方差 σ^2 的第一步迭代值, 记作 $\sigma^{2(1)}$. 紧接着, 再将这些值代入上两式的右边, 便得到第二步迭代值: $\sigma^{2(2)},\theta_1^{(2)},\cdots,\theta_q^{(2)}$, 依次类推, 直到相邻两次迭代的结果相差不大时便停止迭代, 取最后的结果作为 $\theta_1,\theta_2,\cdots,\theta_q,\sigma^2$ 的矩估计. ■

9.2.3　ARMA 模型参数的矩估计

对于满足 $ARMA(p,q)$ 模型的平稳序列, 当 $k>q$ 时, 其自相关系数满足齐次差分方程:

$$\rho_k-\varphi_1\rho_{k-1}-\varphi_2\rho_{k-2}-\cdots-\varphi_p\rho_{k-p}=0,\quad k>q. \tag{9.17}$$

显然, 用样本自相关系数 $\hat{\rho}_k$ 代替上式中的 ρ_k, k 取 $q+1,q+2,\cdots,q+p$, 便可以得到 p 个方程, 求解方程组得到自回归系数的**矩估计** $\hat{\varphi}_1,\hat{\varphi}_2,\cdots,\hat{\varphi}_p$, 即

$$\begin{pmatrix}\hat{\varphi}_1\\ \hat{\varphi}_2\\ \vdots\\ \hat{\varphi}_p\end{pmatrix}=\begin{pmatrix}\hat{\rho}_q & \hat{\rho}_{q-1} & \cdots & \hat{\rho}_{q-p+1}\\ \hat{\rho}_{q+1} & \hat{\rho}_q & \cdots & \hat{\rho}_{q-p+2}\\ \vdots & \vdots & & \vdots\\ \hat{\rho}_{q+p-1} & \hat{\rho}_{q+p-2} & \cdots & \hat{\rho}_q\end{pmatrix}^{-1}\begin{pmatrix}\hat{\rho}_{q+1}\\ \hat{\rho}_{q+2}\\ \vdots\\ \hat{\rho}_{q+p}\end{pmatrix}. \tag{9.18}$$

令 $Y_t = X_1 - \varphi_1 X_{t-1} - \cdots - \varphi_p X_{t-p}$, 则

$$R_k(Y_t) = E(Y_t Y_{t+k}) = \sum_{i,j=0}^{p} \varphi_i \varphi_j R_{k+j-i}, \tag{9.19}$$

其中 $\varphi_0 = -1$, 再以 $\hat{\varphi}_1, \hat{\varphi}_2, \cdots, \hat{\varphi}_p$ 代替 $\varphi_1, \varphi_2, \cdots, \varphi_p$, 样本相关函数 $\hat{\gamma}_k$ 代替 R_k, 便有

$$\hat{r}_k(Y_t) = \sum_{i,j=0}^{p} \hat{\varphi}_i \hat{\varphi}_j \hat{r}_{k+j-i}.$$

由于序列满足 $ARMA(p,q)$ 模型, 所以

$$Y_t \cong \varepsilon_t - \theta_1 \varepsilon_{t-1} - \theta_2 \varepsilon_{t-2} - \cdots - \theta_p \varepsilon_{t-p},$$

即将 Y_t 近似看成是 $MA(q)$ 序列, 利用前面介绍的关于 MA 模型参数估计的方法, 将 $\hat{\gamma}_k(Y_t)$ 代入下列方程:

$$\begin{aligned} &\hat{r}_0(Y_t) = (1 + \theta_1^2 + \theta_2^2 + \cdots + \theta_q^2)\sigma^2, \\ &\hat{r}_k(Y_t) = (-\theta_k + \theta_{k+1}\theta_1 + \cdots + \theta_q \theta_{q-k})\sigma^2, \quad k = 1, 2, \cdots, q, \end{aligned}$$

进行求解, 其解为 ARMA 模型的移动平均参数 $\theta_1, \theta_2, \cdots, \theta_q$ 和白噪声序列 ε_t 方差 σ^2 的**矩估计**.

从上面的计算过程可知, ARMA 模型的参数矩估计是从自相关系数满足自回归部分的差分方程入手的, 先得到自回归系数的矩估计, 然后将序列看作 MA 模型, 再利用 MA 模型自相关函数的计算公式, 估计移动平均系数, 这种参数估计方法对 ARMA 模型来说, 其精度较差.

9.3 ARMA 模型的 B-J 建模

9.3.1 B-J 建模的原因

对于一组观测序列 $\{x_t, t = 1, 2, \cdots, N\}$, 可以用不同类型的模型对其进行拟合, 即使采用同一类型的模型, 使用不同的建模方法或准则函数, 得到的最佳模型也不同, 也就是**模型具有多样性**. 在众多拟合模型中, 应使用数目尽可能少的参数, 即参数使用的**简约性原则**. 简约性原则是时间序列建模最重要的原则.

平稳时间序列常用的建模方法有博克斯-詹金斯方法、Pandit-Wu 方法以及长阶自回归建模方法, 通常采用博克斯-詹金斯方法.

博克斯-詹金斯方法又称 B-J 建模, 其的特点是初步设定模型为 $ARMA(n, n-1)$, 即初步设定的相关模型中自回归的阶数比移动平均的阶数高一阶. 选用 $ARMA(n, n-1)$ 模型来拟合时间序列的原因如下:

(1)$AR(p)$, $MA(q)$, $ARMA(p,q)$ 模型都是 $ARMA(n,n-1)$ 模型的特殊情形.

(2) 用希尔伯特 (Hilbert) 空间线性算子的基本理论可以证明: 对于任何平稳随机系统, 都可以用一个 $ARMA(n,n-1)$ 模型近似, 并能达到所需要的精确程度.

(3) 用差分方程的理论可以证明, 如果自回归的阶数是 n 阶的, 移动平均阶数是 $n-1$ 阶的.

(4) 从连续系统的离散化过程来看, $ARMA(n,n-1)$ 具有合理性. 在一个自回归阶数为 n 阶、移动平均阶数为任意的线性微分方程形式下, 若对一个连续自回归移动平均过程进行一致区间上的抽样, 则抽样过程的结果是 $ARMA(n,n-1)$.

9.3.2 B-J 建模的步骤

对于一组观测序列 $\{x_t, t=1,2,\cdots,N\}$, 进行平稳时间序列建模的步骤如下.

(1) **数据的预处理**. 数据的预处理包括离群点的检验和处理、缺损值的补足、指标计算范围的统一等一些比较简单的处理.

(2) **相关分析**. 相关分析包括纯随机性检验和平稳性检验.

纯随机性检验是检验时间序列观察值之间是否存在相关性. 如果时间序列不具有相关性, 就不能建立 ARMA 模型. 如果时间序列具有相关性, 就可以进行平稳性检验.

平稳性检验是检验时间序列是否为平稳时间序列, 其方法常采用游程检验、自相关系数图检验和单位根检验. 如果检验结果发现不是平稳的时间序列, 常常采用差分、季节差分等手段, 使其平稳化. 也可以对非平稳时间序列进行确定性分析和随机性分析. 如果检验结果发现是平稳的时间序列, 就进行模型的识别.

(3) **零均值的处理**. 由于模型识别的定理是针对零均值平稳时间序列的, 所以, 常常需要识别数据的均值是否为零. 如果均值不为零, 就进行零均值处理.

值得注意的是, 零均值的检验和处理一定是在相关分析得出时间序列是平稳时间序列之后进行. 另一方面, 如果检验得到时间序列是平稳的, 不论均值是否为零, 都可以直接进行模型识别和参数估计, 模型识别的本质没有变化, 只是所建立的是非中心化的 ARMA 模型.

(4) **模型的识别**. 根据自相关系数和偏相关系数的截尾性, 进行模型的识别, 并初步定出模型的相应阶数. 由于模型具有多样性, 再加之拖尾性无法检验, 以及 B-J 建模要求自回归阶数高于移动平均阶数 1 阶, 此时识别和初步定阶, 得到的是相应的多个模型.

(5) **参数估计**. 对模型识别出的 AR 模型、MA 模型和 ARMA 模型的参数进行估计.

(6) **拟合优度检验和最终确定模型**. 通过参数估计的结果, 计算各个相应模型的 AIC 值、剩余平方和等, 进行拟合优度检验. 在简约性的原则和相应准则下选择恰当的简约模型, 通常选择 AIC 值最小的模型作为恰当的模型.

(7) **模型的显著性检验**. 对于 AIC 最小的模型的参数进行显著性检验, 显著性检验常常采用 T 检验, 其目的是使模型更加简单.

(8) **模型的适应性检验**. 对模型进行适应性检验, 主要包括: 检验自回归部分是否满足平稳性条件, 检验移动平均部分是否满足可逆性条件, 检验扰动项是否互不相关, 检验扰动项的方差是否为常数.

如果适应性检验中的检验没有通过, 需要采用其他模型来建模.

(9) **模型预测**. 利用所建立模型, 对序列进行预测.

习　题　9

1. 设一平稳时间序列, 经采样得 $n=50$ 个数据, 算得其样本自相关函数 (Acf) 和样本偏相关函数 (Pacf) 如表 9.2 所示.

表 9.2

k	1	2	3	4	5	6	7	8	9
Acf	0.54	0.23	0.34	0.12	−0.29	0.11	0.05	0.01	0.21
Pacf	0.54	0.29	−0.134	−0.129	0.10	0.02	−0.03	0.001	−0.012

其中 $\hat{r}_0=3.15$, 试判断所属模型, 并计算出相应的模型参数.

2. 设 $AR(2)$ 模型为 $X_t=\alpha_0+\alpha_1X_{t-1}+\alpha_2X_{t-2}+\varepsilon_t$, 通过一组样本值计算, 得到样本自相关系数为: $\bar{x}=294.25$, $\hat{\rho}_1=0.7222$, $\hat{\rho}_2=0.6869$, 其中 ε_t 独立同正态分布, $E\varepsilon_t=0$, $D\varepsilon_t=\sigma^2$, $E(X_s\varepsilon_t)=0$, $s<t$, 试作出模型的估计.

3. 设一平稳时间序列, 经采样得 $n=50$ 个数据, 算得其样本自相关函数 (Acf) 和样本偏相关函数 (Pacf) 如表 9.3 所示.

表 9.3

k	1	2	3	4	5	6	7	8	9
Acf	0.472	0.182	0.123	0.081	0.076	−0.045	−0.166	−0.127	−0.075
Pacf	0.472	−0.053	0.075	0.001	0.043	−0.132	−0.128	0.009	−0.001

试判断所属模型, 并计算出相应的模型参数.

4. 已知 $\{X_t\}$ 是 $MA(2)$ 过程: $X_t=\varepsilon_t-0.7\varepsilon_{t-1}+0.4\varepsilon_{t-2}$, $\varepsilon_t\sim\text{NID}(0,\sigma^2)$, 求 DX_t, ρ_k.

5. 已知 $\{X_t\}$ 是 $AR(2)$ 过程: $X_t-0.5X_{t-1}+0.8X_{t-2}=\varepsilon_t,\varepsilon_t\sim\text{NID}(0,0.8)$.

(1) 写出该过程的尤尔-瓦尔克方程, 并由此解出 ρ_1 和 ρ_2.

(2) 计算 X_t 的方差.

6. 由平稳时间序列的实测数据确定拟合模型为 $ARMA(1,\ 1)$ 过程, 求得 $\hat{\gamma}(0) = 1.25$, $\hat{r}(1) = 0.5$, $\hat{r}(2) = 0.4$, $\varepsilon_t \sim \text{NID}(0, \sigma^2)$, 求参数 θ_1, φ_1 和 σ^2 的估计.

7. 由平稳时间序列的实测数据确定拟合模型为 $AR(2)$ 过程, 求得 $\hat{\rho}(1) = -0.23$, $\hat{\rho}(2) = 0.29$, $\varepsilon_t \sim \text{NID}(0, \sigma^2)$, 求参数 φ_1, φ_2 的估计.

8. 已知 $AR(2)$ 序列为 $X_t = X_{t-1} + cX_{t-2} + \varepsilon_t$, 其中 $\varepsilon_t \sim \text{NID}(0, \sigma_\varepsilon^2)$, 确定常数 c 的取值范围, 以保证 $\{X_t\}$ 为平稳序列, 并给出该序列 ρ_k 的表达式.

9. 已知 $\hat{\rho}_1 = 0.90$, $\hat{\rho}_2 = 0.70$, $\hat{\rho}_3 = 0.45$, 求 $ARMA(2,\ 1)$ 模型参数的初始值.

10. 有一个 52 个数据值的序列, 该序列的样本自相关函数 (Acf) 和样本偏相关函数 (Pacf) 的数值如表 9.4 所示, 试对模型进行初步识别.

表 9.4

k	1	2	3	4	5	6	7	8	9
Acf	−0.685	0.341	−0.193	0.042	−0.068	0.199	−0.221	0.185	−0.132
Pacf	−0.685	−0.243	−0.139	−0.208	−0.313	0.046	−0.030	−0.037	−0.002
k	10	11	12	13	14	15	16	17	18
Acf	0.037	−0.036	0.156	−0.165	0.038	0.001	−0.027	0.143	−0.132
Pacf	−0.042	−0.130	0.139	0.136	−0.184	−0.120	−0.012	0.196	0.025

参 考 文 献

[1] Ross S M. Stochastic Processes. Hoboken: John Wiley and Sons, 1993.

[2] 陆大绘, 张颢. 随机过程及其应用. 2 版. 北京: 清华大学出版社, 2012.

[3] 林元烈. 应用随机过程. 北京: 清华大学出版社, 2002.

[4] 方兆本, 缪柏其. 随机过程. 3 版. 北京: 科学出版社, 2011.

[5] Ross S M. 随机过程. 原书第 2 版. 龚光鲁, 译. 北京: 机械工业出版社, 2013.

[6] 钱敏平, 龚光鲁, 陈大岳, 等. 应用随机过程. 北京: 高等教育出版社, 2011.

[7] 钱伟民, 梁汉营, 杨国庆. 应用随机过程. 北京: 高等教育出版社, 2014.

[8] 张波, 商豪, 邓军. 应用随机过程. 5 版. 北京: 中国人民大学出版社, 2020.

[9] 龚光鲁, 钱敏平. 应用随机过程: 模型和方法. 北京: 机械工业出版社, 2016.

[10] 刘次华. 随机过程. 5 版. 武汉: 华中科技大学出版社, 2014.

[11] 肖宇谷, 张景肖. 应用随机过程. 北京: 高等教育出版社, 2017.

[12] 田铮, 秦超英. 随机过程与应用. 北京: 科学出版社, 2016.

[13] 李龙锁, 王勇. 随机过程. 2 版. 北京: 科学出版社, 2018.

[14] 何书元. 随机过程. 北京: 北京大学出版社, 2008.

[15] 周荫清. 随机过程理论. 2 版. 北京: 电子工业出版社, 2009.

[16] Richard D. 随机过程基础. 原书第 2 版. 张景肖, 李贞贞, 译. 北京: 机械工业出版社, 2014.